普通高等教育"十二五"规划教材

# 化工 AutoCAD 应用基础
## （第 2 版）

张秋利　周　军　主编

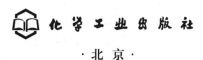

化学工业出版社

·北京·

本书基于 AutoCAD 2013（中文版）软件平台，以高效、精确绘制化工专业工程图为目的，重点介绍了制图标准及方法，绘图准备及环境设置，二维绘图基本操作命令，化工设备图、工艺流程图、设备布置图和管道布置图绘制，三维绘图等基础知识。书中结合作者多年从事化工专业及 CAD 教学经验，结合化工工程图例，对 AutoCAD 绘图基本操作方法及应用开发进行了详细讲解，特别在二维和三维基本绘图讲解中均给出了详细的实例操作过程，每章后都配有思考与上机练习题，便于初学者轻松快速掌握、理解运用 AutoCAD 2013 工具软件，更好地服务于专业工作。

本书可作为高等（高职）院校、专科院校化工类各专业或其他工科类专业教学使用，也可供相关专业工程技术人员及自学者学习参考。

**图书在版编目（CIP）数据**

化工 AutoCAD 应用基础/张秋利，周军主编. —2 版.
北京：化学工业出版社，2012.8（2022.1重印）
普通高等教育"十二五"规划教材
ISBN 978-7-122-14618-2

Ⅰ. 化…　Ⅱ. ①张…②周…　Ⅲ. 化工机械-机械制图-
计算机制图-AutoCAD 软件-高等学校-教材　Ⅳ. TQ050.2-39

中国版本图书馆 CIP 数据核字（2012）第 138349 号

---

责任编辑：陶艳玲　　　　　　　　　　　　装帧设计：关　飞
责任校对：周梦华

---

出版发行：化学工业出版社（北京市东城区青年湖南街 13 号　邮政编码 100011）
印　　装：大厂聚鑫印刷有限责任公司
787mm×1092mm　1/16　印张 14½　字数 364 千字　2022 年 1 月北京第 2 版第 15 次印刷

---

购书咨询：010-64518888　　　　　　　　售后服务：010-64518899
网　　址：http://www.cip.com.cn
凡购买本书，如有缺损质量问题，本社销售中心负责调换。

---

定　　价：29.00 元

# 第二版前言

AutoCAD 是当前最为流行的优秀计算机绘图软件之一，已广泛应用到化工、冶金、机械、建筑、土木、电子、航天、军工、服装设计以及工程设计等多个领域，目前已成为工科院校学生的一门必修课程和从事专业设计人员的一项基本工具。为使读者能轻松快速地掌握、理解和运用该软件，更好地服务于专业工作，编者结合多年从事化工及 AutoCAD 教学经验与体会，于 2008 年编写了《化工 AutoCAD 制图应用基础》教材，由化学工业出版社出版发行。短短 4 年时间，该教材连续印刷 5 次，已逐步得到了同行的广泛认可。

随着科技飞速发展，AutoCAD 软件和计算机操作系统版本更新速度极快，截至目前 Autodesk 公司已发行了最新一版的 AutoCAD 2013 软件包，无论是操作界面还是性能、功能，较前都有了较大的改变。为更好地满足读者需求，编者及时对第一版教材进行了修订完善。新版教材的主要变化体现在：（1）所有内容均以最新的 AutoCAD 2013（中文版）软件平台为基础进行讲解；（2）增加了 AutoCAD 三维绘图基础知识介绍；（3）删除了 AutoCAD 二次开发的有关内容；（4）每章后均补充了复习思考、上机练习题，以加深和提高读者对 AutoCAD 软件基础知识的掌握程度。

新版教材定位准确，内容更加全面、与时俱进，阐述逻辑层次分明、图文并茂、浅显易懂，专业实用性更强，适合于高等（高职）院校、专科院校化工类各专业或其他工科类专业教学使用，也可供相关工程技术人员和自学者学习参考。

本教材由张秋利、周军主编，杨双平、宋永辉、陈向阳参与了第 4 章部分内容的编写。感谢化学工业出版社对本教材出版给予的大力支持！

由于编者水平所限，书中难免存在不足之处，恳请广大读者批评指正。

编　者
2012 年 5 月

# 第一版前言

化工类各种工程图样，是现代化学工业生产中必不可少的技术资料，是企业组织生产和施工的重要工具，是工程技术人员交流的"语言"。伴随着信息时代的发展要求，出现了多种优秀计算机辅助设计（CAD）绘图软件，已广泛应用到化工、冶金、机械、建筑、电子、航天、军工等多个领域。各高等院校、职业院校也顺应这一趋势，在绝大部分理工科专业中开设了 CAD 课程。

本教材以快速高效精确绘制化工工程图样、服务工科专业教学为目的，基于 AutoCAD 2008（中文版）软件平台，主要介绍了制图标准与方法，AutoCAD 2008 常用绘图命令及操作方法，专业图形绘制及实例演示等；结合化工专业典型设备实例，详细介绍了化工 CAD 二次开发过程。

本教材定位准确，逻辑层次分明，图文并茂，浅显易懂，专业实用性强，适合于高等（高职）院校、专科院校化工类各专业或其他工科类专业教学使用，也可供相关专业工程技术人员和自学者学习参考。

本教材由周军、张秋利主编，赵西成、杨双平、宋永辉参与了第 4 章部分内容的编写。

由于编者水平所限，书中难免存在不足之处，恳请广大读者批评指正。

编　者
2008 年 6 月

# 目  录

# 第1章 制图标准及方法

化工制图，主要是绘制化工生产企业在初步设计阶段和施工阶段的各种专业图样，包括化工设备零件图、装配图、工艺流程图、设备布置图、管道布置图等。所有这些图样均是现代化学工业生产中必不可少的技术资料，是企业组织生产和施工的重要工具，是工程技术人员交流的"语言"。作为工程技术图的一类，它同样具有严格的规范性，必须遵照国家有关标准的规定。本章主要对国家标准关于技术制图、CAD 工程制图的基本规定、常用制图方法、计算机辅助设计绘图软件（AutoCAD2013 中文版）等进行简单介绍。

## 1.1 国家标准关于制图的基本规定

### 1.1.1 图纸幅面和格式（GB/T 14689—2008）

GB/T 14689—2008 中，GB 为"国标"的汉语拼音第一个字母，"T"为推荐执行，"14689"为该标准编号，"2008"指该标准的颁布时间是 2008 年。

**(1) 图纸幅面尺寸**

绘制技术图样时应优先采用表 1-1 所规定的基本幅面。必要时也允许选用表 1-2 和表1-3 所规定的加长幅面。

表 1-1 图纸基本幅面尺寸　　　　　　　　　　　　　单位：mm

| 幅面代号 | A0 | A1 | A2 | A3 | A4 |
|---|---|---|---|---|---|
| 尺寸 $B \times L$ | 841×1189 | 594×841 | 420×594 | 297×420 | 210×297 |

表 1-2 必要时的图纸加长幅面尺寸（一）　　　　　　　　単位：mm

| 幅面代号 | A3×3 | A3×4 | A4×3 | A4×4 | A4×5 |
|---|---|---|---|---|---|
| 尺寸 $B \times L$ | 420×891 | 420×1189 | 297×630 | 297×841 | 297×1051 |

表 1-3 必要时的图纸加长幅面尺寸（二）　　　　　　　　単位：mm

| 幅面代号 | 尺寸 $B \times L$ | 幅面代号 | 尺寸 $B \times L$ |
|---|---|---|---|
| A0×2 | 1189×1682 | A3×5 | 420×1486 |
| A0×3 | 1189×2523 | A3×6 | 420×1783 |
| A1×3 | 841×1783 | A3×7 | 420×2080 |
| A1×4 | 841×2378 | A4×6 | 297×1261 |
| A2×3 | 594×1261 | A4×7 | 297×1471 |
| A2×4 | 594×1682 | A4×8 | 297×1682 |
| A2×5 | 594×2102 | A4×9 | 297×1892 |

**（2）图框格式**

在图纸上必须用粗实线画出图框，其格式分为不留装订边和留有装订边两种，图框格式如图 1-1 和图 1-2 所示，尺寸按表 1-4 的规定。同一产品的图样只能采用一种格式。

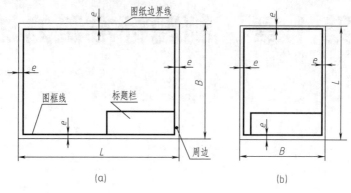

图 1-1　不留装订边图框格式

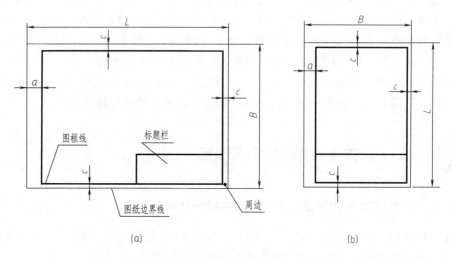

图 1-2　留有装订边图框格式

表 1-4　图框格式尺寸　　　　　　　　　　　　单位：mm

| 幅面代号 | A0 | A1 | A2 | A3 | A4 |
|---|---|---|---|---|---|
| $B \times L$ | 841×1189 | 594×841 | 420×594 | 297×420 | 210×297 |
| $e$ | 20 | | | 10 | |
| $c$ | 10 | | | 5 | |
| $a$ | 25 | | | | |

为了在复制和缩微摄影、阅读图样时定位方便，图框线上还可以绘制一些附加符号，如对中符号、方向符号等，如图 1-3 所示。对中符号画在图纸各边的中点处，用粗实线绘制，线宽不小于 0.5mm，长度从纸边界开始至伸入图框内约 5mm。当对中符号处在标题栏范围内时，则伸入标题栏部分省略不画。方向符号是为了明确绘图和看图时图纸的方向，在图纸下边的对中符号处画出一个方向符号。

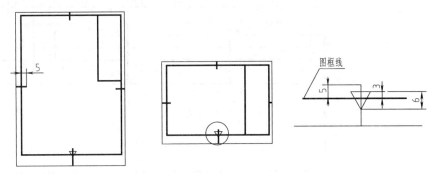

图 1-3　对中符号和方向符号

## 1.1.2　标题栏（GB／T 10609.1—2008）和明细栏（GB／T 10609.2—2009）

每张技术图样中均应画出标题栏，其位置一般在图纸的右下角。常用标题栏的内容、格式和尺寸见图 1-4。装配图中一般应有明细栏，一般配置在装配图中标题栏的上方，按由下而上的顺序填写，其格数应根据需要而定，如图 1-5 所示。当由下而上延伸位置不够时可紧靠在标题栏的左边自下而上延续；当装配图中不能在标题栏的上方配置明细栏时，可作为装配图的续页按 A4 幅面单独给出，其顺序应是由上而下延伸，还可连续加页，但应在明细栏的下方配置标题栏并在标题栏中填写与装配图相一致的名称和代号。

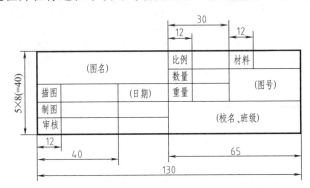

(a) 学生作业标题栏

(b) 生产用标题栏

图 1-4　标题栏

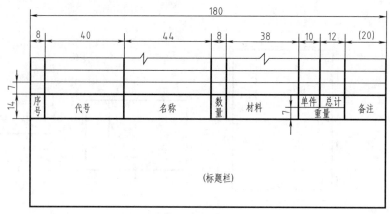

图 1-5　明细栏

### 1.1.3　比例（GB/T 14690—1993）

比例为图中图形与其实物相应要素的线性尺寸之比。比例一般注写在标题栏中，必要时也可在视图下方或右侧注写。需要按比例绘制图样时，应由表 1-5 规定的系列中选取适当的比例。

表 1-5　比例

| 种　类 | 第一系列 | 第二系列 |
|---|---|---|
| 原值比例 | $1:1$ | |
| 放大比例 | $2:1$　$5:1$　$1 \times 10^n : 1$<br>$2 \times 10^n : 1$　$5 \times 10^n : 1$ | $2.5:1$　$4:1$<br>$2.5 \times 10^n : 1$　$4 \times 10^n : 1$ |
| 缩小比例 | $1:2$　$1:5$　$1:10$<br>$1:2 \times 10^n$　$1:5 \times 10^n$<br>$1:1 \times 10^n$ | $1:1.5$　$1:2.5$　$1:3$　$1:4$<br>$1:6$　$1:1.5 \times 10^n$　$1:2.5 \times 10^n$<br>$1:3 \times 10^n$　$1:4 \times 10^n$　$1:6 \times 10^n$ |

注：1. 无论放大或缩小，标注尺寸时都必须标注实际尺寸。

2. 优先选择第一系列。

3. $n$ 为正整数。

### 1.1.4　字体（GB/T 14691—1993，GB/T 18229—2000）

在图样中除了表示物体形状的图形外，还必须用文字、数字和字母表示物体的大小及技术要求等内容。图样中书写的字体必须做到：字体端正、笔画清楚、排列整齐、间隔均匀。CAD 工程图的字体与图纸幅面之间的大小关系参见表 1-6，字体的最小字（词）距、行距以及间隔线或基准线与书写字体之间的最小距离见表 1-7 所示。汉字应采用我国正式公布推广的《汉字简化方案》中规定的简化字。CAD 工程图中的字体选用范围见表 1-8。

表 1-6　CAD 工程图的字体与图纸幅面之间的大小关系　　　　　单位：mm

| 字体高度 | 图　幅 | | | | |
|---|---|---|---|---|---|
| | A0 | A1 | A2 | A3 | A4 |
| 字母数字 | 3.5 | | | | |
| 汉　字 | 5 | | | | |

表 1-7　CAD 工程图中字体的最小字（词）距、行距以及间隔线或基准线与书写字体之间的最小距离

单位：mm

| 字　　体 | 最　小　距　离 | |
| --- | --- | --- |
| 汉　　字 | 字距 | 1.5 |
| | 行距 | 2 |
| | 间隔线或基准线与汉字的间距 | 1 |
| 拉丁字母、阿拉伯数字、希腊字母、罗马数字 | 字符 | 0.5 |
| | 词距 | 1.5 |
| | 行距 | 1 |
| | 间隔线或基准线与字母、数字的间距 | 1 |

注：当汉字与字母、数字混合使用时，字体的最小字距、行距等应根据汉字的规定使用。

表 1-8　CAD 工程图中的字体选用范围

| 汉　字　字　型 | 国家标准号 | 应　用　范　围 |
| --- | --- | --- |
| 长仿宋体 | GB/T 13362.4～13362.5—1992 | 图中标注及说明的汉字、标题栏、明细栏等 |
| 单线宋体 | GB/T 13844—1992 | 大标题、小标题、图册封面、目录清单、标题栏中设计单位名称、图样名称、工程名称、地形图等 |
| 宋体 | GB/T 13845—1992 | |
| 仿宋体 | GB/T 13846—1992 | |
| 楷体 | GB/T 13847—1992 | |
| 黑体 | GB/T 13848—1992 | |

## 1.1.5　图线 （GB/T 18229—2000，GB/T 4457.4—2002）

在绘制化工专业图样时，建议采用表 1-9 所示的 8 种基本图线。屏幕上的图线一般应按表中所列出的颜色显示，相同类型的图线应采用同样的颜色。

表 1-9　CAD 工程图线类型及屏幕上的颜色

| 图　线　类　型 | | 屏幕上的颜色 |
| --- | --- | --- |
| 粗实线 |  —————— | 白色 |
| 细实线 |  —————— | 绿色 |
| 波浪线 |  ∿∿∿ | |
| 双折线 |  ⌐⌐⌐ | |
| 虚线 |  – – – – – – | 黄色 |
| 细点画线 | 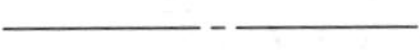 — · — · — | 红色 |
| 粗点画线 |  — · — · — | 棕色 |
| 双点画线 |  — ·· — ·· — | 粉红色 |

## 1.1.6　尺寸标注 （GB/T 18229—2000，GB/T 4458.4—2003）

标注尺寸是制图中一项极其重要的工作，必须认真、细致，以免给生产带来不必要的困难和损失，标注尺寸时必须按国家标准的规定标注。

**（1）基本规则**

① 机件的真实大小应以图样上所注的尺寸数值为依据，与图形的大小（即与绘图比例）及绘图的准确度无关。

② 图样中的尺寸以毫米为单位时，不需要标注"mm"；如采用其它单位，则必须注明相应单位的代号或名称。

③ 图样中所标注的尺寸，为该图样最后完工尺寸，否则应另加说明。

④ 机件上的每一个尺寸，一般只标注一次，并应标注在反映该结构最清晰的图形上。

**（2）尺寸的组成**

一个完整的尺寸由四个基本要素组成：尺寸界线、尺寸线、尺寸数字和箭头。如图 1-6 所示。

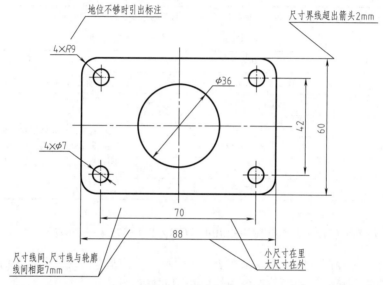

图 1-6　尺寸组成

① 尺寸界线　从图 1-6 可看出，尺寸界线用细实线绘制，并应由图形的轮廓线、轴线或对称中心线处引出。也可以利用轮廓线、轴线或对称中心线作尺寸界线。尺寸界线一般应与尺寸线垂直，必要时才允许倾斜；在光滑过渡处标注尺寸时，应用细实线将轮廓线延长，从它们的交点处引出尺寸界线。如图 1-7 所示。

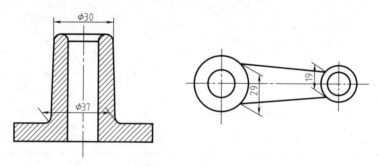

图 1-7　尺寸界线

② 尺寸线　尺寸线用细实线绘制。标注线性尺寸时，尺寸线应与所标注的线段平行；尺寸线不能用其它图线代替，一般也不得与其它图线重合或画在其延长线上；当对称机件的图形只画出一半或略大于一半时，尺寸线应略超过对称中心线或断裂处的边界，此时仅在尺

寸线的一端画出箭头。如图 1-8 所示。

③ 箭头　在尺寸线的两端都带有箭头以示尺寸的起始和终止。箭头的尖端应与尺寸界线接触，不得超出或留有空隙。在 CAD 工程图中所使用的箭头形式如图 1-9 所示。斜线箭头多用在建筑图样中，化工图样中常用实心三角箭头作为尺寸线的终端。同一 CAD 工程图中，一般只采用一种箭头形式。

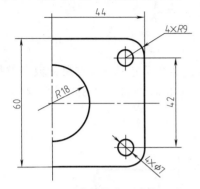

图 1-8　对称机件的尺寸线只画
一个箭头的注法

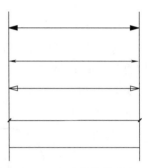

图 1-9　尺寸线终端形式

④ 尺寸数字　尺寸数字的注写方向如图 1-10 所示。水平方向尺寸数字的字头向上；垂直方向尺寸数字的字头向左；倾斜方向尺寸数字的字头都有向上的趋势；尽可能避免在左 $30°$ 范围内标注尺寸，当无法避免时可引出标注。

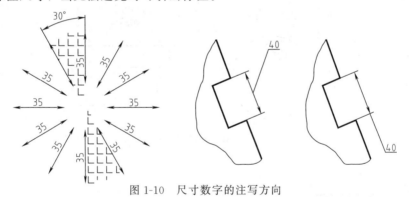

图 1-10　尺寸数字的注写方向

在没有足够的位置画箭头或注写数字时，可按图 1-11 的形式标注，此时，允许用圆点或斜线代替箭头。

角度的数字一律写成水平方向，一般注写在尺寸线的中段处，如图 1-12 所示。

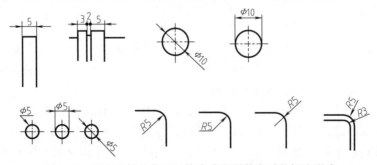

图 1-11　没有足够的位置画箭头或注写数字时的标注形式

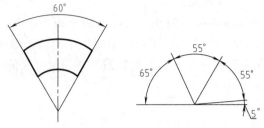

图 1-12 角度的标注

标注直径尺寸时，应在尺寸数字前加注符号"$\phi$"；标注半径尺寸时，应在尺寸数字前加注符号"$R$"；标注球面的直径或半径尺寸时，应在尺寸数字前加注符号"$S\phi$"、"$SR$"，如图 1-13 所示。

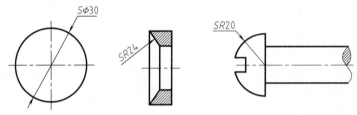

图 1-13 球面尺寸的标注

均匀分布的相同要素的标注如图 1-14 所示。

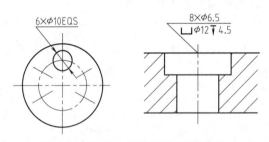

图 1-14 均匀分布的相同要素的标注

## 1.2 常用制图方法

化工专业图样可采用徒手绘图法、尺规作图法和计算机辅助设计绘制法。

徒手绘图是一种不用绘图仪器而按目测比例徒手画出的图样，这类图就是通常所称的草图。这类图主要用于现场测绘、设计方案讨论或技术交流。

尺规作图是借助绘图工具（如图板、丁字尺、三角板等）和仪器（如圆规、分规、比例尺、曲线板、铅笔等）进行手工绘图的一种方法。关于尺规作图在《画法几何》或《工程制图》中已进行了详细的介绍，本处不再赘述。

计算机辅助设计（Computer Aided Design，简称为 CAD）作为计算机应用的一个重要分支，它具有减小设计绘图量，缩短设计周期，易于建立和使用标准图库，改善绘图质量，提高设计及管理水平等一系列优点，已经广泛应用于需要设计绘图的所有领域。近十几年来，随着计算机硬件性能不断提高、价格不断降低，以及图形、图像、文字处理软件的日趋完善，CAD 技术的应用在发达国家已经十分普及，并成为衡量一个国家科技现代化和工业现代化水平的重要标志之一。我国的 CAD 技术从 20 世纪 90 年代起有了长足的发展，许多高校和研究单位相继建立了 CAD 研究中心、开发机构和培训基地。在所有计算机辅助设计应用软件中，尤以美国 Autodesk 公司开发的 AutoCAD 软件，易于使用、适应性强（可用于化工、机械、冶金、建筑、电子等许多行业）、易于二次开发，已成为当今世界上应用最广泛的计算机辅助设计绘图软件包之一。

## 1.3 AutoCAD 绘图软件简介

AutoCAD 绘图软件从 1982 年问世至今，其版本不断更新。最新发布的 AutoCAD 2013（中文版）在性能和功能方面较前又有了很大的增强和提高，主要体现在用户交互命令行、阵列、画布内特性预览、快速查看图形及图案填充编辑器、光栅图像及外部参照、点云支持等功能都有了增强。它整合了制图和可视化，加快了执行任务，能够更快地执行常见的 CAD 任务，更容易找到那些不常见的命令。新版本也能通过让用户在不需要软件编程的情况下自动操作制图，从而进一步简化了制图任务，极大地提高了效率。它能在 Windows 平台下更方便、更快捷地进行绘图和设计工作，具有更高质量与更高速度的超强图形功能，可以帮助读者更好地完成设计和文档编制工作。

### 1.3.1 基本功能

AutoCAD 能根据用户的指令迅速而准确地绘制出所需要的图形，具有易于校正错误以及大量修改图形而无需重新绘制的特点，并能输出清晰、准确的图纸。它是传统手工绘图根本无法比拟的一种高效绘图工具。其基本功能有以下四种。

（1）绘图功能

用户可以通过输入命令及参数、单击工具按钮、执行菜单命令等方法绘制出各种基本图形（如直线、多边形、圆、圆弧、文字、表格等），AutoCAD 会根据命令的具体情况给出相应的提示和供选择的选项。

（2）编辑功能

真正体现计算机辅助设计强大功能的不仅是其绘图功能，更主要的是其图形编辑、修改功能。AutoCAD 可以让用户以各种方式对单一图形或一组图形进行修改，图形实体可以移动、复制，可以删除局部线条或整个实体。用户可以改变图形的颜色、线型或在三维空间中旋转。从理论上讲，在 AutoCAD 中，任何对象均不必画第二次。熟练掌握编辑技巧会使绘图效率成倍地提高。

（3）图形显示及输出功能

图形在屏幕上的显示及打印输出也是十分重要的。AutoCAD 可以任意调整显示比例，以方便观察图纸的全貌或局部，也可以采用幻灯片效果的表现方式来显示图纸。计算机绘图的最终目的是将图形画在图纸上，AutoCAD 支持所有常见的绘图仪和打印机，并具有极好的打印效果。

（4）高级扩展功能

AutoCAD 提供了一种内部编程语言——Auto LISP，使用它可以完成计算与自动绘图的功能。在 AutoCAD 平台上，用户还可以使用功能更强大的编程语言（如 C、C++、VB

等）来处理较复杂的问题或进行二次开发。

### 1.3.2 计算机系统需求

AutoCAD 2013 官方给出的系统需求如下。

**(1)** 用于 32 位工作站的 AutoCAD 2013 系统需求

| 操作系统 | 以下操作系统的 Service Pack 3 (SP3) 或更高版本：<br><br>• Microsoft® Windows® XP Professional<br>• Microsoft® Windows® XP Home<br><br>以下操作系统：<br><br>• Microsoft Windows 7 Enterprise<br>• Microsoft Windows 7 Ultimate<br>• Microsoft Windows 7 Professional<br>• Microsoft Windows 7 Home Premium |
|---|---|
| 浏览器 | Internet Explorer ® 7.0 或更高版本 |
| 处理器 | Windows XP：<br>Intel ® Pentium ® 4 或 AMD Athlon™ 双核，1.6 GHz 或更高，采用 SSE2 技术<br>Windows 7：<br>Intel Pentium 4 或<br>AMD Athlon 双核，3.0 GHz 或更高，采用 SSE2 技术 |
| 内存 | 2 GB RAM（建议使用 4 GB） |
| 显示器分辨率 | 1024 x 768（建议使用 1600 x 1050 或更高）真彩色 |
| 磁盘空间 | 安装 6.0 GB |
| 定点设备 | MS-Mouse 兼容 |
| 介质（DVD） | 从 DVD 下载并安装 |
| .NET Framework | .NET Framework 版本 4.0，更新 1 |
| 三维建模的其他需求 | Intel Pentium 4 处理器或 AMD Athlon，3.0 GHz 或更高，或者 Intel 或 AMD 双核处理器，2.0 GHz 或更高<br>4 GB RAM<br>6 GB 可用硬盘空间（不包括安装需要的空间）<br>1280 x 1024 真彩色视频显示适配器 128 MB 或更高，Pixel Shader 3.0 或更高版本，支持 Direct3D® 功能的工作站级图形卡。 |

**(2)** 用于 64 位工作站的 AutoCAD 2013 系统需求

| 操作系统 | 以下操作系统的 Service Pack 2 (SP2) 或更高版本：<br><br>• Microsoft® Windows® XP Professional<br><br>以下操作系统：<br><br>• Microsoft Windows 7 Enterprise<br>• Microsoft Windows 7 Ultimate<br>• Microsoft Windows 7 Professional<br>• Microsoft Windows 7 Home Premium |
|---|---|
| 浏览器 | Internet Explorer ® 7.0 或更高版本 |
| 处理器 | AMD Athlon 64，采用 SSE2 技术<br>AMD Opteron™，采用 SSE2 技术<br>Intel Xeon ®，具有 Intel EM64T 支持和 SSE2<br>Intel Pentium 4，具有 Intel EM 64T 支持并采用 SSE2 技术 |
| 内存 | 2 GB RAM（建议使用 4 GB） |
| 显示器分辨率 | 1024 x 768（建议使用 1600 x 1050 或更高）真彩色 |
| 磁盘空间 | 安装 6.0 GB |
| 定点设备 | MS-Mouse 兼容 |
| 介质（DVD） | 从 DVD 下载并安装 |
| .NET Framework | .NET Framework 版本 4.0 更新 1 |
| 三维建模的其他需求 | 4 GB RAM 或更大<br>6 GB 可用硬盘空间（不包括安装需要的空间）<br>1280 x 1024 真彩色视频显示适配器 128 MB 或更高，Pixel Shader 3.0 或更高版本，支持 Direct3D® 功能的工作站级图形卡。 |

### 1.3.3 AutoCAD 2013 文件格式

AutoCAD 2013 可操作的文件类型共有四种：DWG 文件、DWT 文件、DWS 文件、

DXF 文件。

**(1) DWG 文件**

以 DWG 为后缀名的文件是 AutoCAD 生成的图形文件，也是 AutoCAD 用户最常接触到的文件类型。AutoCAD 的各个版本所生成的图形文件在格式上并不相同，一般来说，新版本都兼容旧版本 DWG 文件格式。AutoCAD 2013 完全兼容 2008 版本及其他旧版本的 DWG 格式，可以打开所有旧版本的 DWG 文件并进行编辑操作。

**(2) DWT 文件**

以 DWT 为后缀名的文件是图形样板文件。在工程实践中，如果需要创建多个使用相同默认设置的图形时，一般创建或自定义样板文件，而不是每次启动时都指定设置，这样可以节省时间。

通常存储在样板文件中的惯例和设置包括：单位类型和精度，标题栏、边框和徽标，图层名、捕捉、栅格和正交设置、栅格界限、标注样式、文字样式，以及线型。

根据现有的样板文件创建新图形，对新图形的修改不会影响样板文件。用户可以使用程序提供的样板文件，也可以创建和自定义样板文件。默认情况下，图形样板文件都存储在 Template 文件夹中以便于访问。

**(3) DWS 文件**

以 DWS 为后缀名的文件，也称标准文件，是 AutoCAD 创建并保存的用于定义图层特性、标注样式、线型和文字样式的文件。

在工程实践中，常常需要根据工程组织的方式，创建多个工程特定的标准文件并将其与某个图形关联起来。需要注意的是，在核查图形文件时，多个标准文件中的设置可能会产生冲突。比如，一个标准文件指定图层"墙体"为黄色，而另一个标准文件指定图层为红色，这样就会发生冲突。此时，第一个与图形并联的标准文件具有优先权。因此可以改变标准文件的顺序来改变优先级。

**(4) DXF 文件**

以 DXF 为后缀名的文件是一种用于图形交换格式的文件，其中包含可以由其他 CAD 系统读取的图形信息。

DXF 文件是文本或二进制格式文件，能够被其他 CAD 程序读取。如果用户正使用能够识别 DXF 文件的非 AutoCAD 的某个 CAD 程序，那么保存为 DXF 文件格式的图形就可以被共享。其中，如果使用 ASCII 格式保存 DXF 文件，将生成可读取和编辑的文本文件；如果使用二进制格式保存 DXF 文件，生成的文件的体积会小很多，并且运行该文件时速度较快。

### 1.3.4 AutoCAD 2013 的工作空间

自 AutoCAD 2007 版本以后，AutoCAD 就引入了工作空间的概念，从而丰富了 AutoCAD 绘图界面的内容。工作空间是由分组组织的菜单、工具栏、选项板和功能区控制面板组成的集合，使用户可以在专门的、面向任务的绘图环境中工作。使用工作空间时，只会显示与任务相关的菜单、工具栏和选项板。此外，工作空间还可以自动显示功能区，即带有特定于任务的控制面板的特殊选项板。AutoCAD 2013 提供了"草图与注释"、"三维基础"、"三维建模"、"AutoCAD 经典"四种工作空间模式。用户若要切换工作空间，可以采用如下方法之一：快速访问工具栏中的工作空间下拉列表框（图 1-15）、打开工作空间工具栏（图 1-16）或右下方状态栏上的切换工作空间按钮（图 1-17）。

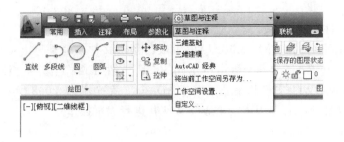

图 1-15　工作空间下拉列表框

图 1-16　工作空间工具栏

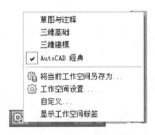

图 1-17　切换工作空间按钮及快捷菜单

　　用户也可以创建自己的工作空间，还可以修改默认工作空间。要创建或更改工作空间，可以采用如下方法之一：通过快速访问工具栏、状态栏、工作空间工具栏或在命令窗口输入"WORKSPACE"命令，可进行显示、隐藏、重新排列工具栏和窗口、修改功能区设置，保存当前工作空间；打开"自定义用户界面"对话框来设置工作空间环境。

### 1.3.4.1　AutoCAD 经典工作空间

　　若工作空间选择"AutoCAD 经典"，则出现如图 1-18 所示的工作界面，主要由标题栏、

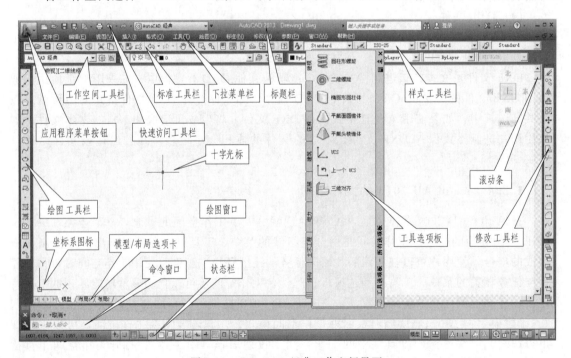

图 1-18　AutoCAD 经典工作空间界面

菜单栏、工具栏、绘图窗口、十字光标、坐标系图标、工具选项板、命令窗口、状态栏、滚动条、模型/布局选项卡等部分组成。

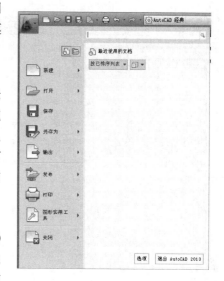

(1) 应用程序菜单

单击应用程序菜单按钮，打开如图 1-19 所示的应用程序菜单。通过该菜单，可以搜索命令、浏览文件（包括查看、排序和访问最近打开的支持文件）、访问常用工具实现对文件的快速操作（包括创建、打开或保存文件，核查、修复和清除文件，打印或发布文件，访问“选项”对话框，关闭应用程序）。

AutoCAD 经典
最近使用的文档
按已排序列表
新建
打开
保存
另存为
输出
发布
打印
图形实用工具
关闭
选项
退出 AutoCAD 2013

图 1-19　应用程序菜单

(2) 快速访问工具栏

默认情况下，位于工作界面的左上方，如图 1-20 所示，包含用于打印、撤销和重做的常用命令，以及用于打开和保存文件的标准命令。用户可以向快速访问工具栏中添加无限多的工具，超出工具栏最大长度范围的工具会以弹出按钮的形式显示。点击快速访问工具栏最右边的按钮，弹出如图 1-21所示的“自定义快速访问工具栏”快捷菜单，实现对快速访问工具栏的相关操作。

AutoCAD 经典

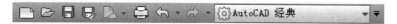

图 1-20　快速访问工具栏

自定义快速访问工具栏
新建
打开
保存
另存为...
Cloud 选项
打印
放弃
重做
工作空间
特性匹配
批处理打印
打印预览
特性
图纸集管理器
渲染
更多命令...
隐藏菜单栏
在功能区下方显示

图 1-21　“自定义快速访问工具栏”快捷菜单

(3) 标题栏

标题栏位于工作界面的最上方（快速访问工具栏的右侧），显示软件的名称、版本以及当前所操作图形文件的名字，此名字将随着用户所选用的图形文件不同而不同。单击位于标题栏右侧的各个按钮，可分别实现 AutoCAD 2013 窗口的最小化、恢复窗口大小（或最大化）以及关闭 AutoCAD 2013 等操作。

(4) 菜单栏

AutoCAD 经典工作空间的菜单栏默认为显示状态，其他工作空间默认为隐藏状态。AutoCAD 2013 中文版的菜单栏由“文件”、“编辑”、“视图”、“插入”、“格式”、“工具”、“绘图”、“标注”、“修改”、“参数”“窗口”、“帮助”等 12 项菜单组成，如图 1-22 所示为“格式”下拉菜单。AutoCAD 大多数命令在下拉菜单中都可以找到。在使用菜单命令时应注意以下几个方面。

① 命令后跟有“▸”符号，表示该命令下还有级联菜单。

② 命令后跟有快捷键，表示按下快捷键即可执行该命令。

③ 命令后跟有组合键，表示直接按组合键即可执行菜单命令。

④ 命令后跟有“…”符号，表示选择该命令可打开一个对话框。

⑤ 命令呈现灰色，表示该命令在当前状态下不可使用。

(5) 工具栏

工具栏是应用程序调用命令的另一种方式，它包含许多由图标表示的命令按钮。在

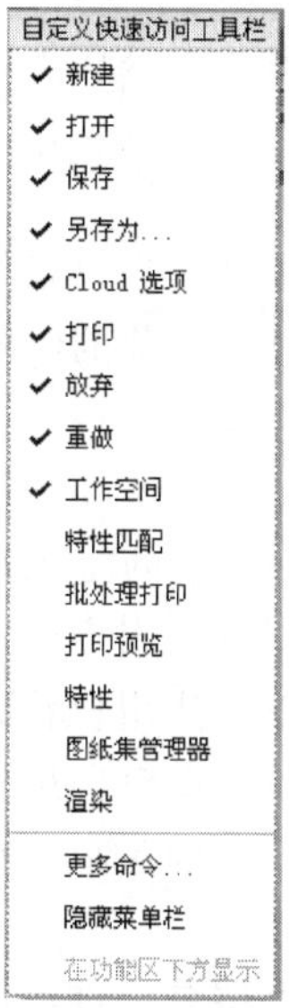

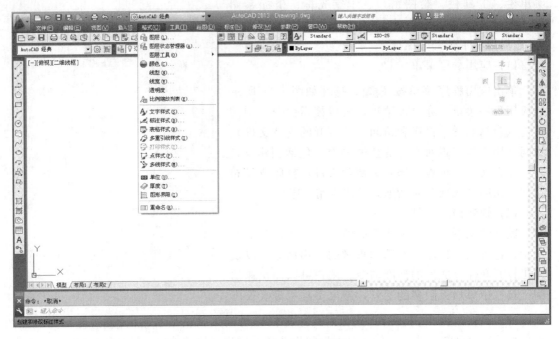

图 1-22 "格式"下拉菜单

AutoCAD中，系统共提供了 50 余种已命名的工具栏。默认情况下，"标准"、"工作空间"、"绘图"、"绘图次序"、"特性"、"图层"、"修改"和"样式"等工具栏处于打开状态。

如果要显示当前隐藏的工具栏，可在任意工具栏上单击鼠标右键，在弹出的快捷菜单上选择对应命令，即可显示对应的工具栏，可以将它直放或横放。当鼠标停留在工具栏某一个按钮上时，会有相应的命令名提示字符出现，以供读者参考。

**(6) 绘图窗口**

绘图窗口是用户绘图的工作区域，所有的绘图结果都反映在这个区域中。用户可以根据需要关闭其周围和里面的各个工具栏，以增大绘图空间。在绘图区中除了显示当前的绘图结果外，还显示了当前使用的坐标系类型以及坐标原点，$X$、$Y$、$Z$ 轴的方向等。

**(7) 命令窗口**

命令窗口位于绘图区域的下部，是用户与 AutoCAD 程序对话的地方，显示的是用户从键盘上输入的命令信息以及用户在操作过程中程序给出的提示信息。在绘图时，用户应密切注意命令窗口的各种提示，以便准确快捷绘图。命令窗口默认显示三行，以便让用户看到与操作有关信息的流动情况。如果想要改变此区域的行数，可将鼠标放置在命令窗口上边框线附近，当鼠标变为双向箭头后，按住鼠标左键上下移动，可任意改变命令窗口的大小。在输入命令名称时，AutoCAD 不区分字母大、小写。

若需要详细了解命令窗口中的信息，可在命令窗口中滚动鼠标滚轮查看信息，也可以按功能键 F2，或在命令窗口直接输入"TEXTSCR"后按回车键，打开"AutoCAD 文本窗口"，能够更加方便地查阅信息。

**(8) 状态栏**

状态栏如图 1-23 所示，位于 AutoCAD 工作界面的最底部，显示当前十字光标所在位置的坐标值、绘图辅助工具控制按钮、用于快速查看和缩放注释的图形状态等。状态栏中各部分内容的功能如表 1-10 所示，部分辅助绘图工具按钮的详细功能及其参数设置参见第 2.5 节。

图 1-23　状态栏

**表 1-10　状态栏中各项目（或按钮）功能**

| 项　目（或按钮） | 功　能 |
|---|---|
| 55.8643, 3.1189, 0.0000 | 显示当前十字光标所在位置的坐标值 |
| | 控制在创建和编辑几何对象时是否自动应用几何约束（点击该按钮，浅蓝色为打开，灰色为关闭） |
| 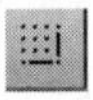 | 控制捕捉模式功能。点击该按钮，浅蓝色为打开，灰色为关闭 |
|  | 控制栅格显示功能。点击该按钮，浅蓝色为打开，灰色为关闭 |
| 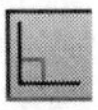 | 控制正交模式功能。点击该按钮，浅蓝色为打开，灰色为关闭 |
|  | 控制极轴追踪模式功能。点击该按钮，浅蓝色为打开，灰色为关闭 |
|  | 控制使用对象自动捕捉功能。点击该按钮，浅蓝色为打开，灰色为关闭 |
|  | 控制三维对象自动捕捉功能。点击该按钮，浅蓝色为打开，灰色为关闭 |
|  | 控制使用对象捕捉自动追踪功能。点击该按钮，浅蓝色为打开，灰色为关闭 |
|  | 控制动态 UCS 功能。点击该按钮，浅蓝色为打开，灰色为关闭 |
|  | 控制动态输入功能。点击该按钮，浅蓝色为打开，灰色为关闭 |
|  | 控制线宽显示功能。点击该按钮，浅蓝色为打开，灰色为关闭 |
|  | 控制透明度的显示/隐藏 |
|  | 控制快捷特性面板的启用和禁用（点击该按钮，浅蓝色为打开，灰色为关闭） |
|  | 控制选择循环功能。点击该按钮，浅蓝色为打开，灰色为关闭 |
|  | 控制注释监视器功能。点击该按钮，浅蓝色为打开，并且注释监视器图标被添加到系统托盘中；灰色为关闭 |
| 模型 | 控制用户绘图环境，分为"模型"和"图纸"两种，单击鼠标可进行切换 |
|  | 控制快速查看布局功能 |
|  | 控制快速查看图形功能 |
|  1:1 ▼ | 设定注释的比例，单击右侧黑色三角形按钮，可从列表中变更比例 |
|  | 控制注释性对象可见性 |
|  | 注释比例更改时自动将比例添加进注释性对象。显示暗色为关闭 |
| | 控制切换工作空间。单击，可弹出如图 1-17 所示的快捷菜单，供选择 |

| 项 目(或按钮) | 功 能 |
| --- | --- |
| | 控制工具栏、窗口位置是否锁定 |
| | 控制硬件加速 |
| | 控制对象隔离与隐藏 |
| | 控制弹出应用程序状态栏菜单 |
| | 控制是否全屏显示 |

在 AutoCAD 2013 中文版中，用户可以更加方便地控制状态栏中显示的工具。鼠标左键单击状态栏右侧"应用程序状态栏菜单"按钮，可以打开如图 1-24 所示的快捷菜单，通过选中或者清除复选标记来显示或者隐藏对应的工具。选择图 1-24 所示的"状态托盘设置(T)"命令，可打开如图 1-25 所示的"状态托盘设置"对话框，用来控制设计过程中不同状态的图标在状态栏中的显示。

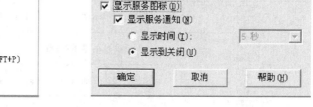

图 1-24　应用程序状态栏快捷菜单　　　　图 1-25　"状态托盘设置"对话框

**(9) 工具选项板**

工具选项板主要提供了绘制图形的快捷方法，如图 1-26 所示，包括"建模"、"约束"、"注释"、"建筑"、"机械"、"电力"、"土木工程"、"结构"等二十余种选项卡，其快捷方式都是日常绘图中相关专业常用到的绘图工具。一般来说，只需选中工具选项板上的选项按钮，然后在绘图区域选择插入位置即可绘图。

**1.3.4.2　草图与注释工作空间**

若工作空间选择"草图与注释"，则出现如图 1-27 所示的工作界面。该空间仅包含与二维绘图注释相关的工具栏、选项卡和常用面板等，适合于二维草图的绘制。比起 AutoCAD 经典工作空间界面，草图与注释工作空间界面简化了很多，与任务相关联的常用按钮和控件都被集中到功能区的各个面板中，便于用户随时调用命令。

**(1) ViewCube 导航工具**

ViewCube 是用户在二维模型空间或三维视觉样式中处理图形时显示的导航工具。通过

ViewCube，用户可以在标准视图和等轴测视图间切换。ViewCube 是持续存在的、可单击和可拖动的界面。显示 ViewCube 时，它将显示在模型上绘图区域中的一个角上，且处于非活动状态。ViewCube 工具将在视图更改时提供有关模型当前视点的直观反映。当光标放置在 ViewCube 工具上时，它将变为活动状态。用户可以拖动或单击 ViewCube、切换至可用预设视图之一、滚动当前视图或更改为模型的主视图。

ViewCube 以不活动状态或活动状态显示。当处于非活动状态时，默认情况下会显示为部分透明，以便不会遮挡模型的视图。当处于活动状态时，它是不透明的，可能会遮挡模型当前视图中的对象视图。除了可以控制 ViewCube 在处于非活动状态时的不透明度级别，还可以控制 ViewCube 的以下特性：大小、位置、UCS 菜单的显示、默认方向、指南针显示。

指南针显示在 ViewCube 工具下方，用于指示为模型定义的北向。可以单击指南针上的方向字母以旋转模型，也可以单击并拖动其中一个方向字母或指南针圆环以交互方式围绕轴心点旋转模型。

**（2）导航栏**

默认情况下，导航栏显示在绘图窗口的右方。可以从导航栏访问查看和导航命令。显示或隐藏导航栏，只需选中或不选"视图"选项卡下的"用户界面"面板中的"用户界面"下拉列表框中的"导航栏"复选框。

图 1-26　工具选项板

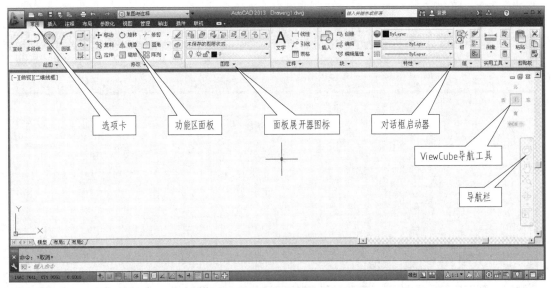

图 1-27　草图与注释工作空间界面

**提示：** a. 若要在该空间下添加工具栏，只需选择"视图"选项卡，单击"用户界面"面板中的 ![工具] 按钮，从 AutoCAD ▶ 后的级联菜单（图 1-28）中选择相应工具栏命令，即可显示该工具栏；

b. 若要在该空间下添加菜单栏，只需鼠标左键单击快速访问工具栏最右边的 ▼ 按钮，弹出的"自定义快速访问工具栏"快捷菜单中选择"显示菜单栏"即可。（特别注明：本书后续讲解中若提到菜单栏任何选项，均默认该工作空间下已显示出菜单栏）。

图 1-28  草图与注释工作空间界面下的"工具栏"快捷菜单

### 1.3.4.3  三维基础工作空间

若工作空间选择"三维基础"，则出现如图 1-29 所示的工作界面。该空间包含了用于三维建模的基础工具。

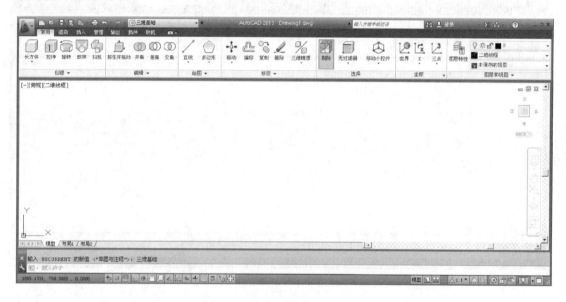

图 1-29  三维基础工作空间界面

### 1.3.4.4  三维建模工作空间

若工作空间选择"三维建模"，则出现如图 1-30 所示的工作界面。在创建三维模型时，

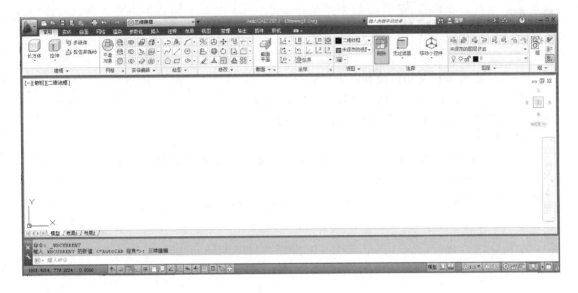

图 1-30　三维建模工作空间界面

用户可以使用"三维建模"工作空间，其中包含与三维相关的工具栏、菜单和选项板。三维建模不需要的界面项会被隐藏，使得用户的工作屏幕区域最大化。三维绘图功能一直被认为是 AutoCAD 绘图的弱势项目，而自从 AutoCAD 2010 版本以来，三维绘图功能开始渐渐增强，使用 AutoCAD 2013 在三维建模工作空间下进行三维造型设计也变得非常简便。

### 1.3.5　AutoCAD 绘图的一般步骤

AutoCAD 绘图的一般步骤如下。

**(1)** 进行绘图前的准备工作

① 根据图形要求设置绘图界限、绘图单位及精度，调整栅格间距；

② 根据图形特点，设置图层、颜色、线型、线宽等对象特性。

**(2)** 利用相关命令进行绘图

① 利用 AutoCAD 的绘图和编辑命令，进行图形的绘制；

② 设置文字样式，进行文字标注；

③ 设置尺寸标注样式，进行尺寸标注；

④ 进行图案填充；

⑤ 进行图幅整理（如调整各视图之间的位置，绘制或利用插入块的命令输入标准图框），完成图形的绘制。

**(3)** 存盘及图形文件的打印

在绘图过程中及时进行存盘。在打印对话框中设置所使用的打印设备、打印样式、图纸尺寸及图纸单位、图形方向、打印比例、打印范围等内容，完成图形文件的打印。

由于化工专业图样包含的内容各有差异，以及用户个人的不同习惯，上述步骤并不是一成不变的，用户可以在绘制过程中灵活调整，以求快速、高效、精确绘制出所要求的专业图样为准则。

## 1.4 思考与上机练习

**(1)** 复习与思考

① 化工专业图样常用的绘制方法有哪些？

② AutoCAD 2013 工具软件具有哪些基本功能？

③ 试述利用 AutoCAD 软件绘图的一般步骤。

**(2)** 上机练习

① 启动 AutoCAD 2013 软件，熟悉其基本功能与工作界面的主要组成。

② 启动 AutoCAD 2013 软件，分别更改工作空间为"草图与注释"、"三维基础"、"三维建模"和"AutoCAD 经典"，了解各工作空间界面的变化。

# 第 2 章　绘图准备及环境设置

AutoCAD 2013 中文版可以使用公制的 ISO 标准样板图或英制的样板图，系统也提供了国标（GB 标准）的样板图，该样板图基本符合我国制图标准，但是对于每个用户或单位，还需要进一步定制符合自己行业规范或标准的样板图。在使用 AutoCAD 绘图之前，首先需要对一些必要的条件进行定义。例如，绘图窗口的颜色、字体的大小、十字光标的大小、单击鼠标右键功能、打印机的配置、图形单位、设计比例、图形界限、对象捕捉、栅格、正交模式、图层、线型和颜色的设置等。做好这些准备及设置，是方便用户、提高绘图速度、确保绘图精度、规范绘图的必备条件。

## 2.1 系统选项设置

AutoCAD 2013 的"选项"对话框，可供用户根据自己的需要，在默认系统配置的基础上，确定一个最佳的、最适合自己习惯的系统配置，如改变窗口颜色、自定义鼠标右键单击、是否显示滚动条、字体的大小、十字光标的大小、是否保存图形的预览图像、保存图形时是否创建原文档的备份、打印机的配置、定点设备选择鼠标还是数字化仪、绘图辅助工具设置等，以使用户在进行设计工作时更加得心应手。

用户可以在绘图窗口任意空白处单击鼠标右键，弹出如图 2-1 所示的快捷菜单，选择"选项（O）"，或者通过单击菜单栏"工具（T）"→"选项（N）"命令，或通过单击"视图"选项卡中的"用户界面"面板右边的 ⊻ 按钮，打开如图 2-2 所示的"选项"对话框进行设置。

该对话框显示当前图形配置和 11 个选项卡。现将各选项卡分别介绍如下。

（1）"文件"

用于确定 AutoCAD 搜索支持文件、驱动程序文件、菜单文件和其他文件时的路径以及用户定义的一些设置。

（2）"显示"

用于设置窗口元素、布局元素、显示精度、显示性能和十字光标大小等。如图 2-3 所示。

该选项卡中普通用户常用的：①可以通过单击"颜色"按钮，打开"图形窗口颜色"对

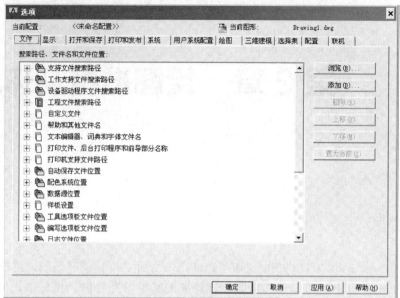

图 2-1　快捷菜单　　　　　　　　图 2-2　"选项"对话框的"文件"选项卡

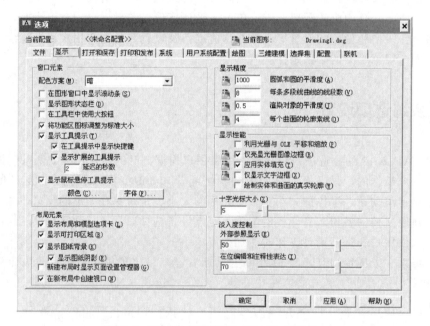

图 2-3　"选项"对话框的"显示"选项卡

话框（图 2-4），通过"颜色"下拉列表框可以根据用户喜好选择设置绘图窗口颜色。②"字体"按钮可以用来设置命令行窗口字体、字形和字号。③"十字光标大小"可通过拖动滑块来改变光标的大小。④"显示精度"选项组可分别用于控制圆弧和圆的平滑度；每条多段线划分的线段数目；着色和渲染对象的平滑度；对象上每个曲面轮廓线的数目。

**(3)"打开和保存"**

用于设置保存文件的默认版本号、是否自动保存文件、自动保存文件的时间间隔、是否维护日志、显示最近打开的文件数量和是否加载外部参照等，如图 2-5 所示。

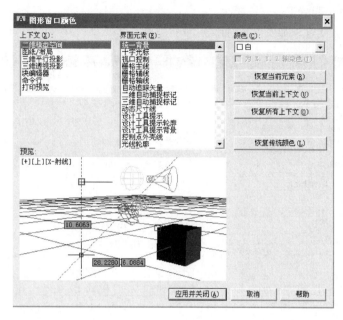

图 2-4 "图形窗口颜色"对话框

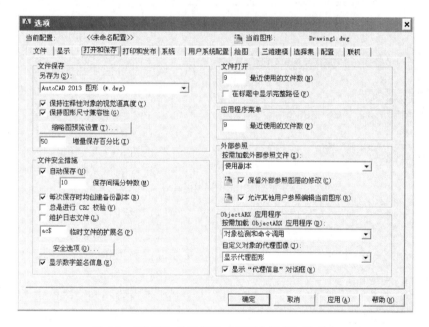

图 2-5 "选项"对话框的"打开和保存"选项卡

**（4）"打印和发布"**

用于设置 AutoCAD 的输出设备。默认情况下，输出设备为 Windows 打印机，若要输出较大幅面的图形，也可以设置为专门的绘图仪。

**（5）"系统"**

用于设置系统的有关性能，包括与图形显示系统的配置相关的设置、与定点设备相关的选项、布局重生成选项、与数据库连接信息相关的选项、是否显示先前隐藏的消息、允许长符号名等常规选项、是否访问联机内容以及信息中心设置等。

**（6）"用户系统配置"**

用于优化系统设置。如图 2-6 所示。

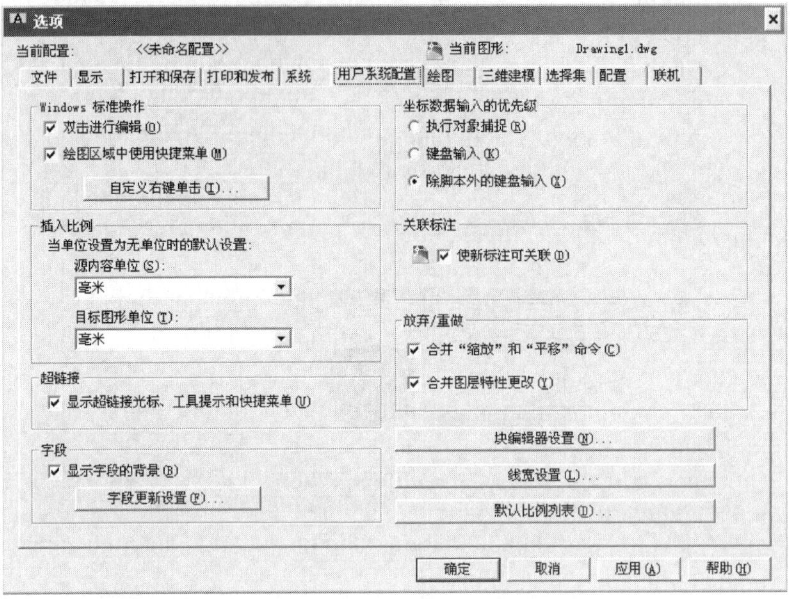

图 2-6 "选项"对话框的"用户系统配置"选项卡

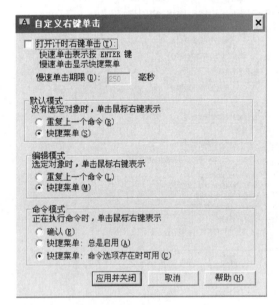

图 2-7 "自定义右键单击"对话框

该选项卡中普通用户常用的：①控制绘图区域中是否使用快捷菜单。②单击"自定义右键单击"按钮，打开如图 2-7 所示的对话框，用户可以根据自己的需要对不同模式下单击右键的功能进行选择。③单击"线宽设置"按钮，打开"线宽设置"对话框，可以设置线宽的显示特性和默认选项及设置当前线宽。

**（7）"绘图"**

用于设置自动捕捉、自动追踪、自动捕捉标记框颜色和大小、靶框大小等。

**（8）"三维建模"**

用于设置三维绘图模式下的三维十字光标、UCS 图标显示、三维对象的曲面与网格图元、三维导航等。

**（9）"选择集"**

用于设置拾取框大小、夹点大小及显示、选择集模式及预览等。

**（10）"配置"**

用于新建系统配置文件、重命名系统配置文件以及删除系统配置文件等。

**（11）"联机"**

设置用于使用 Autodesk 360 联机工作的选项，并提供对存储在 Cloud 账户中的设计文档的访问。

## 2.2 AutoCAD 的坐标系统

### 2.2.1 世界坐标系（WCS）和用户坐标系（UCS）

在工程图中，要实现精确绘图，通过输入点的坐标准确定位点极为关键。AutoCAD 坐标系包括世界坐标系（WCS）和用户坐标系（UCS），通过 AutoCAD 的坐标系可以按照非常高的精度标准准确地设计并绘制图形。

**（1）世界坐标系（WCS）**

世界坐标系包括 $X$ 轴和 $Y$ 轴（如果在 3D 空间工作，还有 $Z$ 轴）。AutoCAD 系统初始设置的坐标系即为世界坐标系，其坐标原点位于图形窗口的左下角，其坐标轴交汇处显示一个"□"标记，如图 2-8 所示。绘制图形时，所有的位移都是相对于坐标原点进行计算的，并且规定沿 $X$ 轴正向及 $Y$ 轴正向的方向为正方向。

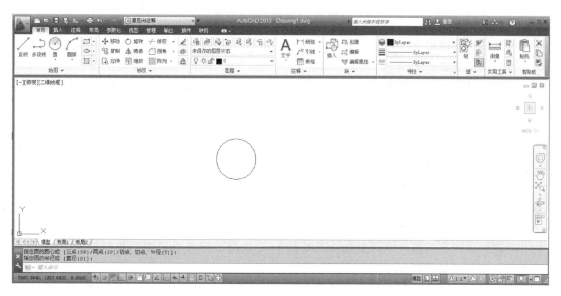

图 2-8　世界坐标系示意

**（2）用户坐标系统（UCS）**

世界坐标系是固定的，不能改变。特别在进行三维造型设计时，用户经常需要修改坐标系的原点和坐标轴方向，会感到极为不方便，为此 AutoCAD 为用户提供了可以在 WCS 中任意定义的坐标系，称为用户坐标系（UCS）。UCS 的原点可以在 WCS 内的任意位置上，其坐标轴可任意旋转和倾斜。用户坐标轴交汇处没有"□"形标记。用户可以通过单击菜单栏"工具（T）"→"新建 UCS（W）"→"原点（N）"命令（或将鼠标停留在 WCS 坐标系图标上，单击右键，弹出的快捷菜单中选择"原点"），在绘图区内指定一点，即可将世界坐标系变为用户坐标系，该点就成为用户坐标系的原点。如图 2-9 所示，已将圆中心 O 点设置为用户坐标系的原点。

### 2.2.2 确定点的方式

点是形体中最基本的元素，任何形体都是由许许多多的点组成的，AutoCAD 提供了以

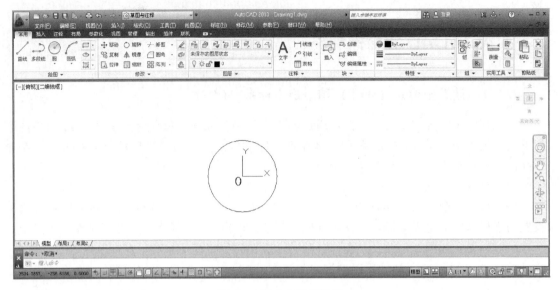

图 2-9　用户坐标系示意

下几种点的输入确定方式。

**（1）用鼠标直接输入**

用鼠标直接选取点的方法是，在绘图区移动光标到欲确定的位置，单击鼠标左键确定即可。

**（2）用绝对坐标输入点**

绝对坐标是指相对于当前坐标系原点的坐标，其基准点就是坐标系的原点（0，0，0）。一般可采用通过键盘输入绝对直角坐标或绝对极坐标确定某个点。

绝对直角坐标的输入格式：当系统提示输入点时，可以直接输入"$X$ 坐标，$Y$ 坐标"，例如，"20，50"。

绝对极坐标的输入格式：当系统提示输入点时，直接输入"距离＜角度"。如："50＜120"，表示该点距当前坐标系原点的距离为 50 个单位，与 $X$ 轴正方向的夹角为 120°。

**（3）用相对坐标输入点**

相对坐标是以前一个输入点为基准点而确定点的位置的输入方法。在二维空间中，相对坐标可以用相对直角坐标，也可以用相对极坐标来表示。用相对坐标输入时，需要在输入坐标值的前面加上"@"符号。

相对直角坐标的输入格式：例如，已知前一点 A 的坐标是"68，25"，在系统提示输入点时，输入"@－28，20"，则该点的绝对直角坐标为"40，45"（沿 $X$、$Y$ 轴正方向的增量为正，反之为负）。

相对极坐标的输入格式：例如，已知前一点 A 的坐标是"68，25"，在系统提示输入点时，输入"@30＜60"，则表示该点与点 A 的距离为 30 个单位，与 $X$ 轴正方向的夹角为逆时针 60°。若已知前一点 A 的坐标是"68，25"，输入"@－30＜－60"，则表示该点与点 A 的距离为 30 个单位，位于与 $X$ 轴正方向的夹角为顺时针 60°线的反向延长线上（即该点与点 A 的连线和 $X$ 轴正方向的夹角为 120°）。

**（4）用给定距离的方式输入**

用给定距离的方式输入时，当提示输入一个点时，将光标移动到欲输入点的方向（一般需配合正交或极轴追踪一起使用，详见 2.5.3 节介绍），直接输入相对于前一点的距离，按回车键确认。

**（5）动态输入**

AutoCAD 还提供了用动态输入的方式来输入点的坐标，这种方式可以基本取代 Auto-CAD 传统的命令行输入坐标方式，为用户提供了一种全新的操作体验，更加直观快捷。详细介绍见 2.5.5 节。

**（6）用捕捉方式捕捉特殊点**

用捕捉方式捕捉特殊点，即利用对象捕捉功能，可以直接捕捉到需要的特殊点，如中点、圆心、端点等。详细介绍见 2.5.2。

## 2.3 绘图单位

图形单位是在设计中所采用的单位，创建的所有对象都是根据图形单位进行测量的。用户可通过单击图 1-19 所示的应用程序菜单 ▲▼ →"图形实用工具"→"单位"，或单击菜单栏"格式（O）"→"单位（U）"命令，或输入命令名"DDUNITS"，打开如图 2-10 所示的"图形单位"对话框。可设置长度、角度类型和精度，角度的测量方向（默认为逆时针），指定当前图形引用到其他图形中时所用的单位等。点击"方向（D）"按钮，可打开如图 2-11 所示的"方向控制"对话框，定义起始角的方位。化工制图中一般选用长度类型为"小数"，精度为"0.0"（根据需要可灵活选择），角度类型为"十进制度数"，精度为"0"，角度方向取默认值，"用于缩放插入内容的单位"为"毫米"，方向控制取默认值（即向"东"0 度，作为基准角度）。

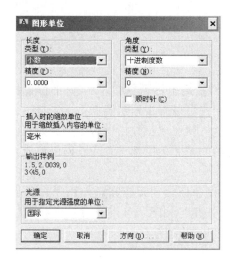

图 2-10 "图形单位"对话框

图 2-11 "方向控制"对话框

## 2.4 绘图界限

绘图界限是指绘图的区域，相当于用户在绘图时首先要确定图幅的大小。一般来说，如果 AutoCAD 系统对作图范围没有限制，可以将绘图区看作一幅无穷大的图纸，但化工专业用户所绘图形的大小通常是有限制的。设置绘图界限有利于打印时可按设置的图形界限来打印，同时也使一些图形显示命令有效，避免用户所绘制的图形超出边界。用户可通过单击"格式（O）"→"图形界限（I）"命令，或输入命令名"LIMITS"，打开该命令，根据命令行提示进行如下操作。

命令：'_limits

重新设置模型空间界限：

指定左下角点或［开（ON）/关（OFF）］〈0.0000,0.0000〉：（一般直接按回车键，接受默认值，确定图幅左下角图界坐标）

指定右上角点〈420.0000，297.0000〉：（输入图幅右上角图界坐标，默认为 A3 图界）

命令中各选项的功能：

① 开（ON）：打开图形界限检查。当界限检查打开时，将无法输入栅格界线外的点。因为界限检查只测试输入点，所以对象（例如圆）的某些部分可能会延伸出栅格界限。

② 关（OFF）：关闭图形界限检查。用户可在无限大的区域中绘图。

## 2.5　绘图辅助工具

在实际绘图中，用鼠标定位虽然方便快捷，但精度不高，绘制的图形极不精确，远远不能满足化工制图的要求。AutoCAD 提供了对象捕捉、追踪、极轴、栅格、正交等功能，以实现精确绘图。AutoCAD 提供的精确绘图工具主要显示在状态栏上，包括捕捉和栅格、对象捕捉、正交与极轴、对象捕捉追踪、动态输入等。

### 2.5.1　捕捉和栅格

栅格是显示在用户定义的图形界限内的点阵，它类似于在图形下面放置一张坐标纸。例如，如果将栅格的间距设置为20，在图形中就很容易找到坐标为（60，100）的位置。使用栅格可以对齐对象并直观显示对象之间的距离，使用户可以直观地参照栅格绘制草图。

捕捉则使光标只能停留在图形中指定的点上，这样就可以很轻松地将图形放置在特殊点上，便于以后的编辑工作。一般来说，栅格与捕捉的间距和角度都设置为相同的数值，打开捕捉功能之后，光标只能定位在图形中的栅格点上。

系统提供了两种捕捉模式供用户选择：栅格捕捉和极轴捕捉。究竟使用哪一种捕捉模式，要根据图形的实际情况来确定。栅格和捕捉的打开与关闭，可以通过单击状态栏中的"栅格显示"按钮和"捕捉模式"按钮来控制，也可以直接使用功能键 F7（切换栅格）和 F9（切换捕捉）控制。

用户可通过单击"工具（T）"→"绘图设置（F）"命令，或命令行输入命令名"DSETTINGS"，或者在状态栏上的"捕捉模式"或"栅格显示"按钮上单击鼠标右键，弹出的快捷菜单中选择"设置（S）"，在弹出的"草图设置"对话框中选择"捕捉和栅格"选项卡，如图 2-12 所示，进行捕捉和栅格的类型与参数设置。

选取"启用栅格"复选框，在"栅格 X 轴间距（P）"和"栅格 Y 轴间距（C）"框中输入栅格间距（栅格间距按图形单位计算）。如果间距设置得太小，可能在屏幕上无法显示。默认的 X、Y 方向的栅格间距会自动设置成相同的数值，也可以改变为行、列不同的间距值。

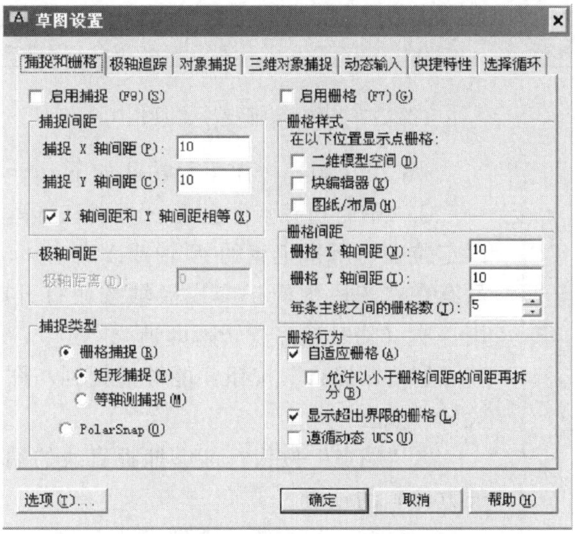

图 2-12 "草图设置"对话框的"捕捉和栅格"选项卡

选取"启用捕捉"复选框打开捕捉工具,在"捕捉 X 轴间距(P)"和"捕捉 Y 轴间距(C)"框中输入间距;选取"X 轴间距和 Y 轴间距相等(X)"复选框,将强制捕捉间距使用相同的 X 和 Y 值。

"捕捉类型"选项组用来设置捕捉的模式,系统默认为"栅格捕捉(R)"。栅格捕捉模式中还包含了"矩形捕捉(E)"和"等轴测捕捉"两种方式。在二维绘图中常用的是矩形捕捉,等轴测捕捉在绘制等轴测图形时使用。若激活"PolarSnap(极轴捕捉)",需要在"极轴距离(D)"中设置捕捉增量距离,系统将按设置的距离倍数沿极轴方向捕捉。如果该值为 0,则极轴捕捉距离采用"捕捉 X 轴间距(P)"中设置的值。通常"极轴距离"设置与极坐标追踪和对象捕捉追踪结合使用。

### 2.5.2 对象捕捉

在绘图过程中,可以使用光标自动捕捉到对象中的特殊点,如端点、中点、圆心和交点等。使用这种功能,能够快速地绘制通过已经存在的对象特殊点的图形对象,如通过圆心的直线、通过两条直线交点的直线等。对象捕捉是使用最为方便和广泛的一种绘图辅助工具,无论在二维绘图还是在三维建模过程中都能起到重要的作用。绘图过程中可以用两种方式设置对象捕捉:单点捕捉和自动捕捉。

**(1)单点捕捉**

单点捕捉是在指定点的过程中选择一个特定的捕捉点。指定对象捕捉时,光标将变为对象捕捉靶框。选择对象时,AutoCAD 将捕捉离靶框中心最近的符合条件的捕捉点并给出捕捉点到该点的符号和捕捉标记提示。绘图过程中命令行提示指定点时,可以使用以下任意一种方法启动单点捕捉:①选择"视图"选项卡,单击"用户界面"面板中的 ![按钮] 按钮,从 **AutoCAD** ▶ 后的级联菜单中选择"对象捕捉"命令,显示"对象捕捉"工具栏(如图 2-13 所示),选择相应选项;②在任意一个工具栏中单击鼠标右键,从弹出的快捷菜单中选择"对象捕捉"命令,从弹出的"对象捕捉"工具栏中选择相应选项;③按住 Shift 键或 Ctrl 键单击鼠标右键,从弹出的快捷菜单(如图 2-14 所示)中选择适当的选项;④在命令行中输入对应的捕捉命令名。

图 2-13 "对象捕捉"工具栏

图 2-13 中各按钮主要功能如下。

①"临时追踪点"按钮：可以在屏幕上指定一点，当前点可以定位在与所指定点的 X 轴或 Y 轴坐标相同的直线上。该选项只有在状态栏中的正交或极轴按钮打开时才有效，并且只能使用一次（临时追踪点转瞬即逝）。

②"捕捉自"按钮：能够捕捉到与图形中某个特殊点位置相关的一点。

③"端点"按钮：能够捕捉直线的端点和某些三维实体（如长方体）的顶点。

④"中点"按钮：能够捕捉到圆弧、椭圆、椭圆弧、直线、多线、多段线线段、面域、实体、样条曲线或参照线的中点。

⑤"交点"按钮：能够捕捉到圆弧、圆、椭圆、椭圆弧、直线、多线、多段线、射线、面域、样条曲线或参照线的交点。

⑥"外观交点"按钮：能够捕捉两个在三维空间不相交，但可能在当前视图中看起来相交的交点。

⑦"延长线"按钮：能够捕捉直线或圆弧延伸方向上的点，配合使用交点和外观交点的捕捉就能方便地捕捉到延长线交点。

⑧"圆心"按钮：能够捕捉圆弧、圆或椭圆对象的圆心，还能够捕捉实体或面域中圆的圆心。

⑨"象限点"按钮：能够捕捉到圆弧、圆或椭圆的最近的象限点（0°、90°、180°、270°点）。

⑩"切点"按钮：能够在圆或圆弧上捕捉到与上一点相连的点，这两点形成的直线与该对象相切。

⑪"垂直"按钮：可以捕捉到与圆弧、圆、构造线、椭圆、椭圆弧、直线、多线、多段线、射线、实体或样条曲线正交的点，也可以捕捉到对象的外观延伸垂足。

⑫"平行线"按钮：和选定的对象平行。

⑬"插入点"按钮：能够捕捉到块、文字、属性或属性定义的插入点。

⑭"节点"按钮：能够捕捉到图形中使用 POINT 命令绘制的点或者绘制的等分点。

⑮"最近点"按钮：可以捕捉对象与指定点距离最近的位置。

⑯"无捕捉"按钮：关闭当前对象捕捉模式，其效果同暂时关闭状态栏中的"对象捕捉"按钮相同。

⑰"对象捕捉设置"按钮：单击可以打开"草图设置"对话框的"对象捕捉"选项卡。

（2）自动捕捉

单点捕捉可以比较灵活地选择捕捉方式，但是操作比较烦琐，每次遇到选择点的提示后必须首先选择捕捉的方式。AutoCAD 提供了另一种持续有效的捕捉方式，可以避免每次遇到输入点的提示后都必须选择捕捉方式，这就是预设置对象的自动捕捉方式。用户可以一次选择多种捕捉方式，在命令操作中只要打开对象捕捉，捕捉方式即可持续生效。用户可通过

图 2-14 "对象捕捉"
快捷菜单

单击菜单栏"工具（T）"→"绘图设置（F）"命令，或命令行输入命令名"DSETTINGS"，或者在状态栏上的"对象捕捉"、"对象捕捉追踪"等按钮上单击鼠标右键，弹出的快捷菜单中选择"设置（S）"，或命令行输入命令名"OSNAP"，在弹出的"草图设置"对话框中选择"对象捕捉"选项卡，如图 2-15 所示，可进行相关设置。

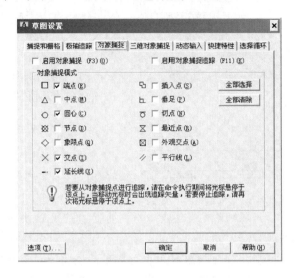

图 2-15　"草图设置"对话框的"对象捕捉"选项卡

在如图 2-15 的对话框中，选择"对象捕捉模式"，如端点、中点、圆心等，然后单击"确定"按钮。当选择"启用对象捕捉"后，用户在绘制图形遇到点提示时，一旦光标进入特定点的范围，该点就被捕捉到。用户可直接使用功能键 F3 切换对象捕捉的启动或关闭。

### 2.5.3　正交与极轴

正交与极轴都是为了准确追踪一定的角度而设置的绘图工具，不同的是正交仅仅能追踪到水平和垂直方向的角度，而极轴可以追踪更多的角度。

**（1）正交**

在用鼠标画水平和垂直线时，会发现要是只凭肉眼观察去绘制，非常困难。为解决这个问题，AutoCAD 提供了正交方式功能。用户可以通过单击状态栏的"正交"按钮，或在命令行输入命令名"ORTHO"，输入选项"ON"命令，或直接按功能键 F8 打开和关闭正交模式。

> **提示：**当对如图 2-12 所示对话框中，"捕捉"类型设置选择了"等轴测捕捉"模式，则正交模式将对准等轴测平面的两条轴测线。

**（2）极轴**

使用极轴追踪，光标将按指定角度提示角度值。使用极轴捕捉，光标将沿极轴角按指定增量进行移动，通过极轴角的设置，可以在绘图时捕捉到各种设置好的角度方向。在 Auto-CAD 2013 的动态输入中可以直接显示当前光标点的角度。用户可以通过单击状态栏的"极轴追踪"按钮或者直接按功能键 F10 可以打开或关闭极轴追踪工具。若要进行极轴设置，用户可通过单击菜单栏"工具（T）"→"绘图设置（F）"命令，或命令行输入命令名"DSETTINGS"，或者在状态栏上的"极轴追踪"按钮上单击鼠标右键，弹出的快捷菜单中选择"设置（S）"，在弹出的"草图设置"对话框中选择"极轴追踪"选项卡，如图 2-16 所

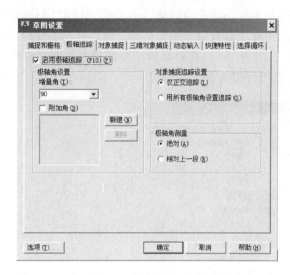

图 2-16 "草图设置"对话框的"极轴追踪"选项卡

示,可进行相关参数设置。

在"增量角"下拉列表框中可以选择几种特殊的角度作为极轴追踪的角度增量,如 30°、22.5°、5°等。选中"附加角(D)"复选框,单击"新建(N)"按钮,就能在列表中添加若干个需要进行追踪的特殊角度。特殊角度根据用户需要随意设置,但它不同于角度增量,仅能追踪到特殊角度位置,在该角度的倍数位置不进行追踪。

### 2.5.4 对象捕捉追踪

对于无法用对象捕捉直接捕捉到的某些点,以前需要用绘制辅助线的方式来完成。在 AutoCAD2000 版以后,利用对象捕捉追踪可以快捷地定义这些点的位置。对象捕捉追踪可以根据现有对象的特征点定义新的坐标点。对象捕捉追踪由状态栏上的"对象捕捉追踪"按钮开关控制,按功能键 F11 也可以激活或关闭对象捕捉追踪。

对象捕捉追踪必须配合自动捕捉完成,也就是说,使用对象捕捉追踪的时候必须将状态栏上的对象捕捉也打开,并且设置相应的捕捉类型。如果说捕捉和栅格工具可以让用户更好地获得图形的绝对坐标的话,对象捕捉与对象捕捉追踪则可以更容易地获得图形的相对坐标。而设计人员在绘图的时候往往只关心图形各对象之间的相对位置,对于图形在图纸中处于什么方位(也就是绝对坐标)并不关心,因此捕捉和栅格工具用得越来越少,而几乎离不开的工具是对象捕捉与对象捕捉追踪。

**实战练习**

若要在已有直线的上方绘制一条长度为 50mm 的直线段,这条直线段和水平方向的夹角为 81°。要绘制直线的起点和已知直线两端的连线分别与已知直线夹角为 45°和 135°。

操作步骤。

① 打开如图 2-15 的对话框,选择端点对象捕捉方式并选中"启用对象捕捉"复选框。

② 打开如图 2-16 的对话框,设置极轴增量角为 45°。选中"附加角(D)"复选框,单击"新建(N)"按钮,输入"81"。选中"用所有极轴角设置追踪(S)"单选按钮,并选中"启用极轴追踪"复选框,单击"确定"关闭对话框。

③ 打开状态栏上的"对象捕捉追踪"按钮。

④ 选择绘制直线命令。

⑤ 光标在已知直线左端处停留,出现端点标记后移开,再将光标放在已知直线右端处停留,出现端点标记后,将光标移向屏幕上方。

⑥ 待屏幕上出现追踪线并在光标附近的工具栏提示中显示交点的坐标为"端点:<45°,端点:<135°"时,如图 2-17(a)所示,拾取该点(即为绘制直线的起点);然后向右上方移动鼠标,待屏幕上出现 81°的追踪线时,如图 2-17(b)所示,停留住鼠标不要做任何移动,从键盘直接输入"50",按回车键即可完成任务。最终结果如图 2-17(c)所示。

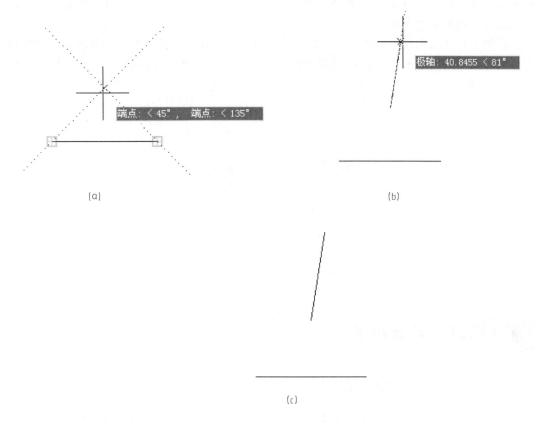

(a)                         (b)

(c)

图 2-17 利用对象捕捉追踪绘制直线

### 2.5.5 动态输入

在 AutoCAD 2013 中，使用动态输入功能可以在指针位置处显示标注输入和命令提示等信息，从而极大地方便了绘图。启用"动态输入"时，工具栏提示将在光标附近显示信息，该信息会随着光标的移动而动态更新。当某条命令为活动时，工具栏提示将为用户提供输入的位置。"动态输入"在光标附近提供了一个命令界面，以帮助用户专注于绘图区域。用户可通过单击状态栏中的"动态输入"按钮，或按功能键 F12 可直接打开或关闭"动态输入"。"动态输入"有三个组件：指针输入、标注输入和动态提示。

当启用指针输入且有命令在执行时，十字光标的位置将在光标附近的工具栏提示中显示为坐标，可以在工具栏提示中输入坐标值，而不用在命令行中输入，这样有利于用户的注意力集中在绘图区。以"直线"命令为例，单击"常用"选项卡的"绘图"面板中的 ✏ 按钮执行"直线"命令。在绘图窗口，如图 2-18（a）所示，可以看到光标处的坐标值随光标的

(a)                         (b)

图 2-18 动态指针输入示例

移动而改变，输入 X 坐标，例如"300"，然后按下 Tab 键，如图 2-18（b）所示，即可锁定输入值并切换到 Y 坐标输入。

启用了标注输入时，当命令提示输入第二点时，光标处将显示距离和角度值，且将随着光标的移动而改变，按 Tab 键可以移动到要更改的位置，通过键盘输入数值可以将其更改，如图 2-19 所示。

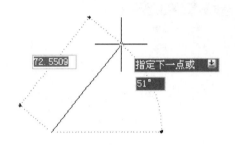

图 2-19　动态标注输入示例

## 2.6　图层、线型和颜色

### 2.6.1　图层、线型和颜色的概念

图层、线型、线宽、颜色等的设置，可以有效地管理复杂的图形，同时也是提高绘图效率的前提。

**（1）图层**

图层是 AutoCAD 的重要绘图工具之一，每一个图层就像一张没有厚度的透明塑料薄膜，可以在上面绘制图形。在一幅图中绘制一个实体图形，既有各种线型要素，例如点划线、虚线、细实线、粗实线等，又有尺寸、文字、图例符号等要素。为了便于管理图形的各种要素，AutoCAD 提出了图层的概念，在一幅图形中设置若干图层，各层之间完全对齐，每种图形要素放在某一图层上，这些图层叠放在一起就构成了一幅完整的图形。

图层的作用是便于图形要素的分类管理。图层由层名来标识。当图层较多时，每一图层设置不同的颜色，以区别各种绘图要素。将各种图形要素绘制在不同的图层上，绘图时关闭暂时不用的图层，使图形看起来比较清晰；冻结不需要打印的图层，能灵活地控制打印结果；冻结某些图层，使其不参与运算，节省了绘图时间。

**（2）线型**

线型是由虚线、点和空格等组成的重复图案，显示为直线或曲线。可以通过图层将线型指定给对象，也可以不依赖图层而明确指定线型。当没有选择任何对象时，所有对象都使用当前线型创建，该线型显示在"特性"选项板中和功能区的"常用"选项卡的"特性"面板中。用 AutoCAD 绘图，可以在每一个图层上根据实体图形要素的要求设置一种线型。AutoCAD 允许各图层设置不同的线型或设置相同的线型，默认设置为"实线"（Continuous）线型。AutoCAD 提供多种标准线型，存放在线型库 acad. lin（用于英制单位）和 acadiso. lin（用于公制单位）文件中。ACAD＿ISO 线型可以使用 ISO 笔宽选项打印。

**（3）颜色**

AutoCAD 的每一个图层都设有颜色，以区别不同的实体对象。颜色用自然数为代号，1～7 号为标准颜色，分别是：1—红（Red）、2—黄（Yellow）、3—绿（Green）、4—青（Cyan）、5—蓝（Blue）、6—洋红（Magenta）、7—白/黑（White/Black）。在绘图区底色为黑色的情况下，默认 7 号颜色为白色，随层（Bylayer）；在绘图区底色设置为白色的情况下，默认 7 号颜色为黑色；AutoCAD 中有 255 种索引颜色，每一图层的颜色可以相同，也可以不同。

### 2.6.2 图层管理

**（1）"图层"面板**

用户可以利用"常用"选项卡下的"图层"面板（如图 2-20 所示）来设置管理图层。

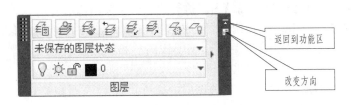

图 2-20  "图层"面板

面板上各按钮功能如下：

① 单击 按钮，可打开"图层特性管理器"对话框，供用户设置管理图层，具体参见本节"（2）图层特性管理器"中的讲解。

② 单击 按钮时，选择一个对象，则可将此对象所在图层置为当前图层。

③ 单击 按钮，可更改选定对象所在的图层，以使其匹配目标图层。如果在错误的图层上创建了对象，可以通过选择目标图层上的对象来更改该对象的图层。

④ 单击 按钮，可放弃使用"图层"控件、图层特性管理器或"LAYER"命令所做的最新更改。用户对图层设置所做的更改都将被追踪，并且可以通过该按钮放弃操作。但单击该按钮，不能放弃以下更改：重命名的图层（如果重命名图层并更改其特性，单击该按钮将恢复原特性，但不恢复原名称）、删除的图层（如果对图层进行了删除或清理操作，则单击该按钮将无法恢复该图层）、添加的图层（如果将新图层添加到图形中，则单击该按钮不能删除该图层）。

⑤ 单击 按钮，可隐藏或锁定除选定对象所在图层外的所有图层。保持可见且未锁定的图层称为隔离。

⑥ 单击 按钮，可恢复使用"隔离"命令隐藏或锁定的所有图层。

⑦ 单击 按钮，可冻结选定对象所在的图层。冻结图层上的对象不可见。在大型图形中，冻结不需要的图层将加快显示和重生成的操作速度。在布局中，可以冻结各个布局视口中的图层。

⑧ 单击 按钮，可关闭选定对象所在的图层。关闭选定对象的图层可使该对象不可见。如果在处理图形时需要不被遮挡的视图，或者如果不想打印细节（例如参考线），则此命令将很有用。

⑨ 单击 未保存的图层状态 ▼ 下拉列表框，可打开或关闭用于保存、恢复和管理命名图层状态的图层状态管理器。

⑩ 单击 💡☀🔓■0 ▼ 下拉列表框，可以从中选择一个图层名，并将其设置为当前图层；也可以修改选定图层的特性（图层名称除外），其上各按钮主要功能如下。

• 开/关图层按钮 💡：用于打开或关闭图层。灯泡为黄色，表示图层是打开的，此时若单击灯泡则变成灰色，图层被关闭；灯泡为灰色时，单击灯泡则变成黄色，图层被打开。图层被关闭时，该层的实体被隐藏看不见。

• 在所有视口中冻结/解冻按钮 ☀：用于设置是否冻结图层。图标为太阳，表示该图层没有被冻结，此时若单击该图标则变成雪花，表示该图层被冻结；图标为雪花时，单击该图标则变为太阳，表示该图层被解冻。但是不能冻结当前图层。图层被冻结时，该层的实体图形被隐藏，并且不能打印输出。冻结图层执行的速度比关闭图层要快。

• 锁定/解锁图层按钮 🔓：控制图层的锁定与解锁状态。小锁图标打开时，表示该图层没有被锁定，此时单击该图标则关闭小锁，该图层被锁定。被锁定的图层只能绘图不能编辑。

• 图层颜色按钮 ■：单击可设置该图层的颜色。

**（2）图层特性管理器**

"图层特性管理器"用于管理图层。用它既可以创建新图层，也可改变已有图层的特性。用户可通过单击"图层"面板上的 🖼 按钮，或单击菜单栏"格式（O）"→"图层（L）"命令，或在命令窗口中输入命令名"LAYER"，打开如图 2-21 所示的"图层特性管理器"对话框。下面对该对话框中常用部分选项进行详细介绍。

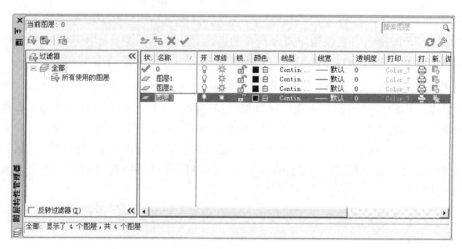

图 2-21 "图层特性管理器"对话框

① 新建图层按钮 🗐：用于建立新图层。单击该按钮，建立一个以"图层 1"命名的图层，连续单击该按钮，依次建立"图层 2"、"图层 3"、……为名的图层。该名称处于选中状态，用户也可以用汉字命名不同的图层。对于已经创建过的图层，若要修改图层名，则可用鼠标单击原图层名称，使图层名处于可编辑状态，直接输入新名称即可。

② 删除图层按钮 ✗：用于删除不用的图层。在"图层特性管理器"对话框中选择相应

的图层，单击该按钮，被选中的图层将被删除。但默认 0 层不能被删除。

③ 置为当前按钮 ✔：用于设置当前图层。在"图层特性管理器"对话框中选择某一个图层名，然后单击该按钮，则这一层被设置成当前层。当前图层只有一个，不能冻结，可以锁定、关闭。被关闭的当前层，系统可以自动打开。

④ 更改颜色：单击图 2-21 中某图层的颜色（默认设置为白/黑），可打开如图 2-22 所示的"选择颜色"对话框。可为该图层选择一种颜色。例如，可以设置虚线为黄色，设置粗实线为白色等。

⑤ 更改线型：单击图 2-21 中某图层的线型（默认设置为 Continuous），可打开如图 2-23 所示的"选择线型"对话框。

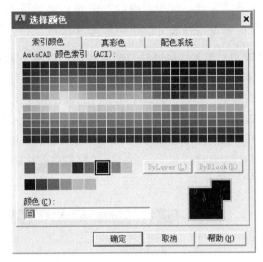

图 2-22 "选择颜色"对话框

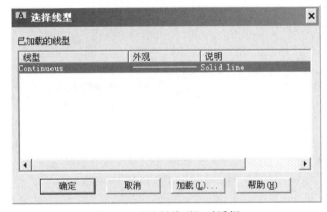

图 2-23 "选择线型"对话框

如果该对话框中有所需的线型，选中它，单击"确定"按钮即可完成设置。如果没有所需线型，需单击"加载（L）"按钮，弹出如图 2-24 所示的"加载或重载线型"对话框，选

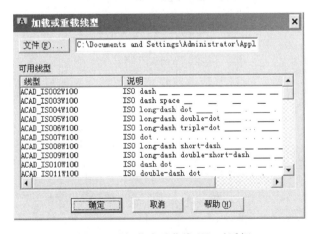

图 2-24 "加载或重载线型"对话框

中所需线型，单击"确定"按钮，返回图 2-23 所示对话框，再从此对话框中选中所需的线型，单击"确定"按钮即可完成设置。

> 提示：关于线型比例的设置。有些时候，默认的虚线、点划线的间隔与线段的长短比例，不适合用户需求，可以通过单击菜单栏"格式（O）"→"线型（N）"命令，打开"线型管理器"对话框，后单击"显示细节（D）"按钮，出现如图 2-25 所示界面。根据图幅大小，按经验修改全局比例因子（全局比例因子为新建的和现有的对象全局控制线型比例的数值）。默认为 1.0000，一般设定为 0.3~0.7 较合适，其值大小随图幅不同而不同。该对话框中的"当前对象缩放比例"用于设定新建对象的线型比例，生成的比例是全局比例因子与该对象比例因子的乘积。

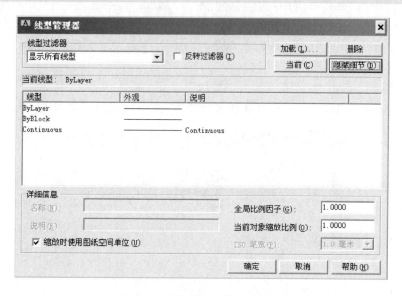

图 2-25 "线型管理器"对话框

⑥ 更改线宽 单击图 2-21 中某图层的线宽（默认），可打开如图 2-26 所示的"线宽"对话框。选择合适的线宽后，单击"确定"按钮即可。

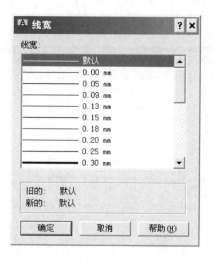

图 2-26 "线宽"对话框

**提示**：若要显示线宽或调整显示比例，则可通过在状态栏上的"显示/隐藏线宽"按钮上单击鼠标右键，弹出的快捷菜单中选择"设置(S)"，或单击菜单栏"格式(O)"→"线宽(W)"命令，或在命令窗口中输入命令名"LWEIGHT"，打开"线宽设置"对话框，如图 2-27 所示。

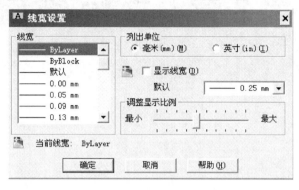

图 2-27 "线宽设置"对话框

该对话框中选中"显示线宽"前的复选框，拖动"调整显示比例"下的滑块可调整线宽比例。向右拖动，线宽渐粗，向左拖动，线宽渐细。其它选项一般接受系统默认设置。

## 2.7 思考与上机练习

**(1) 复习与思考**

① AutoCAD 2013 的选项对话框可以进行哪些主要系统设置？

② 在 AutoCAD 2013 中，如何将绘图区域的背景颜色设置为白色？

③ 在 AutoCAD 中，确定点的主要方式有哪些？

④ "正交"和"极轴追踪"可以同时启用吗？

⑤ AutoCAD 2013 软件的状态栏主要包括哪些内容？

⑥ 如何启用动态输入模式？启用动态输入模式有哪些好处？

⑦ 图形为什么要画在不同的图层上？为什么要为图层设置颜色？

⑧ 图层关闭和冻结有何不同？

⑨ 如何改变线型比例？

⑩ 在 AutoCAD 2013 软件中，图层特性主要包括哪些方面？

**(2) 上机练习**

① 设置绘图单位为毫米，精度为 0.0。

② 在绘图界面中设置一张竖放的 A2 图纸（420mm×594mm）。

③ 新建"Drawing2.dwg"文件，该文件中包含如下图层。

| 名　　称 | 颜　　色 | 线　　型 | 线　　宽 |
|---|---|---|---|
| 粗实线 | 白色 | Continuous | 0.3 |
| 细实线 | 绿色 | Continuous | 0.1 |
| 虚线 | 黄色 | Dashed | 0.1 |
| 细点画线 | 红色 | Center | 0.1 |

# 第3章 二维绘图

## 3.1 基本绘图命令

在化工专业图样的绘制过程中，要求图形的形状和尺寸必须精确，以便测量长度、面积、体积和相关的特性。无论多复杂的图形都是由对象组成的，都可以分解成最基本的图形要素：直线、圆弧、圆、点和文字等。用户可以通过使用定点设备指定点的位置，或者输入坐标值来绘制基本对象。AutoCAD 提供了各基本要素的绘图命令。

AutoCAD 2013 中打开各常用绘图命令，采用如下通用方法之一均可。

① 从"常用"选项卡的"绘图"面板（图 3-1）中，单击相应的命令按钮图标可打开基本几何图形绘制命令；创建块与插入块相关命令从"插入"选项卡的"块定义"面板与"块"面板中打开；文字与表格相关命令从"注释"选项卡的"文字"面板与"表格"面板中打开；

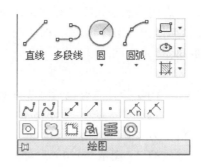

图 3-1 展开的"绘图"面板

② 从菜单栏"绘图（D）"（图 3-2）中通过移动鼠标选择相应绘图命令名称打开命令；

③ 打开如图 3-3 所示的绘图工具栏，单击相应命令按钮；

④ 在命令行输入相应英文命令名或简捷命令名（具体见表 3-1）。

图 3-2 "绘图"下拉菜单示意图

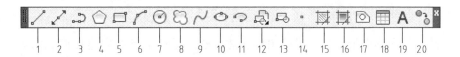

图 3-3 绘图工具栏

表 3-1 绘图工具栏中各按钮简介

| 序号 | 工具按钮 | 命令名 | 简捷命令名 | 功　　能 |
| --- | --- | --- | --- | --- |
| 1 | | LINE | L | 直线 |
| 2 | | XLINE | XL | 构造线 |
| 3 | | PLINE | PL | 多段线 |
| 4 | | POLYGON | POL | 多边形 |
| 5 | | RECTANGLE | REC 或 RECTANG | 矩形 |
| 6 | | ARC | A | 圆弧 |
| 7 | | CIRCLE | C | 圆 |
| 8 | | REVCLOUD | | 修订云线 |
| 9 | | SPLINE | SPL | 样条曲线 |
| 10 | | ELLIPSE | EL | 椭圆 |
| 11 | | ELLIPSE | EL | 椭圆弧 |

| 序号 | 工具按钮 | 命令名 | 简捷命令名 | 功　能 |
|---|---|---|---|---|
| 12 | | INSERT | I | 插入块 |
| 13 | | BLOCK | B | 创建块 |
| 14 | | POINT | PO | 点 |
| 15 | | HATCH | BH 或 H | 图案填充 |
| 16 | | GRADIENT | GD | 渐变色 |
| 17 | | REGION | REG | 面域 |
| 18 | | TABLE | TB | 表格 |
| 19 | A | MTEXT | MT 或 T | 多行文字 |
| 20 | | ADDSELECTED | ADD | 添加选定对象 |

### 3.1.1　直线

直线是工程图形中最常见、最简单的实体。在一条由多条线段连接而成的简单直线中，每条线段都是一个可以单独进行编辑的直线对象。打开命令后，根据命令行提示进行如下操作。

命令：_line

指定第一个点：(输入线段起点)

指定下一点或 [放弃(U)]：(输入下一点或输入 U 放弃)

指定下一点或 [放弃(U)]：(输入下一点或输入 U 放弃)

指定下一点或 [闭合(C)/放弃(U)]：(输入下一点，或输入 C 闭合，或输入 U 放弃，或直接回车结束本命令)

**实战练习**

用直线命令绘制一边长为 50 的等边三角形（如图 3-4 所示）。

命令：LINE ↙

指定第一个点：(在绘图区单击鼠标左键任意指定一点)

指定下一点或 [放弃(U)]：@50<0 ↙

指定下一点或 [放弃(U)]：@50<120 ↙

指定下一点或 [闭合(C)/放弃(U)]：C ↙

图 3-4　边长为 50 的等边三角形

### 3.1.2  构造线

向两个方向无限延伸的直线称为构造线，它可用作创建其它对象的参照，可作为绘图辅助线使用。构造线可以放置在三维空间的任何地方。可以使用多种方法指定它的方向。创建构造线的默认方法是两点法：指定两点定义方向。第一个点是构造线概念上的中点，即通过"中点"对象捕捉捕捉到的点。也可以使用其它方法创建构造线。打开命令后，根据命令行提示进行如下操作。

命令：_xline

指定点或［水平（H）/垂直（V）/角度（A）/二等分（B）/偏移（O）］：(指定一点或选项)

指定通过点：(指定该线要通过的另外一点)

下面分别介绍各选项的功能。

① 输入指定一点后，在"指定通过点："的提示下再输入一点可以画一条通过这两点的直线，来确定构造线的角度和方向。

② 水平（H）：用于画通过指定点的水平构造线。

③ 垂直（V）：用于画通过指定点的垂直构造线。

④ 角度（A）：用于画指定角度的构造线。有两种确定构造线的方法，绝对角度和相对角度。选择该项以后，输入角度，再按提示输入"通过点"可画出构造线，即绝对角度方法。如果选择该项以后，在系统提示下输入"R"，则表示要画与某一直线成一定角度的构造线，即相对角度方法。

⑤ 二等分（B）：用来画平分已知角的构造线。

⑥ 偏移（O）：通过指定偏移距离或指定一点画平行的构造线。

### 3.1.3  多段线

多段线是作为单个对象创建的相互连接的序列线段。可以创建直线段、弧线段或两者的组合线段。无论这条多段线中包含多少条直线或弧，整条多段线都是一个整体。多段线提供了单个直线所不具备的编辑功能。例如，可以调整多段线的宽度和曲率。创建多段线之后，可以使用 PEDIT 命令对其进行编辑，或者使用 EXPLODE 命令将其转换成单独的直线段和弧线段。打开命令后，根据命令行提示进行如下操作。

命令：pline

指定起点：(输入多段线起点)

当前线宽为 0.0000

指定下一个点或［圆弧（A）/半宽（H）/长度（L）/放弃（U）/宽度（W）］：(输入下一点或选择某选项字母)

指定下一点或［圆弧（A）/闭合（C）/半宽（H）/长度（L）/放弃（U）/宽度（W）］：(输入下一点或选择某选项字母)

下面分别介绍多段线命令中各选项的功能。

① 圆弧（A）：用于多段线的圆弧模式。选择该项后，系统提示：

指定圆弧的端点或［角度（A）/圆心（CE）/闭合（CL）/方向（D）/半宽（H）/直线（L）/半径（R）/第二个点（S）/放弃（U）/宽度（W）］：(指定圆弧的端点或选项)。

各选项含义如下。

• 角度（A）：输入一个角度用于指定圆弧的包含角。若输入正的角度值，按逆时针方向画圆弧,否则,按顺时针方向画圆弧。

- 圆心(CE):指定圆心画圆弧,该圆弧与上一段多段线相切。
- 闭合(CL):用圆弧段来封闭多段线。
- 方向(D):确定所画圆弧在起始点处的切线方向。
- 半宽(H):确定圆弧线的半宽。画圆弧和画直线,该选项的意义相同。
- 直线(L):将画圆弧方式切换到"PLINE"命令的画直线模式。
- 半径(R):按指定半径方式画圆弧。
- 第二点(S):输入第二点和第三点,用三点方式画圆弧。
- 放弃(U):取消上一段多段线的操作。
- 宽度(W):设置圆弧线的宽度,与直线模式中的宽度选项相同。

② 闭合(C):与"直线(LINE)"命令中的选项相同,用一段直线将多段线的最后一段的终点和第一段的起点相连,封闭多段线。

③ 半宽(H):用来确定多段线的半宽度,即输入宽度是实际宽度的一半。

④ 长度(L):画指定长度的直线。输入一个长度值后,AutoCAD将沿着上一段多段线的方向绘制,如果上一段为圆弧,则该直线和圆弧相切。

⑤ 放弃(U):取消上一段多段线的操作。

⑥ 宽度(W):用来设置多段线的宽度。

**提示:** ①当多段线的宽度大于 0 时,若想绘制闭合的多段线,一定要选择"闭合"选项,才能使其完全封闭。否则,即使起点与终点重合,也会出现缺口。②起点宽度值均以上一次输入的值为缺省值,而终点宽度值则以起点宽度为缺省值。

**实战练习**

绘制如图 3-5 所示的复杂多段线。

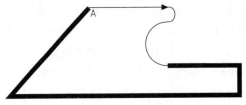

图 3-5　复杂多段线

命令:PLINE ↙
指定起点:〈正交 开〉(在绘图区单击鼠标左键任意指定一点 A)
当前线宽为 0.0000
指定下一个点或[圆弧(A)/半宽(H)/长度(L)/放弃(U)/宽度(W)]:@50<0 ↙
指定下一点或[圆弧(A)/闭合(C)/半宽(H)/长度(L)/放弃(U)/宽度(W)]:W ↙
指定起点宽度〈0.0000〉:5 ↙
指定端点宽度〈5.0000〉:0 ↙
指定下一点或[圆弧(A)/闭合(C)/半宽(H)/长度(L)/放弃(U)/宽度(W)]:@5<0 ↙
指定下一点或[圆弧(A)/闭合(C)/半宽(H)/长度(L)/放弃(U)/宽度(W)]:A ↙
指定圆弧的端点或
[角度(A)/圆心(CE)/闭合(CL)/方向(D)/半宽(H)/直线(L)/半径(R)/第二个点(S)/放弃(U)/宽度(W)]:@10<−90 ↙

指定圆弧的端点或

[角度(A)/圆心(CE)/闭合(CL)/方向(D)/半宽(H)/直线(L)/半径(R)/第二个点(S)/放弃(U)/宽度(W)]：@30＜－90 ↙

指定圆弧的端点或

[角度(A)/圆心(CE)/闭合(CL)/方向(D)/半宽(H)/直线(L)/半径(R)/第二个点(S)/放弃(U)/宽度(W)]：L ↙

指定下一点或[圆弧(A)/闭合(C)/半宽(H)/长度(L)/放弃(U)/宽度(W)]：W ↙

指定起点宽度〈0.0000〉：3 ↙

指定端点宽度〈3.0000〉：↙

指定下一点或[圆弧(A)/闭合(C)/半宽(H)/长度(L)/放弃(U)/宽度(W)]：@50＜0 ↙

指定下一点或[圆弧(A)/闭合(C)/半宽(H)/长度(L)/放弃(U)/宽度(W)]：@20＜270 ↙

指定下一点或[圆弧(A)/闭合(C)/半宽(H)/长度(L)/放弃(U)/宽度(W)]：@160＜180 ↙

指定下一点或[圆弧(A)/闭合(C)/半宽(H)/长度(L)/放弃(U)/宽度(W)]：C ↙

### 3.1.4 多边形

由多条(3条以上)线段组成的封闭图形即多边形。在化工工程图中，正多边形的使用较多，正多边形是一个独立对象。AutoCAD 2013中可以创建包含3～1024条等边长的闭合多段线。打开命令后，根据命令行提示进行如下操作。

命令：_polygon 输入侧面数〈4〉：(输入要绘制的多边形的边数)

指定正多边形的中心点或[边(E)]：

各选项含义如下：

① 边(E)：输入边的第一个端点和第二个端点，即可由边数和一条边确定正多边形。

② 正多边形的中心点，执行该选项后，系统提示：

输入选项[内接于圆(I)/外切于圆(C)]〈I〉：

• 内接于圆(I)：是根据多边形的外接圆确定多边形。根据几何学，假想有一个圆，要绘制的正多边形内接于其中，即正多边形的每一个顶点都落在这个圆周上。操作完毕后，圆本身并不画出来。需要指定正多边形边数、正多边形的中心位置和外接圆半径。

• 外切于圆(C)：是根据多边形的内切圆确定多边形。根据几何学，假想有一个圆，要绘制的正多边形各边与该圆相切。操作完毕后，圆本身并不画出来。需要指定正多边形边数、内切圆圆心和内切圆半径。

**实战练习**

用外切法绘制一个正八边形，内切圆半径为10。(如图3-6所示)

命令：POLYGON ↙

输入侧面数〈4〉：8 ↙

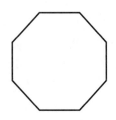

图3-6　用外切法画的正八边形

指定正多边形的中心点或[边(E)]：(在绘图区单击鼠标左键任意指定一点)

输入选项[内接于圆(I)/外切于圆(C)]〈I〉：C✓

指定圆的半径：10✓

### 3.1.5 矩形

矩形是最常见的几何图形。用户通过该命令可创建矩形形状的闭合多段线，可以指定长度、宽度、面积和旋转参数，还可以控制矩形上角点的类型（圆角、倒角或直角）。矩形是一个独立对象。打开命令后，根据命令行提示进行如下操作。

命令：_rectang

指定第一个角点或[倒角(C)/标高(E)/圆角(F)/厚度(T)/宽度(W)]：(指定矩形第一个顶点或选项)

各选项含义如下。

① 指定第一个角点：指定矩形的一个角点。当执行该选项后，系统提示：

指定另一个角点或[面积(A)/尺寸(D)/旋转(R)]：(指定另一个角点或输入选项)

· 指定另一个角点：指定另一个角点直接绘制矩形。如图 3-7（a）所示。

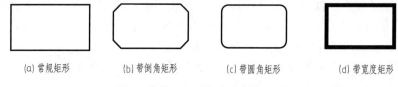

(a) 常规矩形　　(b) 带倒角矩形　　(c) 带圆角矩形　　(d) 带宽度矩形

图 3-7　使用矩形命令绘制的图形

· 面积（A）：使用面积与长度或宽度创建矩形。

· 尺寸（D）：使用长和宽创建矩形。

· 旋转（R）：按指定的旋转角度创建矩形。

② 倒角（C）：设置矩形的倒角及倒角大小。当执行该选项后，系统提示：

指定矩形的第一个倒角距离〈当前距离〉：(指定距离或按回车键)

指定矩形的第二个倒角距离〈当前距离〉：(指定距离或按回车键)

以后执行 RECTANG 命令时，此值将成为当前倒角距离。图 3-7（b）是带倒角的矩形。

③ 标高（E）：确定矩形在三维空间内的基面高度。

④ 圆角（F）：设置矩形四角为圆角及其半径大小。当执行该选项后，系统提示：

指定矩形的圆角半径〈当前值〉：(输入一圆角半径值或按回车键以缺省当前值)

指定第一个角点或[倒角(C)/标高(E)/圆角(F)/厚度(T)/宽度(W)]：(要求用户确定第一个角点或选择某个选项)

图 3-7（c）是带圆角的矩形。

⑤ 厚度（T）：设置矩形的厚度，即 Z 轴方向的高度。

⑥ 宽度（W）：为要绘制的矩形指定多段线的宽度。当执行该选项后，系统提示：

指定矩形的线宽〈当前线宽〉：(指定距离或按回车键)

以后执行 RECTANG 命令时，此值将成为当前多段线宽度。图 3-7（d）是带宽度的矩形。

### 3.1.6 圆弧

AutoCAD 2013 提供了 11 种画圆弧的方式。可以指定圆心、端点、起点、半径、角度、弦长和方向值的各种组合形式。打开命令后，根据命令行提示进行如下操作。

命令：_arc

指定圆弧的起点或[圆心(C)]：(指定圆弧的起点或圆心)

指定圆弧的第二个点或[圆心(C)/端点(E)]：(指定圆弧的第二点或选项)

指定圆弧的端点：(指定圆弧的端点)

"绘图"面板中"圆弧"下拉列表框（如图3-8所示）中各种画圆弧命令功能如下。

① 三点：通过给定的3个点绘制一个圆弧，此时应指定圆弧的起点、通过的第2个点和端点。

② 起点、圆心、端点：通过指定圆弧的起点、圆心和端点绘制圆弧。

③ 起点、圆心、角度：通过指定圆弧的起点、圆心和角度绘制圆弧。

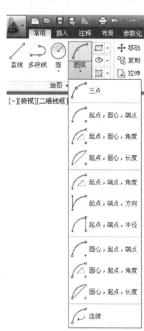

图3-8 "绘图"面板中
"圆弧"下拉列表框

使用"起点、圆心、角度"命令绘制圆弧时，在命令行的"指定包含角："提示下，所输入角度值的正负将影响到圆弧的绘制方向。如果当前环境设置逆时针为角度方向，若输入正的角度值，则所绘制的圆弧是从起始点绕圆，沿逆时针方向绘出；如果输入负的角度值，则沿顺时针方向绘制圆弧。

④ 起点、圆心、长度：通过指定圆弧的起点、圆心和弦长绘制圆弧。

⑤ 起点、端点、角度：通过指定圆弧的起点、端点和角度绘制圆弧。

⑥ 起点、端点、方向：通过指定圆弧的起点、端点和方向绘制圆弧。

使用该命令时，当命令行提示"指定圆弧的起点切向："时，可以通过拖动鼠标的方式动态地确定圆弧在起始点处的切线方向与水平方向的夹角。方法是：拖动鼠标，AutoCAD会在当前光标与圆弧起始点之间形成一条橡皮筋线，此橡皮筋线即为圆弧在起始点处的切线。通过拖动鼠标确定圆弧在起始点处的切线方向后单击鼠标左键，即可得到相应的圆弧。

⑦ 起点、端点、半径：通过指定圆弧的起点、端点和半径绘制圆弧。

⑧ 圆心、起点、端点：通过指定圆弧的圆心、起点和端点绘制圆弧。

⑨ 圆心、起点、角度：通过指定圆弧的圆心、起点和角度绘制圆弧。

⑩ 圆心、起点、长度：通过指定圆弧的圆心、起点和长度绘制圆弧。

⑪ 连续：当执行该命令后，系统将以最后一次绘制线段或圆弧过程中确定的最后一点作为新圆弧的起点，以最后所绘线段方向或圆弧终止点处的切线方向为新圆弧在起始点处的切线方向，然后再指定一点，就可以绘制出一个圆弧。

提示：①画圆弧的有些选项命令只能通过下拉菜单选项打开；②AutoCAD默认采用逆时针绘制圆弧。

### 3.1.7 圆

圆是化工工程图中另一种常见的基本图形，可以用来表示柱、轴、轮、孔等。根据几何学中确定圆的方法，AutoCAD 2013 提供了 6 种画圆的方式。这些方式是由圆心、半径、直径和圆上的点等参数来控制的。用户根据实际情况，可采用任一种方式画圆，仅需单击"常用"选项卡下"绘图"面板中"圆"下拉列表框（如图 3-9 所示）中的对应命令。

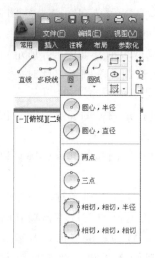

图 3-9 "绘图"面板中"圆"下拉列表框

**(1)** 圆心、半径方式

命令：_circle

指定圆的圆心或[三点(3P)/两点(2P)/切点、切点、半径(T)]：(输入圆心位置)

指定圆的半径或[直径(D)]：(输入半径值)

**(2)** 圆心、直径方式

命令：_circle

指定圆的圆心或[三点(3P)/两点(2P)/切点、切点、半径(T)]：(输入圆心位置)

指定圆的半径或[直径(D)]：_d 指定圆的直径：(输入直径值)

**(3)** 两点方式

命令：_circle

指定圆的圆心或[三点(3P)/两点(2P)/切点、切点、半径(T)]：_2p 指定圆直径的第一个端点：(输入直径第一个端点)

指定圆直径的第二个端点：(输入直径第二个端点)

**(4)** 三点方式

命令：_circle

指定圆的圆心或[三点(3P)/两点(2P)/切点、切点、半径(T)]：_3p 指定圆上的第一个点：(输入圆周上第一个点)

指定圆上的第二个点：(输入圆周上第二个点)

指定圆上的第三个点：(输入圆周上第三个点)

**(5)** 相切、相切、半径方式

命令：_circle

指定圆的圆心或[三点(3P)/两点(2P)/切点、切点、半径(T)]：_ttr

指定对象与圆的第一个切点：(选择第一个目标实体:圆、圆弧或直线)

指定对象与圆的第二个切点：(选择第二个目标实体:圆、圆弧或直线)

指定圆的半径:(输入公切圆的半径)

**(6)** 相切、相切、相切方式

命令:_circle

指定圆的圆心或[三点(3P)/两点(2P)/切点、切点、半径(T)]:_3p 指定圆上的第一个点:_tan 到(选择第一个相切对象:圆、圆弧或直线)

指定圆上的第二个点:_tan 到(选择第二个相切对象:圆、圆弧或直线)

指定圆上的第三个点:_tan 到(选择第三个相切对象:圆、圆弧或直线)

**实战练习**

用三点、半径、两点和相切方式画如图 3-10 所示的图形。

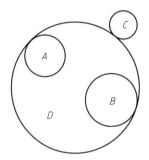

图 3-10　4 种方式画圆

**(1)** 用三点方式画圆 A

命令:CIRCLE ✓

指定圆的圆心或[三点(3P)/两点(2P)/切点、切点、半径(T)]:3p ✓

指定圆上的第一个点:(在绘图区单击鼠标左键任意指定一点)

指定圆上的第二个点:(在绘图区单击鼠标左键指定第二点)

指定圆上的第三个点:(在绘图区单击鼠标左键指定第三点)

**(2)** 用圆心和半径方式画圆 B

命令:CIRCLE ✓

指定圆的圆心或[三点(3P)/两点(2P)/切点、切点、半径(T)]:(在绘图区单击鼠标左键指定 B 圆的圆心点)

指定圆的半径或[直径(D)]〈23.7390〉:30 ✓

**(3)** 用两点方式画圆 C

命令:CIRCLE ✓

指定圆的圆心或[三点(3P)/两点(2P)/切点、切点、半径(T)]:2p ✓

指定圆直径的第一个端点:(在绘图区单击鼠标左键指定 C 圆的直径任一点)

指定圆直径的第二个端点:(在绘图区单击鼠标左键指定该直径另一点)

**(4)** 用相切、相切、相切方式画公切圆 D

命令:(鼠标左键单击"常用"选项卡下"绘图"面板中"圆"下拉列表框中的"相切、相切、相切",或者单击菜单栏"绘图(D)"→"圆(C)"→"相切、相切、相切(A)")

命令:_circle

指定圆的圆心或[三点(3P)/两点(2P)/切点、切点、半径(T)]:_3p 指定圆上的第一个

点：_tan 到(在 A 圆左上圆周上任选一点)

　　指定圆上的第二个点：_tan 到(在 B 圆右下圆周上任选一点)

　　指定圆上的第三个点：_tan 到(在 C 圆左下圆周上任选一点)

### 3.1.8　修订云线

　　修订云线是由连续圆弧组成的多段线，用于在检查阶段提醒用户注意图形的某个部分。在检查或用红线圈阅图形时，可以使用修订云线功能亮显标记以提高工作效率。REVCLOUD 用于创建由连续圆弧组成的多段线以构成云线形对象。用户可以为修订云线选择样式："普通"或"手绘"。如果选择"手绘"，修订云线看起来像是用画笔绘制的。可以从头开始创建修订云线，也可以将对象（例如圆、椭圆、多段线或样条曲线）转换为修订云线。可以为修订云线的弧长设置默认的最小值和最大值。绘制修订云线时，可以使用拾取点选择较短的弧线段来更改圆弧的大小。也可以通过调整拾取点来编辑修订云线的单个弧长和弦长。REVCLOUD 会将上一次使用的弧长存储为 DIMSCALE 系统变量的乘数，以便使具有不同比例因子的图形一致。打开命令后，根据命令行提示进行如下操作。

　　命令：_revcloud

　　最小弧长：0.5　最大弧长：0.5　样式：普通

　　指定起点或[弧长(A)/对象(O)/样式(S)]〈对象〉：

　　沿云线路径引导十字光标…

　　修订云线完成。

### 3.1.9　样条曲线

　　样条曲线是经过或接近一系列给定点的光滑曲线。常用来绘制不规则曲线图图形，如波浪线、木材断面线、楼梯扶手拐角、钢管折断线等。打开命令后，根据命令行提示进行如下操作。

　　命令：_spline

　　当前设置：方式＝拟合　节点＝弦

　　指定第一个点或[方式(M)/节点(K)/对象(O)]：(指定第一个点或选项)

　　下面分别介绍各选项的功能。

　　① 指定第一个点：指定样条曲线的起点。当指定后，系统提示：

　　输入下一个点或[起点切向(T)/公差(L)]：(输入下一个点或选项)

　　•输入下一个点：输入样条曲线的第二点。当执行该选项后，系统提示：

　　输入下一个点或[端点相切(T)/公差(L)/放弃(U)]：(输入下一个点，创建其他样条曲线段或选项)

　　输入下一个点或[端点相切(T)/公差(L)/放弃(U)/闭合(C)]：(输入下一个点,创建其他样条曲线段,或选项,或按回车键结束)

　　•起点切向（T）：指定在样条曲线起点的相切条件。

　　•公差（L）：指定样条曲线可以偏离指定拟合点的距离。公差值为 0（零）要求生成的样条曲线直接通过拟合点。公差值适用于所有拟合点（拟合点的起点和终点除外），始终具有为 0（零）的公差。

　　• 放弃（U）：删除最后一个指定点。

　　• 闭合（C）：通过定义与第一个点重合的最后一个点，闭合样条曲线。默认情况下，闭合的样条曲线为周期性的，沿整个环保持曲率连续性。

• 端点相切（T）：指定在样条曲线终点的相切条件。

② 方式（M）：控制是使用拟合点还是使用控制点来创建样条曲线。当执行该选项后，系统提示：

输入样条曲线创建方式[拟合(F)/控制点(CV)]〈拟合〉：

• 拟合（F）：通过指定样条曲线必须经过的拟合点来创建 3 阶（三次）样条曲线。在公差值大于 0（零）时，样条曲线必须在各个点的指定公差距离内。指定在样条曲线起点的相切条件。

• 控制点（CV）：通过指定控制点来创建样条曲线。使用此方法创建 1 阶（线性）、2 阶（二次）、3 阶（三次）直到最高为 10 阶的样条曲线。通过移动控制点调整样条曲线的形状通常可以提供比移动拟合点更好的效果。

③ 节点（K）：指定节点参数化，它是一种计算方法，用来确定样条曲线中连续拟合点之间的零部件曲线如何过渡。当执行该选项后，系统提示：

输入节点参数化[弦(C)/平方根(S)/统一(U)]〈弦〉：

• 弦（C）：弦（或弦长方法），均匀隔开连接每个零部件曲线的节点，使每个关联的拟合点对之间的距离成正比。

• 平方根（S）：平方根（或向心方法），均匀隔开连接每个零部件曲线的节点，使每个关联的拟合点对之间的距离的平方根成正比。此方法通常会产生更"柔和"的曲线。

• 统一（U）：统一（或等间距分布方法），均匀隔开每个零部件曲线的节点，使其相等，而不管拟合点的间距如何。此方法通常可生成泛光化拟合点的曲线。

④ 对象（O）：将二维或三维的二次或三次样条曲线拟合多段线转换成等效的样条曲线。根据 DELOBJ 系统变量的设置，保留或放弃原多段线。

### 3.1.10　椭圆

椭圆由定义其长度和宽度的两条轴决定。较长的轴称为长轴，较短的轴称为短轴。根据几何学中确定椭圆的方法，AutoCAD 2013 提供了两种方式用于绘制精确的椭圆。用户根据实际情况，可采用任一种方式画椭圆，仅需单击"常用"选项卡下"绘图"面板中 下拉列表框（图 3-11）中的对应命令。打开命令后，根据命令行提示进行如下操作。

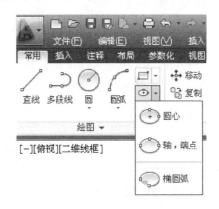

图 3-11　"绘图"面板中椭圆下拉列表框

命令：_ellipse
指定椭圆的轴端点或 [圆弧(A)/中心点(C)]：(指定输入轴端点或选项)

指定轴的另一个端点：(指定该轴另一个端点)

指定另一条半轴长度或[旋转(R)]：(指定另一个半轴长或旋转)

下面分别介绍各选项的功能。

① 圆弧(A)：输入命令选项，按默认方式绘制时，系统首先提示输入椭圆一个轴端点，然后提示输入该轴另一个端点，然后提示输入另一条轴的半轴长度，接着提示输入椭圆弧的起始角度，最后提示输入椭圆弧的终止角度(详见3.1.11 椭圆弧)。

② 中心点(C)：输入命令选项后，系统提示输入椭圆的中心点，然后提示输入一条轴的端点，最后提示输入另一条轴的端点。

**实战练习**

绘制长轴为40，短轴为10的椭圆(如图3-12所示)。

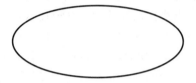

图3-12 绘制的一个椭圆

命令：ELLIPSE ↙

指定椭圆的轴端点或[圆弧(A)/中心点(C)]：C ↙

指定椭圆的中心点：(在绘图区单击鼠标左键任意指定一点)

指定轴的端点：@20<0 ↙

指定另一条半轴长度或[旋转(R)]：@0,5 ↙

### 3.1.11 椭圆弧

使用AutoCAD可以方便地绘制出部分椭圆，即椭圆弧。打开该命令后，AutoCAD先按照椭圆命令步骤提示确定椭圆的形状，之后要求用户按起始角度和终止角度参数绘制出椭圆弧。命令行提示如下。

命令：_ellipse

指定椭圆的轴端点或[圆弧(A)/中心点(C)]：_a

指定椭圆弧的轴端点或[中心点(C)]：(指定输入轴端点或选项)

指定轴的另一个端点：(指定该轴另一个端点)

指定另一条半轴长度或[旋转(R)]：(指定另一个半轴长或旋转)

指定起始角度或[参数(P)]：(输入起始角度或选项)

指定终止角度或[参数(P)/包含角度(I)]：(输入终止角度或选项)

**提示**：①该命令名和椭圆命令名一样，其实就是椭圆的一个嵌套命令。当采用在命令行输入命令名打开方式时，命令行提示开始同3.1.10节，此时必须先输入"A"，再根据提示操作，逐步完成绘制椭圆弧；②可通过单击菜单栏"绘图(D)"→"椭圆(E)"→"圆弧(A)"打开命令；③可单击选择如图3-11所示的"椭圆弧"命令打开。

### 3.1.12 创建块与插入块

**(1) 图块概述**

图块，简称块(Block)，可由一条线、一个圆等单一的图形实体组成，也可以由一组图形实体组成。组成图块后，便成为一个整体，可以改变比例因子和转角，插入到图形的任意位置，在编辑过程中按一个目标来处理。

组成图块的实体可以分别处于不同的层，具有不同的颜色和线型等，各个图形实体的数据都将随图块一起存储在图块中。在调用内部图块时，该图块的特性不受当前设置的影响，将会保持自身原有的特性，在插入图块时，图块中若有在 0 层上绘制的图形实体，将插入到当前图层上，而非 0 层绘制的图形实体，仍将保持在原有图层上，也就是说在 0 层上建立的图块是随各插入层浮动的，插入到哪层，该图块就置于哪层，而在非 0 层上绘制的图形实体，由于插入后并不在插入层上，因此，当关闭插入层时，图块仍然显示出来，为了不造成管理的混乱，建立图块时，最好将图块建立在 0 层上。

若调用的图块为外部图块，则块中实体具有的层、颜色、线型等将被当前图形中与块中实体所在层同名的层及其设置所覆盖。如果当前图层中没有该图块中具有的层，则图块的颜色和线型不变，并在当前图形中建立相应的新层，但若外部图块的实体是建立在 0 层上，且设置了随层属性，则该图块插入后，将具有当前层的特性。

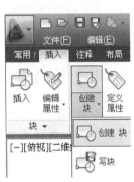

图 3-13 "块定义"面板
中的"创建块"选项

在绘制图形中，可将图形中常用的重复绘制制成图块，一次做成，多次调用，具有数字或文字属性的图形应制成属性图块，例如，表面粗糙度标注图块，在每次插入时通过修改属性值来标注不同的表面粗糙度值。

建立图块相当于建立图形库，绘制相同结构时，就从图块库中调出，既可避免大量的重复工作，又能节省存储空间（因为系统保存的是图块的特征参数，而不是图块中每一个实体的特征参数）。

（2）创建内部图块

内部图块是指创建的图块只能在本图形中调用。定义图块时首先应绘制出要定义为图块的图形，然后再输入命令将其定义成块。单击如图 3-13 所示的"创建块"图标（或根据常用绘图命令打开的通用方式之一），弹出如图 3-14 所示的"块定义"对话框。

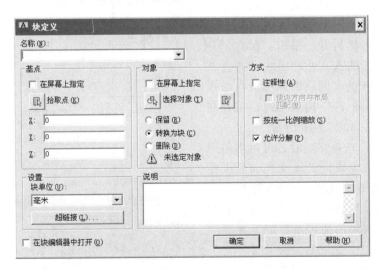

图 3-14 "块定义"对话框

以下结合创建表面粗糙度图块说明创建图块的具体方法。

① 绘制一个如图 3-15 所示的表面粗糙度符号。

② 执行"创建块"命令。

③ 打开"块定义"对话框，如图 3-14 所示。

图 3-15　粗糙度符号

a. 名称（N）：在该框中输入新建图块的名称，如"粗糙度符号"，其下拉列表中将列出当前图形中已经定义的图块名。在同一图形中，不能定义两个相同名称的图块，如果同名，图块将被重新定义，以前的图块将被覆盖。

b. 对象：单击"选择对象"按钮，返回绘图区选择要定义成图块的图形实体，例如将绘图区的图 3-15 所示的粗糙度符号全部选中，回车或单击鼠标右键返回。

c. 基点：单击"拾取点"按钮，将返回绘图区选择将来插入图块时的参考基准点。如图 3-15 中所示的粗糙度符号，可选择正三角形下顶点作为插入基点，选择返回后，X、Y、Z 三个文本框中将自动出现捕捉到的基点坐标值（用户也可直接在文本框中输入坐标以确定图块的插入点）。

d. 保留（R）：建立图块后，保留创建图块的原图形实体。

e. 转换为块（C）：建立图块后，将原图形实体也转换为块。

f. 删除（D）：建立图块后，删除创建图块的原图形实体。

g. 块单位（U）：从下拉列表中可选择图块插入时的单位（常用：mm）。

h. 说明：可在文字编辑框中输入对所定义图块的相关文字描述（一般可不用）。

i. 超链接（L）：可打开"插入超链接"对话框，在该对话框中可以插入超级链接的文档。

设置完成后，单击"确定"按钮，完成图块的定义。

**（3）创建外部图块**

用 Block 命令定义的图块只能为本图形所调用，称为内部图块，内部图块将保存在本图形中。外部图块是指可为各图形公用的图块，外部图块是作为图形文件单独保存在磁盘上的，与其他图形文件并无区别，可以像图形文件一样打开、编辑、保存，并同内部图块一样插入。外部图块可通过单击如图 3-13 所示的"写块"图标或在命令窗口中输入"Wblock"按回车键，可打开"写块"对话框，如图 3-16 所示。

① 块（B）：选择该项时，可用当前图中已有的内部图块来定义块文件（形成外部图块），如果当前图形中不存在图块，则该选项不能用。当将内部图块写为外部图块后，系统将图块的插入点指定为外部图块的坐标原点（0，0，0）。

② 整个图形（E）：选择该项时，可将当前整个图形定义成一个块。

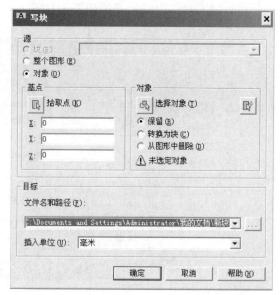

图 3-16　"写块"对话框

③ 对象（O）：在图形中选择图形实体来建立新图块（常用）。

④ 基点、选择对象、插入单位等与内部图块定义相同。

⑤ 文件名和路径（F）：系统默认的存盘路径和文件名（新块）将出现在此框中，用户可在此修改存盘路径和文件名。

设置之后，单击"确定"按钮，即完成外部图块的定义。

**（4）插入块**

用户可以单击如图 3-13 所示的"块"面板中的"插入"图标，或通过在命令窗口中输入"INSERT"或"DDINSRERT"按回车键，或者单击绘图工具栏中的"插入块"按钮，均可打开"插入"对话框，如图 3-17 所示。

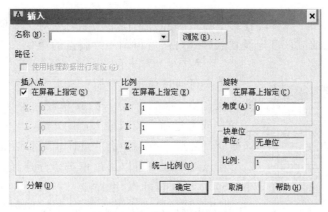

图 3-17 "插入"对话框

① 名称（N）：输入需插入的图块的名称（含路径），或在右侧的下拉列表中，选择本图形中已定义的内部图块；或者单击"浏览（B）"按钮，弹出如图 3-18 所示的"选择图形文件"对话框，找到要插入的外部图块（文件），单击"打开（O）"按钮，返回如图 3-17 所示的对话框，再进行其他参数设置。

② 插入点选项组：用于指定图块的插入位置，通常选中"在屏幕上指定（S）"复选框，

图 3-18 "选择图形文件"对话框

在绘图区以拾取点方式配合"对象捕捉"功能指定。

③ 比例选项组：用于设置图块插入后的比例，选中"在屏幕上指定（E）"复选框，则可以在命令行中指定缩放比例，用户也可以直接在"X"、"Y"、"Z"文本框中分别输入数值，以指定各个方向上的缩放比例。"统一比例（U）"复选框用于设定图块在 X、Y、Z 方向上缩放是否一致。

④ 旋转选项组：用于设置图块插入后的角度，选中"在屏幕上指定（C）"复选框，则可以在命令行中指定旋转角度，用户也可以直接在"角度（A）"文本框中输入数值，以指定旋转角度。

### 3.1.13 点

点是最基本的图形元素。作为节点或参照几何图形的点对象对于对象捕捉和相对偏移非常有用。绘制点之前应该首先设置点样式，然后再调用绘制点的命令。

**（1）设置点样式**

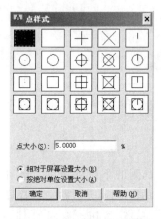

图 3-19 "点样式"对话框

用户可通过单击"常用"选项卡下"实用工具"面板下拉列表框"点样式"，或单击菜单栏"格式（O）"→"点样式（P）"，或通过命令窗口输入"DDPTYPE"按回车键即可打开该命令。之后系统会弹出"点样式"对话框，如图 3-19 所示。

在该对话框中可以通过单击鼠标选择某种点样式。"点大小（S）"文本框可以用来输入点大小的百分比。单选按钮"相对于屏幕设置大小（R）"指点大小随屏幕窗口的变化而变化；"按绝对单位设置大小（A）"指点大小不变。

**（2）绘制点**

设置好点样式后，打开绘制点命令，命令窗口提示如下。

命令：_point

当前点模式：PDMODE＝0 PDSIZE＝0.0000

指定点：（指定点的位置）

> **提示**：单击菜单栏"绘图（D）"→"点（O）"后的级联菜单中各命令含义如下。

- "单点（S）"：一个命令一次只能画一个单点。
- "多点（P）"：一个命令可以连续画多个单点。最后需按"ESC"键结束。
- "定数等分（D）"：在选定对象上，根据输入的数目等间距地创建点或者插入块。
- "定距等分（M）"：在选定对象上，根据指定线段长度标记点或插入块。与"定数等分"不同的是，定距等分不一定将对象全部等分，即最后一段通常不为其指定距离。定距等分时离拾取点近的直线或曲线一端为测量的起始点。

### 3.1.14 图案填充与渐变色

在化工工程图中，常常需要绘制剖视图或剖面图，用来区分零件的剖面结构关系或者表示零件的材质或用料。可以使用预定义填充图案填充区域、使用当前线型定义简单的线图案，也可以创建更复杂的填充图案。有一种图案类型叫做实体，它使用实体颜色填充区域。也可以创建渐变填充。渐变填充在一种颜色的不同灰度之间或两种颜色之间使用过渡。渐变填充提供光源反射到对象上的外观，可用于增强演示图形。进行图案填充时，用户需要确定的内容有三个：填充的区域、填充的图案、图案填充方式。

通过单击"常用"选项卡下"绘图"面板（如图 3-1）中的图案填充按钮 ⬚ ▾（或根据常用绘图命令打开的通用方式之一），即可打开该命令。此时，在绘图窗口上方系统自动添加了"图案填充创建"选项卡，包含有"边界"、"图案"、"特性"、"原点"、"选项"、"关闭"功能面板，如图 3-20 所示。

图 3-20　"图案填充创建"选项卡下的功能面板

同时，命令行提示如下。

命令：_hatch

拾取内部点或 [选择对象 (S)/放弃 (U)/设置 (T)]：（在绘图窗口中指定一个封闭区域的内部点或选项）

各选项功能如下。

• 指定内部点：根据围绕指定点构成封闭区域的现有对象来确定边界。当在绘图区域指定一个内部点时，系统提示：

正在选择所有对象 …

正在选择所有可见对象 …

正在分析所选数据 …

正在分析内部孤岛 …

此时，图案已按默认设置填充。用户可以通过选择"图案"、"特性"等功能面板中的相关按钮继续对所填充的图案进行修改、变更等。

• 选择对象 (S)：根据构成封闭区域的选定对象确定边界。

• 放弃 (U)：撤消上一步操作。

• 设置 (T)：通过该选项，可以打开如图 3-21 所示的"图案填充和渐变色"对话框。

**(1) "图案填充"选项卡**

① "类型 (Y)"下拉列表框：用于设置填充的图案类型，包括"预定义"、"用户定义"和"自定义" 3 个选项，其中，选择"预定义"选项，可以使用 AutoCAD 提供的图案；选择"用户定义"选项，则需要用户临时定义图案，该图案由一组平行线或者相互垂直的两组平行线组成；选用"自定义"选项，可以使用用户定义好的图案。

② "图案 (P)"下拉列表框：当在"类型"下拉列表框中选择"预定义"选项时，该下拉列表框才可用，并且该下拉列表框主要用于设置填充的图案。一般情况下金属材料所用的剖面线为 ANSI31，非金属材料所用的剖面为 ANSI37。

③ "样例"预览窗口：用于显示当前选中的图案样例。

④ "自定义图案 (M)"下拉列表框：当填充的图案采用"自定义"类型时，该选项才可用。用户可以在下拉列表框中选择图案，也可单击相应的按钮，从弹出的对话框中进行选择。

⑤ "角度 (G)"下拉列表框：用于设置填充的图案旋转角度，每种图案在最初定义时的旋转角度都为零。

⑥ "比例 (S)"下拉列表框：用于设置图案填充时的比例值。每种图案在定义时的初始

图 3-21 "图案填充和渐变色"对话框的"图案填充"选项卡

比例值为 1，用户可以根据需要放大或缩小。如果在"类型"下拉列表框中选择"用户定义"，该选项则不可用。

⑦ "相对图纸空间（E）"复选框：用于决定该比例因子是否为相对于图纸空间的比例。

⑧ "间距（C）"文本框：用于设置填充平行线之间的距离，当在"类型"下拉列表框中选"用户定义"选项时，该选项才可用。

⑨ "ISO 笔宽（O）"下拉列表框：用于设置笔的宽度，当填充图案采用 ISO 图案时，该选项可用。

⑩ "使用当前原点（T）"：即使用当前 UCS 的原点作为图案填充的原点（默认）。

⑪ "指定的原点"：选中此项时，用户可单击"单击以设置新原点"按钮，到绘图区中选择一点作为图案填充的原点。"默认为边界范围（X）"是以填充边界的左下角、右下角、左上角、右上角点或圆心作为填充图案的原点；"存储为默认原点（F）"将指定点存储为默认的图案填充原点。

⑫ "添加：拾取点（K）"：单击此按钮后，将返回绘图区在某封闭的填充区域中指定一点，回车确认后即可完成图案填充。

⑬ "添加：选择对象（B）"：单击此按钮后，将返回绘图区选择指定的对象作为填充的边界。用此按钮选择的填充边界可以是封闭的，也可以是不封闭的，用该按钮时，系统不检测内部对象（即忽略内部孤岛），必须手动选择内部对象，以确保正确填充。如果不选择内部对象，则将对指定对象内部全部填充。

⑭ "删除边界（D）"：已定义填充边界后，此按钮才可以使用。单击此按钮，暂时关闭对话框，显示已选定的边界，选择其中的某些边界对象，则该对象不再作为填充边界。

⑮ "重新创建边界（R）"：重新创建填充图案的边界。

⑯ "查看选择集（V）"：单击此按钮后，暂时关闭对话框，显示已选定的边界，若没有选定边界，则该选项无效。

⑰ "注释性（N）"：指定图案填充是否为可注释性的。选择注释性时填充图案显示比例为注释性比例乘以填充图案比例。

⑱ "关联（A）"：当同时对几个实体边界进行图案填充时，选中此项，所填充的图案相互关联。

⑲ "创建独立的图案填充（H）"：选中此项时，所同时填充的图案间相互无关。

⑳ "绘图次序（W）"：可以在图案填充之前给它指定绘图顺序。从下拉列表中可选择的项有："不指定"、"后置"、"前置"、"置于边界之后"、"置于边界之前"等。如将图案填充置于边界之后可以更容易地选择图案填充边界，也可以在创建图案填充之后，根据需要更改它的绘图顺序。

㉑ "继承特性（I）"：将已有填充图案的特性，复制给要填充的图案。

**（2）"渐变色"选项卡**

可用于选择渐变（过渡）的单色或双色作为填充图案进行填充，如图 3-22 所示。

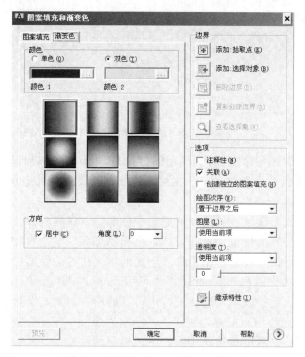

图 3-22　"图案填充和渐变色"对话框的"渐变色"选项卡

① "单色（O）"单选按钮：选中该单选按钮，可以使用有一种颜色产生的渐变色来填充图形，此时，双击其下的颜色框，将打开"选择颜色"对话框，在该对话框中可选择所需要的渐变色，并能够通过"着色/渐浅"滑块，来调整渐变色的渐变程度。

② "双色（T）"单选按钮：选中该按钮，可以使用两种颜色产生的渐变色来填充图形。

③ "渐变图案"预览窗口：显示了当前设置的渐变色效果。

④"居中（C）"复选框：选中该复选框，所创建的渐变色为均匀渐变。

⑤"角度（L）"下拉列表框：用于设置渐变色的角度。

**(3) 高级选项**

单击"图案填充和渐变色"对话框右下角的 ⊙ 按钮，将展开更多选项，如图 3-23 所示。

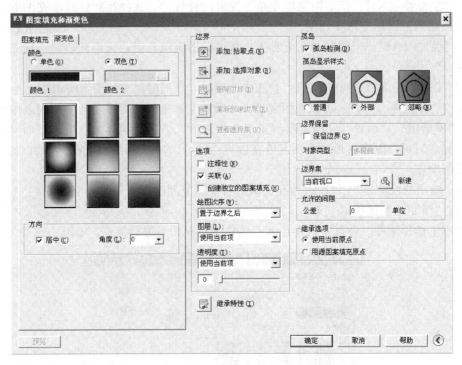

图 3-23　包含更多选项的"图案填充和渐变色"对话框

孤岛是指在一个封闭图形的内部含有其它封闭实体时，这些内部的其它封闭实体称为孤岛。该部分用于选择孤岛检测方式——在封闭的填充区域内的填充方式，指定在最外层边界内填充对象的方法。

①"孤岛显示样式"区域：包括"普通"、"外部"、"忽略（N）"三种控制孤岛的方式。

②"保留边界（S）"复选框：选择此项，将沿添加区域的边界创建一个多段线或面域。

③"对象类型"下拉列表框：用于选择创建的填充边界的保留类型，保留类型为面域或多段线。只有选择了"保留边界"，此选项才可用。

④"当前视口"选项：表示从当前视口中可见的所有对象定义边界集。选择此选项可放弃当前的任何边界集而使用当前视口中可见的所有对象。

⑤"新建"按钮：提示用户选择用来定义边界集的对象。

⑥"允许的间隙"：一般要求填充边界必须是封闭的，但是"公差"中指定值后，可以填充间隙在公差范围内的不封闭图形。"公差"默认为 0，范围在 0～5000。

⑦"继承选项"：使用当前原点或使用源图案填充的原点继承特性。

### 3.1.15　面域

面域是封闭区域所形成的二维实体对象，可将它看成一个平面实心区域。尽管 Auto-CAD 中有许多命令可以生成封闭形状（如圆、多边形等），但所有这些都只包含边的信息而没有面，它们和面域有本质的区别。打开该命令后，AutoCAD 提示用户选择想转换为面域的对象，如选取有效，则系统将该有效选取转换为面域，但选取面域时要注意如下两点。

① 自相交或端点不连接的对象不能转换为面域。

② 默认情况下 AutoCAD 进行面域转换时，"REGION"命令将用面域对象取代原来的对象并删除原对象。如果想保留原对象，则可通过设置系统变量 DELOBJ 为零来达到这一目的。

### 3.1.16 文字与表格

化工工程图中，除要将相关图形绘出外，还必须要书写相关的文字，如最常见的标题栏、技术要求、尺寸文字、明细栏等。在图纸中绘制标题栏、明细栏时，以往的做法都是当作基本图形通过绘制线条等完成的，然后调用写入文字命令逐个写入文字，文字与表格单元框的位置关系都要手工逐个对齐。从 AutoCAD2005 开始新增了专门的表格工具，在 AutoCAD2013 中支持表格分段、序号自动生成，更强的表格公式以及外部数据链接等。

#### 3.1.16.1 文字

AutoCAD 提供两种文字书写方式：单行文字和多行文字。对简短的输入项可以使用"单行文字"命令书写，对带有内部格式的较长的输入项可以使用"多行文字"命令书写。书写文字之前，需先设置文字样式。

**(1) 设置文字样式**

通过单击"常用"选项卡的"注释"面板下拉列表框中 按钮或"管理文字样式"（图 3-24），或单击"注释"选项卡下"文字"面板右边的 按钮，或单击菜单栏"格式（O）"→"文字样式（S）"命令，或通过命令窗口中输入"STYLE"按回车键，即可打开"文字样式"对话框，如图 3-25 所示。

图 3-24 "注释"面板下拉列表框

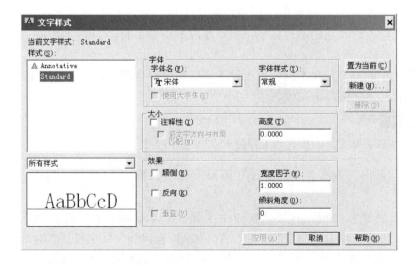

图 3-25 "文字样式"对话框

① 设置样式名　在"文字样式"对话框中可以方便地显示文字样式的名称、创建新的文字样式、为已有的文字样式重命名以及删除文字样式。

"样式（S）"列表框列出了当前可以使用的文字样式，默认文字样式为 Standard（标准）。在该列表框中选择一种样式，单击"置为当前（C）"按钮，可以将选定的样式设置为当前样式；在列表框中右击某种样式，在弹出的快捷菜单选择"重命名"命令，可以重新命名文字样式；在列表框中选择一种样式，单击"删除（D）"按钮，可以删除所选择的文字样式。

单击"新建（N）"按钮，打开"新建文字样式"对话框，输入新建文字样式名称后，单击"确定"按钮，可以创建新的文字样式，新建文字样式将显示在"样式"列表框中。

② 设置字体和大小　"字体"选项组用于设置文字样式使用的字体属性。"字体名（F）"下拉列表框用于选择字体。"字体样式"下拉列表框用于选择字体格式，如斜体、粗体和常规字体等。选中"使用大字体"复选框，"字体样式（Y）"下拉列表框变为"大字体"下拉列表框，用于选择大字体文件。

"大小"选项组用于设置文字样式使用的字高属性。选择"注释性（I）"复选框指定文字为注释性对象；"高度（T）"文本框用于设置文字的高度。如果将文字的高度设为 0，在使用 TEXT 命令标注文字时，命令行将显示"指定高度："提示，要求指定文字的高度。如果在"高度"文本框中输入了文字高度，AutoCAD 将按此高度标注文字，而不再提示指定高度。

③ 设置文字效果　在"文字样式"对话框中的"效果"组中，可以设置文字的显示效果，如图 3-26 所示。

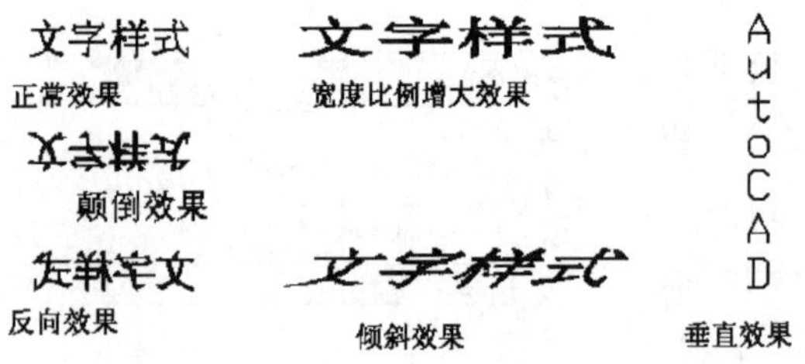

图 3-26　文字显示效果示意

• "颠倒（E）"复选框：用于设置是否将文字倒过来书写。

• "反向（K）"复选框：用于设置是否将文字反向书写。

• "垂直（V）"复选框：用于设置是否将文字垂直书写，但垂直效果对汉字字体无效。

• "宽度因子（W）"文本框：用于设置文字字符的高度和宽度之比。当宽度因子为 1 时，将按系统定义的高宽比书写文字；当宽度因子小于 1 时，字符会变窄；当宽度因子大于 1 时，字符会变宽。

• "倾斜角度（O）"文本框：用于设置文字的倾斜角度。角度为 0 时不倾斜，角度为正值时向右倾斜，为负值时向左倾斜。

**实战练习**

新建一种文字样式，名称为"工程仿宋字"，字体为仿宋，字高为 5。

① 单击"常用"选项卡下"注释"面板下拉列表框中 **A** 按钮，打开"文字样式"对话框。

② 单击"新建"按钮，打开"新建文字样式"对话框，在"样式名"文本框中输入"工程仿宋字"，然后单击"确定"按钮，AutoCAD 返回到"文字样式"对话框。

③ 在"字体"选项组中的"字体名"下拉列表中选择"仿宋 _ GB 2312"；在"大小"选项组的"高度"文本框中输入"5"，如图 3-27 所示。

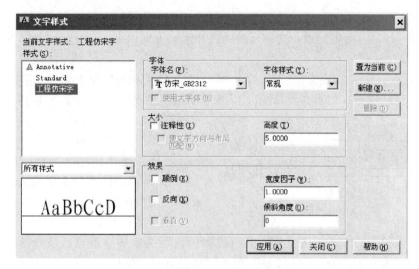

图 3-27    设置"工程仿宋字"样式

**（2）单行文字**

该命令以单行方式输入文字，可以在一次命令中注写多行同字高、同旋转角度的文字，按回车键可换行输入，但每一行文字都是一个独立的对象。用户可通过单击"常用"选项卡的"注释"面板中"文字"下拉列表框中的"单行文字"命令，或通过单击菜单栏"绘图（D）"→"文字（X）"→"单行文字（S）"，或输入命令名"DT"（或"DTEXT"或"TEXT"）打开。

命令：_ text
当前文字样式："Standard"    文字高度：2.5000    注释性：否（显示当前字样）
指定文字的起点或［对正（J）/样式（S）］：（指定文字起点或选项）
指定高度〈2.5000〉：（指定文字高度）
指定文字的旋转角度〈0〉：（指定文字旋转角度值）
　　　　　　　　　（开始输入文字，输入完毕后按两次回车键结束）

各选项含义如下。

① 指定文字的起点：要求给出标注文字行底线的起点。给出起点后，文字将从该点向右书写。

② 对正（J）：文字对齐方式。执行该选项后，命令行提示：

输入选项［对齐（A）/布满（F）/居中（C）/中间（M）/右对齐（R）/左上（TL）/中上（TC）/右上（TR）/左中（ML）/正中（MC）/右中（MR）/左下（BL）/中下（BC）/右下（BR）］：

AutoCAD 对文字行定义了"顶线"、"中线"、"基线"和"底线"4 条线，如图 3-28 所示。

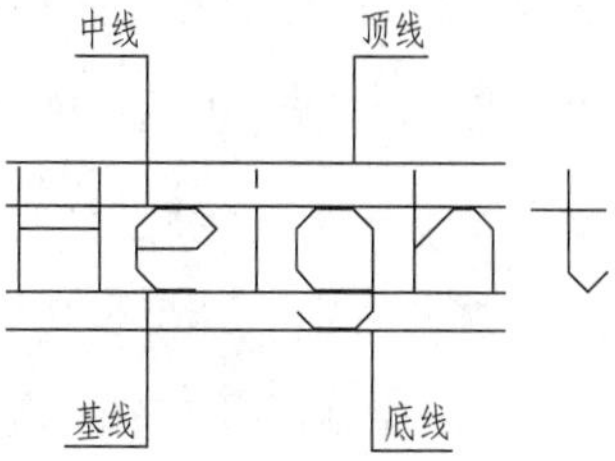

• 对齐（A）：指定文字底线的起点和终点，文字的高度和角度可自动调整，使文字均匀分布在两点之间。

• 布满（F）：指定文字底线的起点和终点、文字的高度，文字的宽度由两点之间的距离与文字的多少自动确定，使文字均匀分布在两点之间。

• 居中（C）：指定文字基线的中点，输入字高和旋转角

图 3-28    文字字符串

度标注文字。

• 中间（M）：指定一点，文字行的垂直和水平方向以此点为中心，输入字高和旋转角度标注文字。

• 右对齐（R）：指定文字行基线的终点，输入字高和旋转角度标注文字。

其余 9 种选项方式如图 3-29 所示，其操作方法是首先输入文字的定位点，然后指定文字的高度、旋转角度标注文字。

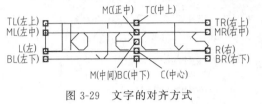
图 3-29　文字的对齐方式

③ 样式（S）：确定文字样式。选择此项后，再输入所使用的文字样式的名称或输入"?"，显示当前已有的文字样式。如果不选择此项，则使用当前的文字样式。

**（3）多行文字**

该命令以段落的方式输入文字，具有控制所注写文字的字符格式及段落文字特性等功能，可用于输入文字、分式、上下标、公差等，并可改变字体及大小。打开命令后，命令行提示如下。

命令：_mtext 当前文字样式："Standard"文字高度：2.5　注释性：否

指定第一角点：（指定准备书写段落文字的外框起点）

指定对角点或［高度（H）/对正（J）/行距（L）/旋转（R）/样式（S）/宽度（W）/栏（C）］：（指定准备书写段落文字的外框对角点或输入选项）

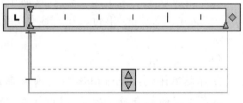
图 3-30　"多行文字编辑器"对话框

用鼠标在绘图区拖出一个注写文字的区域后，出现"多行文字编辑器"对话框，如图 3-30 所示。与此同时，系统自动在绘图窗口上方添加了"文字编辑器"选项卡，包含有"样式"、"格式"、"段落"、"插入"、"拼写检查"、"工具"、"选项"、"关闭"功能面板，如图 3-31 所示，方便用户创建或修改多行文字对象。编辑操作时，应选中所需编辑的文字，然后再选择相应面板中的功能按钮。

图 3-31　"文字编辑器"选项卡下的功能面板

提示："格式"面板下拉菜单中的 ![堆叠] 堆叠 按钮，可以创建堆叠文字（是指一种垂直对齐的文字或分数）。默认该按钮不可用（灰色），使用时，需要分别输入分子和分母，其间使用／、＃或^分隔，然后选中这一部分文字，该按钮随即变亮，单击即可。例如，要输入分式 $\frac{3}{8}$，应在文字显示区输入 3／8，然后将其选中，单击堆叠按钮即可；输入某上下偏差值时，如输入＋0.05^－0.03，然后将其选中，单击堆叠按钮，即可变为 $^{+0.05}_{-0.03}$。

**（4）控制码及特殊字符**

特殊字符指不能从键盘上直接输入的字符。为了满足工程图标注的需要，AutoCAD 提供了控制码来标注特殊字符。常见的控制码有：

%%C：用于生成"$\phi$"直径符号。

%%D：用于生成"°"角度符号。

%%P：用于生成"±"上下偏差符号。

%%O：用于打开或关闭文字的上划线。

%%U：用于打开或关闭文字的下划线。

例如，在注写单行文字时，输入以下内容：%%C50  60%%D  %%P0.002  70%%%
显示的结果为：$\phi$50  60°  ±0.002

**提示：** 在多行文字注写过程中若需特殊字符，可直接从"文字编辑器"选项卡下的"插入"面板中"符号"下拉列表框中选择。

### 3.1.16.2 表格

在 AutoCAD 2013 中，用户可以使用表格命令自动生成数据表格，从而取代了早期 CAD 绘图中利用绘制线段和文本的方法来创建表格。

**(1) 创建表格样式**

用户不仅可以直接使用软件默认的格式制作表格，还可以根据自己的需要自定义表格。首先，可以通过单击如图 3-24 中的 按钮，或单击"注释"选项卡下"表格"面板中右下角的 按钮，或菜单栏"格式（O）"→"表格样式（B）"命令，或通过单击样式工具栏中的 按钮，打开如图 3-32 所示"表格样式"对话框。

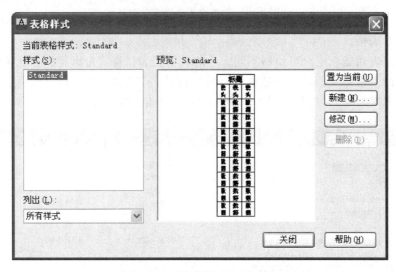

图 3-32 "表格样式"对话框

单击"新建（N）"按钮，则打开如图 3-33 所示的"创建新的表格样式"对话框。在对话框的"新样式名（N）"文本框中输入样式名称，并且可以选择一种已有的表格样式作为基础样式。单击"继续"按钮，将打开如图 3-34 所示"新建表格样式"对话框，分别在"单元样式"下拉列表框中选中"标题"、"表头"、"数据"，

图 3-33 "创建新的表格样式"对话框

对每一个选项中的"常规"、"文字"、"边框"选项卡所包含的信息项进行逐一设置。设置完毕后，单击"确定"按钮，返回到"表格样式"对话框，此时会在"样式"列表框中显示创建好的样式。最后，单击"关闭"按钮，关闭该对话框。

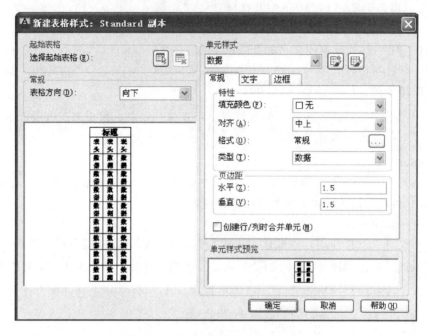

图 3-34    "新建表格样式"对话框

**(2) 插入表格**

使用绘制表功能，用户可绘制不同大小的表格。表格样式可以是软件默认的表格样式或用户自定义的表格样式。可以通过单击如图 3-24 中的"⊞ 表格"按钮（或根据常用绘图命令打开的通用方式之一），打开如图 3-35 所示"插入表格"对话框。

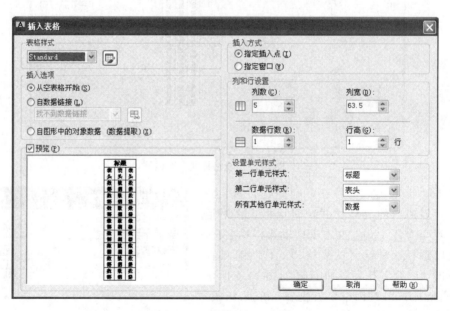

图 3-35    "插入表格"对话框

该对话框中的各选项主要功能如下。

①"表格样式"下拉列表框：用来选择系统提供的，或者用户已经创建好的表格样式。单击其后的 表格按钮，可以在打开的对话框中对所选表格样式进行修改。

②"指定插入点（I）"单选按钮：选择该选项，可以在绘图窗口中的某点插入固定大小的表格。

③"指定窗口（W）"单选按钮：选择该选项，可以在绘图窗口中，通过拖动表格边框来创建任意大小的表格。

④"列和行设置"选项区域：可以改变"列数（C）"、"列宽（D）"、"数据行数（R）"和"行高（G）"文本框中的数据。

### 3.1.17　添加选定对象

此命令将创建具有与原始对象相同的对象类型和特性的新对象，但会提示用户指定大小、位置和其他特性。例如，如果选择一个圆，新对象将采用该圆的颜色和图层，但用户需指定中心点和半径。某些对象具有受支持的特殊特性，如表 3-2 所示。

表 3-2　某些对象的特殊特性

| 对 象 类 型 | ADDSELECTED 支持的特殊特性 |
| --- | --- |
| 渐变色 | 渐变色名称、颜色 1、颜色 2、渐变色角度、居中 |
| 文字、多行文字、属性定义 | 文字样式、高度 |
| 标注(线性、对齐、半径、直径、角度、弧长和坐标) | 标注样式、标注比例 |
| 公差 | 标注样式 |
| 引线 | 标注样式、标注比例 |
| 多重引线 | 多重引线样式、全局比例 |
| 表 | 表格样式 |
| 图案填充 | 图案、比例、旋转 |
| 块参照、外部参照 | 名称 |
| 参考底图(DWF、DGN、图像和 PDF) | 名称 |

## 3.2　基本编辑修改命令

用 AutoCAD 绘图与使用其它绘图软件绘图相似，绘制的图形需要进行一系列的编辑修改操作，其中对象删除、复制、剪切、粘贴等都是编辑图形中常用的一些基本编辑方法，熟练掌握这些基本编辑方法，可提高绘图的工作效率。但进行任何一项编辑操作都需要指定具体的对象，即选择对象。AutoCAD 提供了多种选择对象的方法，现将常用的几种介绍如下。

（1）直接点取方式

这是一种默认的选择方式。当提示"选择对象："时，光标变成拾取框（小方框），用其压住要选取的对象，单击鼠标左键，该对象变成虚线，表示已被选中。连续多次选择即可选择多个对象。

（2）使用选择窗口与圈围窗口

选择窗口是一种确定选取图形对象范围的方法。当提示"选择对象："时，如果按住鼠标左键从左至右拖拽一个矩形窗口，则位于窗口内的对象被选中；如果从右至左拖拽一个矩形窗口，则窗口内的对象和与窗口相交的对象均被选中，此种选择方式也称为"窗交"方式。

圈围窗口通过指定点划定区域，从而创建多边形选择窗口。在提示"选择对象:"提示后输入"WP"后按回车，然后依次输入顶点，画出一个不规则的窗口，位于窗口内对象即被选中。

**（3）使用选择栏**

使用选择栏可以很容易地从复杂图形中选择相邻的对象。在出现"选择对象:"提示后输入"F"后按回车，然后依次输入顶点，画出一条折线，与该折线相交的对象均被选中。

**（4）全选**

在出现"选择对象:"提示后输入"ALL"后按回车，即选中所有对象。

AutoCAD 2013 中打开各常用编辑命令，采用如下通用方法之一均可。

① 从"常用"选项卡的"修改"面板（如图 3-36）中，单击相应的命令按钮图标可打开基本编辑修改命令；

图 3-36 展开的"修改"面板

② 从菜单栏"修改（M）"（如图 3-37）中通过移动鼠标选择相应修改命令名称打开命令；

③ 从修改工具栏（图 3-38）中单击相应工具按钮；

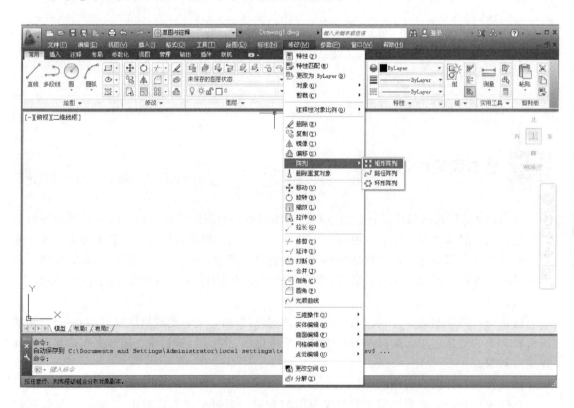

图 3-37 "修改"下拉菜单示意图

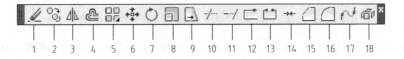

图 3-38　修改工具栏

④ 在命令行输入相应英文命令名或简捷命令名（具体见表 3-3）。

表 3-3　修改工具栏中各按钮简介

| 序号 | 工具按钮 | 命令名 | 简捷命令名 | 功能 |
|---|---|---|---|---|
| 1 |  | ERASE | E | 删除 |
| 2 |  | COPY | CO 或 CP | 复制 |
| 3 |  | MIRROR | MI | 镜像 |
| 4 |  | OFFSET | O | 偏移 |
| 5 |  | ARRAYRECT | AR | 矩形阵列 |
| 6 |  | MOVE | M | 移动 |
| 7 |  | ROTATE | RO | 旋转 |
| 8 |  | SCALE | SC | 缩放 |
| 9 |  | STRETCH | S | 拉伸 |
| 10 |  | TRIM | TR | 修剪 |
| 11 |  | EXTEND | EX | 延伸 |
| 12 |  | BREAK | BR | 打断于点 |
| 13 |  | BREAK | BR | 打断 |
| 14 |  | JOIN | J | 合并 |
| 15 |  | CHAMFER | CHA | 倒角 |
| 16 |  | FILLET | F | 圆角 |
| 17 |  | BLEND | / | 光顺曲线 |
| 18 |  | EXPLODE | X | 分解 |

## 3.2.1　删除

在编辑修改绘图时，可能会发现一些错误或没用的图形对象。此时，可使用删除命令将其删除。打开命令后，根据命令行提示进行如下操作。

命令：_erase

选择对象：（使用对象选择方法并在完成选择对象后按回车键）

> **提示：**在删除对象的过程中，如果意外删除了一些有用的图形对象，可使用"恢复"或"放弃"命令恢复删除的图形对象。"恢复"命令只能恢复最近一次删除的对象，而使用"放弃"命令可以连续恢复前几次删除的对象。在命令行键入 OOPS，即可恢复最近一次删除的对象。

**实战练习**

删除图 3-39（a）中的矩形和正六边形，并恢复矩形。

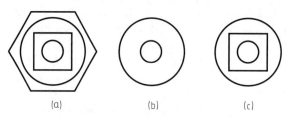

图 3-39　删除恢复命令

命令：ERASE↙

选择对象：（拾取框选择图中的正六边形）

选择对象：↙

用同样的方法，将图中的矩形删除，如图 3-39（b）所示。再利用"OOPS"命令将矩形恢复。

命令：OOPS↙［结果如图 3-39（c）所示］

### 3.2.2　复制

在绘图中，当需要绘制一个或多个与原对象完全相同的对象时，不必一个一个地去绘制，只需使用复制命令，即可按指定位置创建一个或多个原始对象的副本对象。打开命令后，根据命令行提示进行如下操作。

命令：_copy

选择对象：（使用对象选择方法并在完成选择对象后按回车键）

当前设置：复制模式＝多个

指定基点或［位移（D）/模式（O）］〈位移〉：

各选项含义如下。

**(1)** 指定基点

如果对所选对象只创建一个副本对象，即可使用定点设备在绘图区域指定基点位置，或者直接键入坐标值，然后按回车键，AutoCAD 会继续提示：

指定第二个点或［阵列（A）〈使用第一个点作为位移〉：

在该提示下直接按回车键，AutoCAD 将以第一点的各坐标分量作为复制的位移量复制对象。如果指定第二个位移点并回车，AutoCAD 就会按指定位置创建所选对象的副本对象。若输入选项"A"，则系统继续提示：

指定第二个点或［阵列（A）］〈使用第一个点作为位移〉：A

输入要进行阵列的项目数：（指定阵列中的项目数，包括原始选择集）

指定第二个点或［布满（F)]:（指定第二个点或输入选项"F")

各选项含义如下。

- 指定第二个点：确定阵列相对于基点的距离和方向。默认情况下，阵列中的第一个副本将放置在指定的位移。其余的副本使用相同的增量位移放置在超出该点的线性阵列中。

- 布满（F)：在阵列中指定的位移放置最终副本。其他副本则布满原始选择集和最终副本之间的线性阵列。

**(2) 重复**

如果要创建多个副本对象，而复制模式为单个时，可在"指定基点或［位移（D)/模式（O)]〈位移〉:"提示下键入 O，AutoCAD 继续提示：

输入复制模式选项［单个（S)/多个（M)]〈多个〉:

在该提示下，输入 M 即可。

> **提示：**模式控制是否自动重复该命令，它由 COPYMODE 系统变量控制。系统变量为 0，表示设置自动重复的 COPY 命令；系统变量为 1，设置创建单个副本的 COPY 命令。

**实战练习**

将 A 点处的圆复制四个，圆心分别为 B、C、D 点（见图 3-40）。

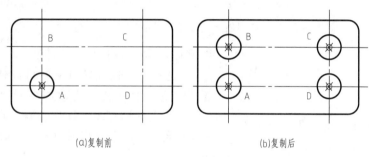

(a)复制前　　　　　　　　　(b)复制后

图 3-40　复制对象

命令：COPY ↙

选择对象：找到 1 个（选择 A 圆）

选择对象：↙

当前设置：复制模式＝多个

指定基点或［位移（D)/模式（O)]〈位移〉:（捕捉圆心 A 点）

指定第二个点或［阵列（A)]〈使用第一个点作为位移〉:（捕捉交点 B 点）

指定第二个点或［阵列（A)/退出（E)/放弃（U)]〈退出〉:（捕捉交点 C 点）

指定第二个点或［阵列（A)/退出（E)/放弃（U)]〈退出〉:（捕捉交点 D 点）

指定第二个点或［阵列（A)/退出（E)/放弃（U)]〈退出〉:↙

### 3.2.3　阵列

使用"阵列"命令可以对对象进行一种有规则的多重复制。根据阵列的方式不同，阵列又分为矩形阵列、路径阵列和环形阵列。

**(1) 矩形阵列**

矩形阵列可以按指定的行、列和层，以及对象的间隔距离对对象进行多重复制。打开命令后，根据命令提示进行如下操作。

命令：_arrayrect

选择对象：（选择要阵列的对象）

选择对象：（若选择完毕，按回车键，系统自动以矩形阵列默认参数显示出阵列图形。此时同时，在绘图窗口上方系统自动添加了"阵列创建"选项卡，包含有"类型"、"列"、"行"、"层级"、"特性"、"关闭"功能面板，如图 3-41 所示。通过面板上各属性设置，可以实时方便地更改阵列配置）

类型＝矩形　关联＝是

选择夹点以编辑阵列或 [关联（AS）/基点（B）/计数（COU）/间距（S）/列数（COL）/行数（R）/层数（L）/退出（X）]〈退出〉：

图 3-41　"阵列创建"选项卡下的矩形阵列功能面板

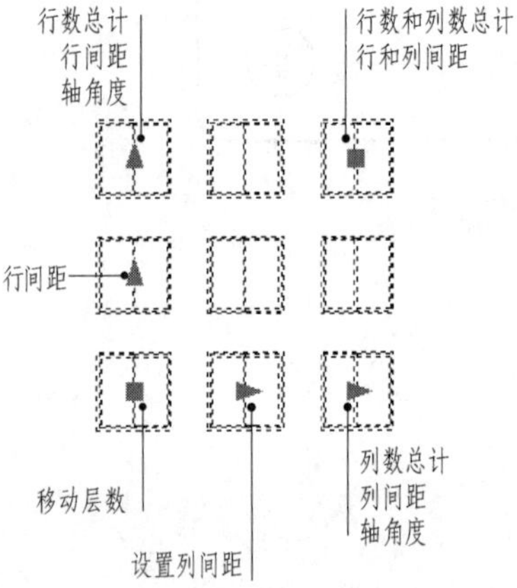

图 3-42　阵列图形夹点含义

各选项含义如下。

① 选择夹点以编辑阵列：可以使用选定绘图窗口阵列图形上的夹点来更改阵列配置（如图 3-42 所示）。某些夹点具有多个操作。当夹点处于选定状态（并变为红色），您可以按 Ctrl 键来循环浏览这些选项。

② 关联（AS）：指定阵列中的对象是关联的还是独立的。

③ 基点（B）：定义阵列基点和基点夹点的位置。

④ 计数（COU）：指定行数和列数并使用户在移动光标时可以动态观察结果（一种比"行和列"选项更快捷的方法）。

⑤ 间距（S）：指定行间距和列间距并使用户在移动光标时可以动态观察结果。输入该选项，系统继续提示：

指定列之间的距离或 [单位单元（U）]：

指定行之间的距离：

• 指定列之间的距离：指定从每个对象的相同位置测量的每列之间的距离。

• 单位单元（U）：通过设置等同于间距的矩形区域的每个角点来同时指定行间距和列间距。

• 指定行之间的距离：指定从每个对象的相同位置测量的每行之间的距离。

⑥ 列数（COL）：用于编辑列数和列间距。

⑦ 行数（R）：指定阵列中的行数、它们之间的距离以及行之间的增量标高。

⑧ 层数（L）：指定三维阵列的层数和层间距。

⑨ 退出（X）：退出该命令。

**提示**：如果行间距为正数，阵列中的行以原图向上排列；反之，阵列中的行以原图向下排列。如果列间距为正数，阵列中的列以原图向右排列；反之，阵列中的列以原图向左排列。

**(2) 路径阵列**

在路径阵列中，项目将均匀地沿路径或部分路径分布。路径可以是直线、多段线、三维多段线、样条曲线、螺旋、圆弧、圆或椭圆。打开命令后，根据命令提示进行如下操作。

命令：_arraypath

选择对象：（选择要阵列的对象）

选择对象：（若选择完毕，按回车键）

类型＝路径　关联＝是

选择路径曲线：（选择一个路径对象。此时，在绘图窗口上方系统自动添加了"阵列创建"选项卡，包含有"类型"、"项目"、"行"、"层级"、"特性"、"关闭"功能面板，如图3-43所示。通过面板上各属性设置，可以实时方便地更改阵列配置）

选择夹点以编辑阵列或［关联（AS）/方法（M）/基点（B）/切向（T）/项目（I）/行（R）/层（L）/对齐项目（A）/Z方向（Z）/退出（X）]〈退出〉：

图3-43　"阵列创建"选项卡下的路径阵列功能面板

**(3) 环形阵列**

环形阵列可以按指定的数目、旋转角度或对象间的角度对对象进行多重复制。在环形阵列中，项目将均匀地围绕中心点或旋转轴分布。打开命令后，根据命令提示进行如下操作。

命令：_arraypolar

选择对象：（选择要阵列的对象）

选择对象：（若选择完毕，按回车键）

类型＝极轴　关联＝是

指定阵列的中心点或［基点（B）/旋转轴（A）]：（指定要阵列的中心点或输入选项。当指定一个中心点后，系统自动以环形阵列默认参数显示出阵列图形。此时，在绘图窗口上方系统自动添加了"阵列创建"选项卡，包含有"类型"、"项目"、"行"、"层级"、"特性"、"关闭"功能面板，如图3-44所示。通过面板上各属性设置，可以实时方便地更改阵列配置）

选择夹点以编辑阵列或［关联（AS）/基点（B）/项目（I）/项目间角度（A）/填充角度（F）/行（ROW）/层（L）/旋转项目（ROT）/退出（X）]〈退出〉：

部分选项含义同矩形阵列，不同选项的含义如下。

① 项目（T）：使用值或表达式指定阵列中的项目数。

② 项目间角度（A）：使用值或表达式指定项目之间的角度。

图 3-44　"阵列创建"选项卡下的环形阵列功能面板

③ 填充角度（F）：使用值或表达式指定阵列中第一个和最后一个项目之间的角度。

④ 行（ROW）：指定阵列中的行数、它们之间的距离以及行之间的增量标高。

⑤ 旋转项目（ROT）：控制在排列项目时是否旋转项目。

### 3.2.4　镜像

使用"镜像"命令可以创建对象的轴对称映像。在绘图过程中，对于有些对象，绘制它的一半之后，通过镜像就可快速使其成为一个完整的对象。该命令主要用于创建对称性的对象。打开命令后，根据命令行提示进行如下操作。

命令：_mirror

选择对象：（使用对象选择方法并在完成选择对象后按回车键）

指定镜像线的第一点：（指定镜像轴第一点）

指定镜像线的第二点：（指定镜像轴第二点）

要删除源对象吗？［是（Y）/否（N）］〈N〉：

在该提示下直接按回车键或键入 N 并回车，创建镜像对象的同时将保留源对象；键入 Y 并回车，创建镜像对象的同时就会删除掉源对象。

**实战练习**

镜像图 3-45 中左边所示的三角形，并保留原图形。

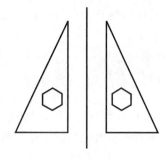

图 3-45　保留源对象的镜像

命令：MIRROR↙

选择对象：（选择图 3-45 左边的三角形及正六边形）

选择对象：↙

指定镜像线的第一点：（拾取垂直中心线的一端点）

指定镜像线的第二点：（拾取垂直中心线的另一端点）

要删除源对象吗？［是（Y）/否（N）］〈N〉：↙

### 3.2.5 偏移

使用 AutoCAD 提供的"偏移"命令可以创建形状相似，而且与选定对象平行的新对象。偏移对象是绘图过程中经常用到的一种绘图方法。在 AutoCAD 中，可使用"偏移"命令的对象包括直线、矩形、正多边形、圆弧、圆、椭圆、椭圆弧、多段线、构造线和样条曲线等。打开命令后，根据命令行提示进行如下操作。

命令：_offset

当前设置：删除源＝否　　图层＝源　　OFFSETGAPTYPE＝0

指定偏移距离或［通过（T）/删除(E)/图层（L)]〈通过〉：

各选项含义如下。

**(1)** 指定偏移距离

在"指定偏移距离或［通过（T）/删除(E)/图层(L)]〈通过〉："提示下指定偏移距离，AutoCAD 继续提示：

选择要偏移的对象或〈退出〉：

在该提示下选择要偏移的对象后，AutoCAD 继续提示：

指定要偏移的那一侧上的点，或［退出（E）/ 多个（M）/放弃（U)]〈退出〉：

对以上提示做出反应后，AutoCAD 将按指定的偏移距离创建偏移对象，并且 AutoCAD 会反复做出以下提示：

选择要偏移的对象，或［退出（E）/放弃（U)]〈退出〉：

多次响应以上提示可按指定的距离创建多个偏移对象。当要结束"偏移"命令的使用时，直接按回车键即可。

**(2)** 通过

执行该选项可创建通过指定点的新对象。键入 T 回车，AutoCAD 显示以下提示：

选择要偏移的对象，或［退出（E）/放弃(U)]〈退出〉：

指定通过点或［退出(E)/多个(M)/放弃(U)]〈退出〉：

对以上提示依次做出响应后，AutoCAD 将通过指定点创建偏移对象，并且 AutoCAD 会反复做出以上提示，响应以上提示后，AutoCAD 可依次通过指定点创建多个偏移对象。

**(3)** 图层

确定将偏移对象创建在当前图层上还是源对象所在的图层上。

### 3.2.6 移动

移动对象是编辑操作中使用频率较高的操作。通过移动对象可以调整绘图中各个对象间的相对或绝对位置。使用 AuoCAD 提供的"移动"命令可以按指定的位置或距离精确地移动对象。打开命令后，根据命令行提示进行如下操作。

命令：_move

选择对象：（使用对象选择方法并在完成选择对象后按回车键）

指定基点或［位移（D)]〈位移〉：（使用定点设备在绘图区域指定基点位置，或直接键入距离值，然后按回车键）

指定第二个点或〈使用第一个点作为位移〉：（在绘图区域指定第二位移点，或在命令行键入坐标值以确定第二位移点，然后按回车键）

提示：使用定点设备确定第一位移点后，在确定第二位移点时，可配合使用"正交"模式或"极轴追踪"来确定移动对象的位置。

### 3.2.7 旋转

在编辑图形时，为了使某些对象与图形保持一致，常需要旋转对象来改变其放置方式及位置。使用 AutoCAD 提供的"旋转"命令可以使对象按指定角度进行旋转。打开命令后，根据命令行提示进行如下操作。

命令：_rotate

UCS 当前的正角方向：  ANGDIR＝逆时针  ANGBASE＝0

选择对象：（使用对象选择方法并在完成选择对象后按回车键）

指定基点：（指定旋转的基点）

指定旋转角度，或[复制（C）/参照（R）]〈0〉：

各选项含义如下：

**(1) 指定旋转角度**

在"指定旋转角度或[复制（C）/参照（R）]:"提示下直接键入角度值，AutoCAD 将按指定的基点和角度旋转所选对象。

**(2) 复制**

创建要旋转的选定对象的副本。

**(3) 参照**

通过指定参照角度来旋转对象。键入 R 按回车键，AutoCAD 提示：

指定参照角度：

参照角度即从旋转基点到对象某一参照点的连线与 X 轴正方向的角度，该角度值可以直接输入，也可以通过拾取旋转基点和对象上的参照点来定义。指定旋转角度后，AutoCAD 继续提示：

指定新角度值：

在该提示下键入相对于参照方向的新角度值并按回车键，选定对象即可按指定的角度旋转。

┌─ **实战练习** ─────────────────────────────────┐
│ 　绘制如图 3-46 （a）所示的图形。将位于垂直中心线左侧的图形相对于大圆圆心沿顺时 │
│ 针方向旋转 45°，结果如图 3-46 （b）所示。 │
└────────────────────────────────────────────┘

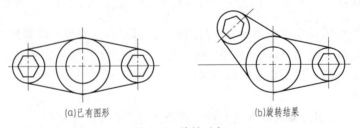

(a)已有图形　　　　　(b)旋转结果

图 3-46　旋转对象

操作步骤如下：

命令：ROTATE ↙

选择对象：（选择要旋转对象，包括正六边形，圆，左侧垂直中心线与两条切线。注意：

不要选择水平中心线）

选择对象：✓

指定基点：（拾取大圆圆心）

指定旋转角度，或［复制（C）/参照（R）]〈0〉：-45 ✓ （负角度表示顺时针旋转）

### 3.2.8 缩放

在工程绘图中，常需要改变一些图形对象的大小，但不改变其结构和形状。此时，使用 AutoCAD 提供的"缩放"命令可以使对象按指定的比例进行缩放。打开命令后，根据命令行提示进行如下操作。

命令：_scale

选择对象：（使用对象选择方法并在完成选择对象后按回车键）

指定基点：（指定缩放基点）

指定比例因子或［复制（C）/参照（R）]〈1.0000〉：

各选项含义如下：

**(1) 指定比例因子**

在"指定比例因子或［复制（C）/参照（R）]："提示下直接键入比例因子并回车，所选对象就会按指定的比例因子相对于指定的基点进行缩放。比例因子设为 0~1 之间的值，可缩小对象；比例因子设为大于 1 的值，可放大对象。

**(2) 参照**

在"指定比例因子或［复制（C）/参照（R）]："提示下键入 R 回车，AutoCAD 继续提示：

指定参照长度：

在该提示下指定参照长度，即从比例基点到对象某一参照点的连线，然后按回车键，AutoCAD 继续提示：

指定新长度：

在该提示下以参照长度为基础指定新长度值，然后按回车键，AutoCAD 就会根据参照长度的值自动计算出比例因子，对选定对象进行缩放。

┌ **实战练习** ┐

绘制如图 3-47（a）所示的图形，对该图中位于中间位置的六边形和圆相对于圆心放大 2 倍。结果如图 3-47（b）所示。

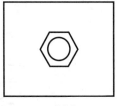
(a)缩放前

(b)缩放后

图 3-47　缩放对象

命令：SCALE ✓

选择对象：（选择图 3-47（a）中位于中间位置的六边形和圆）

选择对象：↙

指定基点：（捕捉圆心）

指定比例因子或［复制（C)/参照（R)］〈1.0000〉：2↙

### 3.2.9　拉伸

使用"拉伸"命令可以在某个方向上按指定的尺寸使对象变形。在操作过程中，可先指定一个拉伸基点，再指定两个位移点进行拉伸，也可以结合对象捕捉、栅格捕捉和夹点捕捉等方式使对象产生更精确的变形。打开命令后，根据命令行提示进行如下操作。

命令：_stretch

以交叉窗口或交叉多边形选择要拉伸的对象……

选择对象：（使用对象选择方法并在完成选择对象后按回车键）

指定基点或［位移（D)］〈位移〉：（指定拉伸基点）

指定第二个点或〈使用第一个点作为位移〉：（指定拉伸第二个点）

对以上提示依次做出响应后，AutoCAD 就会将选择的对象按指定的距离进行拉伸，使对象变形。

> **提示：** 使用"拉伸"命令时，拉伸的对象至少有一个顶点或端点包含在交叉窗口内部。对于完全包含在交叉窗口内部的任何对象，在执行拉伸操作的过程中，只是被移动而不会被拉伸变形。

**实战练习**

绘制如图 3-48（a）的图形。对图中对应部分执行拉伸操作，结果如图3-48（b)所示。

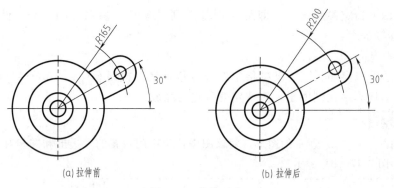

(a) 拉伸前　　　　　　　　(b) 拉伸后

图 3-48　拉伸对象

操作步骤如下。

命令：STRETCH↙

以交叉窗口或交叉多边形选择要拉伸的对象……

选择对象：（确定拾取矩形窗口的第一角点，见图 3-49)

指定对角点：（确定拾取矩形窗口的第二角点，使窗口包围所拉伸对象或与拉伸对象相交，见图3-49)

选择对象：↙

指定基点或［位移（D)］〈位移〉：（选择虚线矩形

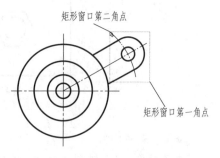

图 3-49　确定选择窗口

框中圆心，见图 3-49）

指定第二个点或〈使用第一个点作为位移〉：@35＜30 ↙

### 3.2.10　修剪

修剪对象，使它们精确地终止于由其他对象定义的边界。剪切边可以是直线、圆弧、圆、多段线、椭圆、样条曲线、参照线、射线、块和射线。而且，修剪的对象甚至可以是相交的三维图形。打开命令后，根据命令行提示进行如下操作。

命令：_trim

当前设置：投影＝UCS，边＝无

选择剪切边……

选择对象或〈全部选择〉：（使用对象选择方法选择作为剪切边的对象并在完成后按回车键）

选择要修剪的对象，或按住 Shift 键选择要延伸的对象，或

[栏选（F）/窗交（C）/投影（P）/边（E）/删除（R）/放弃（U）]：（选择被剪切的对象）

默认情况下，选择要修剪的对象（即选择被剪边），系统将以剪切边为界，将被剪切对象上位于拾取点一侧的部分剪切掉。如果按下 Shift 键，同时选择与修剪边不相交的对象，修剪边将变为延伸边界，将选择的对象延伸至与修剪边界相交。该命令提示中主要选项的功能如下。

①"投影（P）"选项：可以指定执行修剪的空间，主要应用于三维空间中两个对象的修剪，可将对象投影到某一平面上执行修剪操作。

②"边（E）"选项：选择该选项时，命令行显示"输入隐含边延伸模式 [延伸（E）/不延伸（N）]〈不延伸〉:"提示信息。如果选择"延伸（E）"选项，当剪切边太短而且没有与被修剪对象相交时，可延伸修剪边，然后进行修剪；如果选择"不延伸（N）"选项，只有当剪切边与被修剪对象真正相交时，才能进行修剪。

③"放弃（U）"选项：取消上一次的操作。

### 3.2.11　延伸

延伸对象，使它们精确地延伸至由其它对象定义的边界边。延伸对象的操作方法与修剪对象的方法非常相似：修剪对象需要选择剪切边和要修剪的边，延伸对象需要选择边界边和要延伸的边。

**实战练习**

绘制如图 3-50（a）所示的图形，对该图进行相应的修剪和延伸，结果如图 3-50（b）所示。

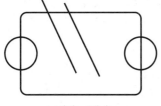
(a)修剪、延伸前

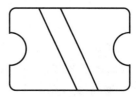
(b)修剪、延伸后

图 3-50　修剪、延伸对象

命令：TRIM ↙

选择剪切边……

选择对象或〈全部选择〉：↙（选择全部对象。图形对象既可以作为剪切边，也可以作为被修剪对象）

选择要修剪的对象，或按住 Shift 键选择要延伸的对象，或

[栏选（F）/窗交（C）/投影（P）/边（E）/删除（R）/放弃（U）]：

在这样的提示下，在图 3-50（a）中，分别在两个圆的内部拾取矩形的垂直边、在矩形垂直边之外拾取两圆、在矩形顶边之外拾取两条斜线，修剪结果如图 3-51 所示，同时 AutoCAD 继续提示：

选择要修剪的对象，或按住 Shift 键选择要延伸的对象，或

图 3-51　修剪执行结果

[栏选（F）/窗交（C）/投影（P）/边（E）/删除（R）/放弃（U）]：

在此提示下，按住 Shift 键，分别选择位于矩形之内的两条斜线（选择点应靠近斜线的下端点），即可实现延伸，而后 AutoCAD 继续提示：

选择要修剪的对象，或按住 Shift 键选择要延伸的对象，或

[栏选（F）/窗交（C）/投影（P）/边（E）/删除（R）/放弃（U）]：↙

### 3.2.12　打断与打断于点

**(1) 打断**

打断对象可以在一个对象上创建间断，使分开的两个部分之间有空间。可以创建打断的对象包括圆弧、圆、椭圆和椭圆弧、直线、多段线、射线、样条曲线和构造线。打开命令后，根据命令行提示进行如下操作。

命令：_break

选择对象：（使用对象选择方法选择对象）

指定第二个打断点或 [第一点（F）]：

即可部分删除对象或把对象分解成两部分。

默认情况下，以选择对象时的拾取点作为第一个断点，需要指定第二个断点。如果直接选取对象上的另一点或者在对象的一端之外拾取一点，将删除对象上位于两个拾取点之间的部分。如果选择"第一点（F）"选项，可以重新确定第一个断点。

**(2) 打断于点**

打断于点是打断命令的后续命令，它是将对象在一点下断开生成两个对象。一个对象在执行过打断于点命令后，从外观上并看不出差别，但当选取该对象时，可以发现该对象已经被打断为两部分。

▢ **实战练习**

对图 3-52（a）中的水平中心线做打断、旋转处理，结果如图 3-52（b）所示。

① 打断中心线

命令：BREAK ↙

选择对象：（选择图 3-52（a）中的水平中心线）

指定第二个打断点或 [第一点（F）]：f ↙

指定第一个打断点：（在水平中心线与大圆垂直中心线的交点处拾取点）

指定第二个打断点：@ ↙

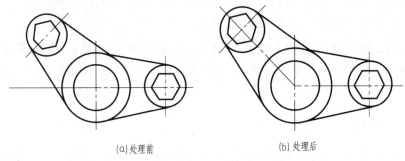

(a)处理前　　　　　　　(b)处理后

图 3-52　打断、旋转对象

执行结果：AutoCAD 将水平中心线在交点处打断，即一分为二。

② 旋转　执行 ROTATE 命令，将位于左侧的水平中心线绕圆心旋转－45°，得如图 3-52(b)所示的结果。

### 3.2.13　合并

合并可以将某一连续图形上的两个部分成为一个对象，合并线性和弯曲对象的端点，以便创建单个对象。打开命令后，根据命令行提示进行如下操作。

命令：_join

选择源对象或要一次合并的多个对象：(选择要源对象)

选择要合并的对象：(选择要合并的对象)

选择要合并的对象：(若选择完毕，直接按回车键即可将这些对象合并)

### 3.2.14　倒角

倒角就是在两条非平行线之间创建直线的方法，它通常用于表示角点上的倒角边，可以为直线、多段线、参照线和射线加倒角。打开命令后，根据命令行提示进行如下操作。

命令：_chamfer

("修剪"模式) 当前倒角距离 1 ＝ 0.0000，距离 2 ＝ 0.0000

选择第一条直线或［放弃（U）/多段线（P）/距离（D）/角度（A）/修剪（T）/方式（E）/多个（M）］：

选择第二条直线，或按住 Shift 键选择直线以应用角点或［距离（D）/角度（A）/方法（M）］：

默认情况下，需要选择进行倒角的两条相邻的直线，然后按当前的倒角距离对这两条直线修倒角。主要选项含义如下：

① "多段线（P）" 选项：以当前设置的倒角距离对多段线的各顶点（交角）修倒角。

② "距离（D）" 选项：设置倒角距离尺寸。

③ "角度（A）" 选项：根据第一个倒角距离和角度来设置倒角尺寸。

④ "修剪（T）" 选项：设置倒角后是否保留原倒角边，命令行将显示 "输入修剪模式选项［修剪（T）/不修剪（N）〕〈修剪〉："提示信息。其中，选择 "修剪（T）" 选项，表示倒角后对倒角边进行修剪：选择 "不修剪（N）" 选项，表示不进行修剪。

⑤ "方式（E）" 选项：设置倒角的方法，命令行显示 "输入修剪方法［距离（D）/角度（A）〕〈距离〉："提示信息。其中，选择 "距离（D）" 选项，将以两条边的倒角距离来修倒

角；选择"角度（A）"选项，将以一条边的距离以及相应的角度来修倒角。

⑥"多个（M）"选项：对多个对象修倒角。

> **提示：** 倒角时，倒角距离或倒角角度不能太大，否则无效。当两个倒角距离均为 0 时，CHAMFER 命令将延伸两条直线使之相交，不产生倒角。此外，如果两条直线平行或发散，则不能倒角。

### 3.2.15　圆角

圆角就是通过一个指定半径的圆弧来光滑地连接两个对象，内部角点称为内圆角，外部角点称为外圆角。可以修圆角的对象有圆弧、圆、椭圆和椭圆弧、直线、多段线、射线、样条曲线和构造线。

圆角半径是连接被倒圆角对象的圆弧半径，修改圆角半径将影响后续的圆角操作。如果将圆角半径设为 0，则被倒圆角的对象将被修剪或延伸直到它们相交，并不创建圆弧。

圆角的方法与修倒角的方法相似，在命令行提示中，选择"半径（R）"选项，即可设置圆角的半径大小。

**实战练习**

对如图 3-53（a）的图形创建对应的倒角和圆角，结果如图 3-53（b）所示。

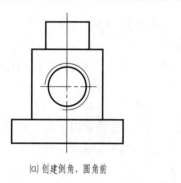
(a) 创建倒角、圆角前

(b) 创建倒角、圆角后

图 3-53　创建倒角、圆角

操作步骤如下。

**(1) 创建倒角**

命令：CHAMFER ↙

选择第一条直线或［放弃（U）/多段线（P）/距离（D）/角度（A）/修剪（T）/方式（E）/多个（M）］：D ↙

指定第一个倒角距离〈0.0000〉：2 ↙

指定第二个倒角距离〈2.0000〉：↙

选择第一条直线或［放弃（U）/多段线（P）/距离（D）/角度（A）/修剪（T）/方式（E）/多个（M）］：（在图 3-53（a）中位于最上部的水平直线上且靠近其左端点的部位拾取该直线）

选择第二条直线，或按住 Shift 键选择直线以应用角点或［距离（D）/角度（A）/方法（M）］：（在 3-53（a）中，在位于最上部的细圆柱上，拾取其左垂直线）

执行结果如图 3-54 所示。

用同样的方法在其他位置创建倒角，结果如图 3-55 所示（过程略。在创建同样尺寸的倒角时，不需要再设置倒角距离）。

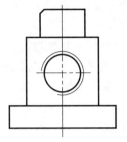
图 3-54　创建倒角 1

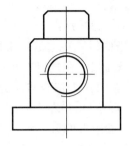
图 3-55　创建倒角 2

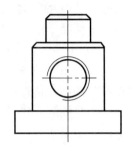
图 3-56　绘制直线

**（2）绘制直线**

执行 LINE 命令，在倒角位置绘制对应的直线，结果如图 3-56 所示。

**（3）创建圆角**

命令：FILLET↙

选择第一个对象或［放弃（U）/多段线（P）/半径（R）/修剪（T）/多个（M）］：T↙

输入修剪模式选项［修剪（T）/不修剪（N）］＜修剪＞：N↙

选择第一个对象或［放弃（U）/多段线（P）/半径（R）/修剪（T）/多个（M）］：R↙

指定圆角半径〈0.0000〉：5↙

选择第一个对象或［放弃（U）/多段线（P）/半径（R）/修剪（T）/多个（M）］：（在图 3-56 中，在位于中间的圆柱上，拾取其左直线）

选择第二个对象，或按住 Shift 键选择对象以应用角点或［半径（R）］：（在图 3-56 中，在位于最下面的圆柱上，拾取其位于上面的水平线）

执行结果如图 3-57 所示。用同样的方法在另一侧创建圆角，结果如图 3-58 所示。

**（4）修剪**

执行 TRIM 命令对图 3-58 进行修剪，得如图 3-53（b）所示的结果。

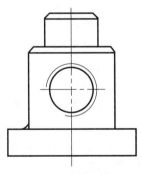
图 3-57　创建圆角 1

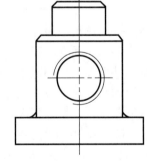
图 3-58　创建圆角 2

### 3.2.16　光顺曲线

用来在两条选定直线或曲线之间的间隙中创建样条曲线。打开命令后，根据命令行提示进行如下操作。

命令：_BLEND

连续性＝相切

选择第一个对象或［连续性（CON）］：（选择样条曲线起始端附近的直线或开放的曲线，或输入选项）

当输入"CON"时，系统继续提示：

输入连续性［相切（T)/平滑（S)］〈相切〉：

- 相切（T)：创建一条 3 阶样条曲线，在选定对象的端点处具有相切连续性。
- 平滑（S)：创建一条 5 阶样条曲线，在选定对象的端点处具有曲率连续性。如果使用"平滑"选项，请勿将显示从控制点切换为拟合点。此操作将样条曲线更改为 3 阶，这会改变样条曲线的形状。

选择第二个点：（选择样条曲线末端附近的另一条直线或开放的曲线）

### 3.2.17　分解

使用"分解"命令可以将一个整体对象，如矩形、正多边形、块、尺寸标注、多段线以及面域等分解成一个个独立的对象，以便于对其操作。但值得注意的是，对象一旦被分解后，将不可再复原。打开命令后，根据命令行提示进行如下操作。

命令：_explode

选择对象：（使用对象选择方法并在完成选择对象后按回车键）

在该提示下选择要分解的对象并回车，AutoCAD 即可按所选对象的性质将其分解成各种对象的组件。对于分解后的各个对象，用户可根据需要对其进行编辑操作。

## 3.3　图形显示控制

在使用 AutoCAD 绘图时，用户需要通过显示控制命令控制图形在绘图区域的显示，以观察设计的整体或局部内容。显示控制命令较多，此处仅介绍常用的几个。

### 3.3.1　平移和缩放显示

平移命令是在不改变图形缩放显示比例的情况下，观察当前图形的不同部位，使用户能看到以前屏幕以外的图形。该命令的作用如同通过一个显示窗口审视一幅图纸，可以将图纸上、下、左、右移动，而观察窗口的位置不变。

缩放命令的功能如同照相机中的变焦镜头，它能够放大或缩小当前视口中观察对象的视觉尺寸，而对象的实际尺寸并未发生改变。放大一个视觉尺寸，能够更详细地观察图形中的某个较小的区域，反之，可以更大范围地观察图形。

在 AutoCAD 2013 中的"标准"工具栏中提供了最为常用的显示控制命令按钮："实时平移"、"实时缩放"、"窗口缩放"和"缩放上一个"，如图 3-59 所示。

图 3-59　"标准"工具栏

在"缩放"工具栏中（如图 3-60 所示）也提供了显示缩放命令按钮，从左至右依次为"窗口缩放"、"动态缩放"、"比例缩放"、"中心缩放"、"缩放对象""放大"、"缩小"、"全部缩放"和"范围缩放"。

用户可从"视图"选项卡的"二维导航"面板（图 3-61）中，单击"平移"或"实时"按钮，或者单击菜单栏"视图(V)"→"缩放(Z)"或"平移(P)"命令，或命令行输入命令名"ZOOM"或"PAN"，对图形进行缩放或平移。缩放命令的选项包括：输入比例因子(nX 或 nXP)、全部(A)、中心(C)、动态(D)、范围(E)、上一个(P)、比例(S)、窗口(W) 和对象(O)。

图 3-60　"缩放"工具栏　　　　图 3-61　"二维导航"面板

**（1）实时平移和实时缩放**

"实时平移"和"实时缩放"可通过拖动鼠标进行交互式缩放和平移，它是最为简便的显示控制工具。选择"实时缩放"时，光标变成一个带有减号或加号的放大镜标志，用户可以按住鼠标左键向上移动为放大图形，向下移动为缩小图形。当放大到最大极限时，加号会消失，表明不能再放大了。反之，缩小到一定极限也不能再缩小了。要退出"实时缩放"时，按回车键或 Esc 键即可。

选择"实时平移"时，屏幕上会出现一个小手的标志，用户可以按住鼠标左键向左、向右、向上、向下拖动图形，将图形移到新的位置。要退出"实时平移"时，按回车键或 Esc 键即可。

**提示**：AutoCAD 支持带滚轮的鼠标，滚动鼠标滚轮执行实时缩放功能，按住鼠标滚轮执行实时平移功能。

**（2）窗口缩放**

窗口缩放是在当前图形中选择一个矩形区域，将该区域的所有图形放大到整个屏幕。

**（3）比例缩放**

如果按照精确的比例缩放当前图形，可以用三种方式指定缩放比例：相对于图形界限、相对于当前视图和相对于图纸空间单位。下面分别进行介绍。

要相对于图形界限按比例缩放视图，只需在"指定窗口的角点，输入比例因子（nX 或 nXP)，或者［全部（A)/中心（C)/动态（D)/范围（E)/上一个（P)/比例（S)/窗口（W)/对象（O)］〈实时〉:"的提示下，输入一个比例值。如果输入 1，将在绘图区中以前一个视图的中点为中心尽可能大地显示图形界限中的图形；输入大于 1 的数字，将按照比例放大图形界限中的图形，反之缩小图形显示。

要相对于当前屏幕按比例缩放视图，需在输入的比例值之后加上一个 X。它相对于当前屏幕所显示的图形放大或缩小图形的显示。

相对于图纸空间单位按比例缩放视图，需在输入的比例值之后加上一个 XP。它等同于指定视口的视图比例。

**（4）全图缩放**

"全部（A)"缩放是在当前视口中缩放显示整个图形，其范围取决于图形所占范围和绘图界限中较大的一个。它是一种常用的缩放显示方式。通常在确定新的图形界限后，必须使用此缩放方式才能显示和观察整个图形界限中的图形，否则屏幕上仍显示当前的视图。

（5）范围缩放

"范围（E）"缩放是使图形中所有的对象最大的显示在屏幕上，而不考虑图形界限的影响。

（6）上一个缩放

"上一个（P）"缩放显示是显示上一个视图，最多可恢复此前的 10 个视图。缩放上一个和窗口缩放显示可以结合使用。例如，在绘图的开始时，先缩放全图，再局部缩放窗口，观察细节，一旦设计好细节后，可以再用上一个缩放恢复前一个视图，这样可以提高显示的速度，尤其在绘制复杂和具有大量图形对象的图形时，更能显示其优点。

（7）放大和缩小

"放大"和"缩小"显示是相对于当前视图的中心将当前视图放大一倍或缩小一半。

### 3.3.2 重画

重画功能是清除屏幕上的小十字形标识点，以及将当前屏幕图形进行重新显示。用户可通过单击"视图（V）"→"重画（R）"命令，或命令行输入命令名"REDRAW"按回车键。执行该命令后，当前屏幕图形立即刷新。

### 3.3.3 重生成和全部重生成

重生成命令是用来重新生成当前视窗内全部图形，并在屏幕上显示出来，而全部重生成命令是用来重新生成所有视窗的图形。用户可通过单击"视图（V）"→"重生成（G）"或"全部重生成（A）"命令，或命令行输入命令名"REGEN"或"REGENALL"，按回车键。执行该命令后，AutoCAD 系统重新计算图形组成部分的屏幕坐标，并重新在屏幕上显示图形。如对点画线，当重新设置了新线型比例因子后，通过"重生成"才会显现出来。

### 3.3.4 自动重新生成

在对图形编辑时，该命令可以自动地再生成整个图形，以确保屏幕上的显示反映图形的实际状态。用户可通过命令行输入命令名"REGENAUTO"，按回车键。执行该命令后，命令行将提示。

输入模式［开（ON）/关（OFF）］〈开〉：

各选项含义如下。

① 开（ON）：表示在某些命令后要自动重新生成图形；

② 关（OFF）：是关闭自动重新生成图形功能。一般情况下，重新生成操作不会影响 AutoCAD 的性能，因而也没有必要关闭该命令。

### 3.3.5 填充显示命令

填充显示命令可以打开或关闭诸如图案填充、二维实体和宽多段线等对象的填充效果，如图 3-62 所示。

用户可通过命令行输入命令名"FILL"，按回车键。执行该命令后，命令行将提示。

输入模式［开（ON）/关（OFF）］〈开〉：

各选项含义如下。

① 开（ON）：表示填充打开方式，在此方式下执行重生成命令（REGEN）后，图形屏幕中显示所有的诸如图案填充、二维实体和宽多段线等对象的填充；

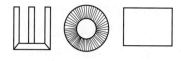

| (a) 宽多段线 | (b) 圆环 | (c) 填充图案 | (a) 宽多段线 | (b) 圆环 | (c) 填充图案 |
| FILL为ON | | | FILL为OFF | | |

图 3-62　打开（ON）与关闭（OFF）填充时的效果

② 关（OFF）：表示填充关闭方式，在此方式下执行重生成命令（REGEN）后，图形屏幕中不显示诸如图案填充、二维实体和宽多段线等对象的填充。关闭填充时，可以提高 AutoCAD 的显示处理及命令运行速度。

## 3.4　尺寸标注

在 AutoCAD 中，完成尺寸标注是非常容易的。在标注尺寸时，AutoCAD 可以拖动尺寸的预览图像，随着光标的移动，动态地确定尺寸线的位置。掌握线性尺寸标注的方法后，就可以在图形中快速、精确地标注其它类型的尺寸。

可以使用的标注类型有线性、对齐、弧长、坐标、半径、折弯、直径和角度标注。每种尺寸标注的类型都有主要命令和次要命令，另外还有其它通用的实用命令、编辑命令和与样式相关的命令及子命令。通过这些命令，可以帮助绘图者在图形中快速而精确地绘制正确的尺寸标注。

AutoCAD 提供了大约 60 个与尺寸标注有关的系统变量，这些系统变量的名称大多以 DIM 开始，用于定义尺寸界线与标注对象上的点的间隙或者控制是否抑制或显示尺寸界线。可以将这些设置好的系统变量命名并保存在标注样式中，以便在将来的绘图过程中，根据需要随时调用。在"标注样式管理器"对话框的"修改标注样式"选项中，可以修改这些标注系统变量的设置。

### 3.4.1　基本概念

尺寸标注是一般绘图过程中不可缺少的步骤，对于我国用户而言，在进行尺寸标注时，应按照我国的有关规定及 AutoCAD 提供的各种尺寸控制选项选择合适的尺寸标注特性。

**(1) 尺寸标注标准**

各个国家和部门制定了众多的标准，目前常用的标准组织及其标准有以下几种。

① ANSI：指美国国家标准协会，是具有定义工程标准并且有认可权的组织。该协会制定的标准为美国认可并可同国际标准兼容。

② ASME：美国机械工程协会。

③ ANSI Y14.4M：定义尺寸标注和公差形式的标准规范。

④ ISO：国际标准组织。

⑤ SI Units：国际单位系统，基于公制单位。

⑥ JIS：日本工业标准。

⑦ DIN：早期的欧洲标准，现已并入 ISO 标准。

**(2) 尺寸标注步骤**

一般来说，用户在对所建立的每个图形进行标注之前，均应遵守下面的基本过程。

① 为了便于将来控制尺寸标注对象的显示与隐藏，应为尺寸标注创建一个或多个独立的图层，使之与图形的其他信息分开。

② 为尺寸标注文本建立专门的文本类型。按照我国对制图中尺寸标注数字的要求，应将字体设为斜体。为了能在尺寸标注时随时修改标注文字的高度，应将文字高度设置为0。因为我国要求字体的宽高比为2/3，所以将"宽度比例"设置为0.67。

③ 打开"标注样式管理器"对话框。通过该对话框设置尺寸线、尺寸界线、尺寸箭头、尺寸文字和公差等。

④ 保存所作设置，生成尺寸格式簇。

⑤ 充分利用对象捕捉方法，以便快速拾取定义点。

### 3.4.2 设置尺寸标注样式

用户可以通过使用尺寸标注格式簇来控制尺寸标志的外观。尺寸标注格式簇是一组用于控制尺寸标注变量的尺寸标注格式集合，每个尺寸标注格式包含多个尺寸标注变量。用户可以通过单击如图 3-24 中的 ⛏ 按钮，或单击"注释"选项卡中的"标注"面板右边的 ⛏ 按钮，或选择菜单栏"格式（O）"→"标注样式（D）"命令，或单击"样式"工具栏中的 ⛏ 按钮，或在命令窗口直接输入"DIMSTYLE"命令，打开如图 3-63 所示的"标注样式管理器"对话框，编辑已存在的尺寸格式或创建新的尺寸格式。

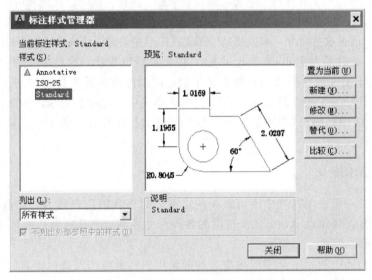

图 3-63 "标注样式管理器"对话框

"标注样式管理器"对话框可以完成以下功能：预览标注样式、创建新的标注样式、修改现有的标注样式、设置标注样式替代值、设置当前标注样式、比较标注样式、给标注样式重命名和删除标注样式。

① "当前标注样式"：显示 AutoCAD 当前正使用的标注样式，AutoCAD 默认标注样式为 Standard。

② "样式（S）"：显示当前图形可供选择的所有标注样式。当显示此对话框时，AutoCAD突出显示当前标注样式。在"样式（S）"列表框中右击某一样式名，系统弹出一快捷菜单，利用该快捷菜单可以置为当前、重命名和删除所选的标注样式。但是如果已使用

某个样式进行尺寸标注，则用户将无法删除该样式。

③"列出（L）"：提供显示标注样式的选项。"所有样式"将显示所有的标注样式；"正在使用的样式"仅显示当前图形引用的标注样式。

④"不列出外部参照中的样式（D）"：供用户选择是否在"样式"框中显示外部参照图形中的标注样式。

⑤"置为当前（U）"：把在"样式（S）"框中选定的标注样式设置为当前标注样式。

⑥"新建（N）"：打开"新建标注样式"对话框，可创建新的标注样式。单击"新建（N）"按钮，可打开"创建新标注样式"对话框，如图 3-64 所示。设置了新样式的名称、基础样式和适用范围后，单击该对话框中的"继续"按钮，将打开"新建标注样式"对话框，如图 3-65 所示，可以创建标注中的直线、符号和箭头、文字、调整、主单位、公差等内容。

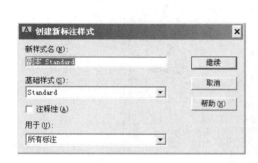

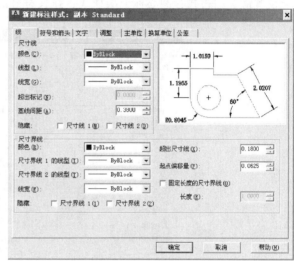

图 3-64 "创建新标注样式"对话框　　　　图 3-65 "新建标注样式"对话框

⑦"修改（M）"打开"修改标注样式"对话框，在此可以修改标注样式。

⑧"替代（O）"打开"替代当前样式"对话框，在此可以设置标注样式的临时替代值。

⑨"比较（C）"打开"比较标注样式"对话框，在此可以比较两种标注样式的特性或浏览一种标注样式的特性。

下面对"新建标注样式"对话框中的各选项卡进行详细介绍。

**(1)"线"选项卡**

选择"新建标注样式"中的"线"选项卡，如图 3-65 所示。利用该选项卡，用户可设定尺寸线和尺寸界线等。该选项卡中各选项的含义如下。

①"尺寸线"选项组：可设置尺寸线的颜色、线型和线宽、超出标记、基线间距，控制是否隐藏尺寸线。其各项的意义如下。

• "颜色（C）"和"线宽（G）"：用于设置尺寸线的颜色和线宽。

• "线型（L）"下拉列表框：用于设置尺寸界线的线型，该选项没有对应的变量。

• "超出标记（N）"：用于控制在使用倾斜、建筑标记、积分箭头或无箭头时，尺寸线延长到尺寸界线外面的长度。

• "基线间距（A）"：控制使用基线型尺寸标注时，两条尺寸线之间的距离。

• "隐藏"右边的"尺寸线 1（M）"和"尺寸线 2（D）"：用于控制尺寸线两个组成部

分的可见性。

②"尺寸界线"选项组：可设置尺寸界线的颜色、线型、线宽、超出尺寸线的长度和起点偏移量，控制是否隐藏尺寸界线。其各项的意义如下。

- "颜色（R）"和"线宽（W）"：设置尺寸界线的颜色和线宽。
- "超出尺寸线（X）"：用于控制尺寸界线越过尺寸线的距离。
- "起点偏移量（F）"：用于控制尺寸界线到定义点的距离，但定义点不会受到影响。
- "隐藏"右边的"尺寸界线 1（1）"和"尺寸界线 2（2）"：用于控制第 1 条和第 2 条尺寸界线的可见性，定义点不受影响。

**（2）"符号和箭头"选项卡**

"新建标注样式"对话框中的"符号和箭头"选项卡如图 3-66 所示，用户可利用该选项卡设置箭头的格式、圆心标记的样式、弧长符号的位置和半径标注的折弯角度。

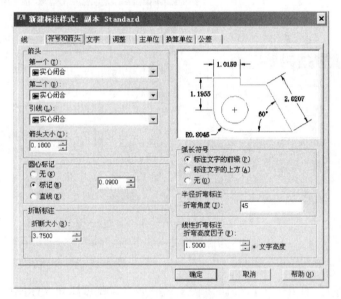

图 3-66 "符号和箭头"选项卡

①"箭头"选项组：用于选择尺寸线和引线箭头的种类并定义它们的尺寸大小。

②"圆心标记"选项组：用于控制圆心标记的类型和大小。其中，选择类型为"标记（M）"时（默认），只在圆心位置以短十字线标注圆心，十字线长度由"大小"文本框设定；选择类型为"直线（E）"时，表示标注圆心标注时标注线将延伸到圆外，其后的"大小"文本框可设置中间小十字标记和长标注线延伸到圆外的尺寸；选择类型为"无（N）"时，将关闭中心标记。

③"弧长符号"选项组：用于设置进行弧长标注时弧长符号放置的位置。

④"半径折弯标注"选项组：用于设置进行折弯标注时折弯线的折弯角度。

⑤"折断标注"选项组：用于设置标注打断时标注线的长度大小。

⑥"线型折弯标注"选项组：用于设置折弯标注打断时折弯线的高度大小。

**（3）"文字"选项卡**

"新建标注样式"对话框中的"文字"选项卡如图 3-67 所示，用户可利用该选项卡设置标注文字的格式、位置和对齐方式。其中各选项的含义如下。

①"文字外观"选项组：用于设置文字的样式、颜色、高度和分数高度比例，以及控制

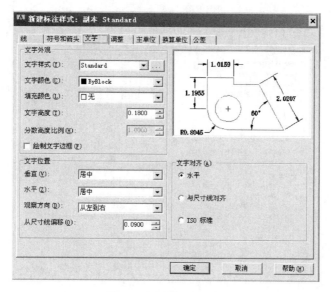

图 3-67 "文字"选项卡

是否绘制文字边框。其中，利用"文字高度（T）"微调框可设置当前标注文字样式的高度。如果在文字样式中，文字高度的值不为 0，则"文字"选项卡设置的文字高不起作用。换句话说，如果要使用"文字"选项卡上的高度设置，必须确保文字样式中的文字高度设为 0。"分数高度比例（H）"微调框用于设置标注分数和公差的文字高度，AutoCAD 把文字高度乘以该比例，用得到的值设置分数和公差的文字高度。

②"文字位置"选项组：控制文字的垂直、水平位置及距尺寸线的偏移。该选项组中各选项意义如下。

"垂直（V）"：该选项控制标注文字相对于尺寸线的垂直位置，它包括"居中"、"上方"、"外部"和"JIS"选项。

"水平（Z）"：该选项用于控制标注文字在尺寸线方向上相对于尺寸界线的水平位置，它包括"居中"、"第 1 条尺寸界线"、"第 2 条尺寸界线"、"第 1 条尺寸界线上方"和"第 2 条尺寸界线上方"选项。

"从尺寸线偏移（O）"：设置文字间隔，即尺寸线与标注文字间的距离。

③"文字对齐"选项组：该选项组控制标注文字是保持水平还是与尺寸线平行，它包括如下选项。

"水平"：水平放置文字。"与尺寸线对齐"：文字与尺寸线对齐。"ISO 标准"：当文字在尺寸界线内时，文字与尺寸线对齐；当文字在尺寸界线外时，文字水平排列。

(4)"调整"'选项卡

选择"新建标注样式"对话框中的"调整"选项卡，如图 3-68 所示。用户可利用该选项卡控制标注文字、箭头、引线和尺寸线的位置。

其中各选项的含义如下。

①"调整选项（F）"选项组：该选项根据尺寸界线之间的空间控制标注文字和箭头的放置，其默认设置为"文字或箭头（最佳效果）"。当两条尺寸界线之间的距离足够大时，AutoCAD 总是把文字和箭头放在尺寸界线之间。否则，AutoCAD 按此处的选择移动文字和箭头，各单选按钮或复选框的意义如下。

"文字或箭头（最佳效果）"：AutoCAD 自动选择最佳放置，这是默认选项。

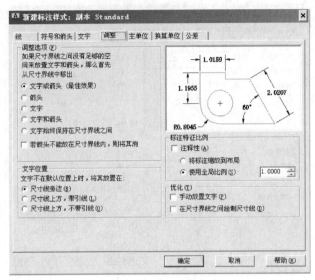

图 3-68 "调整"选项卡

"箭头": 如果空间足够放下箭头, AutoCAD 将箭头放在尺寸界线之间, 而将文本放在尺寸界线之外。否则, 将两者均放在尺寸界线之外。移动尺寸文本时, 尺寸界线自动移动。

"文字": 如果空间足够, AutoCAD 将文本放在尺寸界线之间, 并将箭头放在尺寸界线之外; 否则将两者均放在尺寸界线之外。移动尺寸文本时, 尺寸界线自动移动。

"文字和箭头": 如果空间不足, 系统将尺寸文本和箭头放在尺寸界线之外。移动尺寸文本时, 尺寸界线自动移动。

"文字始终保持在尺寸界线之间": 总将文字放在尺寸界线之间。

"若箭头不能放在尺寸界线内, 则将其消除"(只有该项为复选框): 如果不能将箭头和文字放在尺寸界线内, 则隐藏箭头。

②"文字位置"选项组: 供用户设置标注文字的位置。标注文字的默认位置是位于两尺寸界线之间, 当文字无法放置在默认位置时, 可通过此处选择设置标注文字的放置位置。

③"标注特征比例"选项组: 用于设置全局标注比例或图纸空间比例。该选项组中两个单选按钮意义如下。

"注释性(A)": 用于设置是否将标注设为注释性对象。

"将标注缩放到布局": 如果选中该单选按钮, 则系统会自动根据当前模型空间视口和图纸空间之间的比例设置比例因子。当用户工作在图纸空间时, 该比例因子为 1。

"使用全局比例(S)": 用于设置尺寸元素的比例因子, 使之与当前图形的比例因子相符。

④"优化(T)"选项组: 用于设置其它调整选项。该选项组中的复选框意义如下。

"手动放置文字(P)": 根据需要, 手动放置标注文字。

"在尺寸界线之间绘制尺寸线(D)": 无论 AutoCAD 是否把箭头放在测量点之外, 都在测量点之间绘制尺寸线。

(5)"主单位"选项卡

选择"新建标注样式"对话框中的"主单位"选项卡, 如图 3-69 所示。使用该选项卡, 用户可以设置主标注单位的格式和精度、标注文字的前缀和后缀等。

①"线性标注"选项组: 设置线性标注的格式和精度, 其中各选项的含义如下。

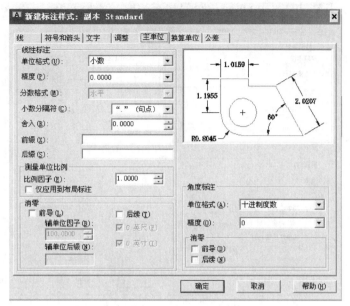

图 3-69 "主单位"选项卡

"单位格式（U）"：除了角度之外，该下拉列表框可设置所有标注类型的单位格式。可供选择的选项有："科学"、"小数"、"工程"、"建筑"、"分数"和"Windows 桌面"。

"精度（P）"：设置标注文字中保留的小数位数。

"分数格式（M）"：设置分数的格式，该选项只有当"单位格式"选择了"分数"后才有效。可选择的选项包括水平、对角和非堆叠。

"小数分隔符（C）"：设置十进制的整数部分和小数部分间的分隔符。可供选择的选项包括句点、逗点或空格。

"舍入（R）"：该微调框用于设定小数点的精确位数。

"前缀（X）"和"后缀（S）"：用于设置放置标注文字前、后的文本。

②"测量单位比例"选项组：可设置比例因子并控制该比例因子是否仅用于布局标注。其包含的两项意义如下。

"比例因子（E）"：设置除了角度之外的所有标注测量值的比例因子。AutoCAD 按照该比例因子放大标注测量值。

"仅应用到布局标注"：使上述比例因子仅在布局中创建的标注起作用。

③"消零"选项组：控制前导和后续零，以及英尺和英寸中的零是否输出。

"前导（L）"：如选择该选项，系统不输出十进制尺寸的前导零。

"后续（T）"：如选择该选项，系统不输出十进制尺寸的后续零。

"0 英尺（F）/0 英寸（I）"：当标注测量值小于一英尺/寸时，不输出英尺/寸型标注中的英尺/寸部分。

④"角度标注"选项组：用于设置角度标注的格式、角度标注精度和消零规则。

（6）"换算单位"选项卡

选择"新建标注样式"对话框中的"换算单位"选项卡，如图 3-70 所示，用户可利用该选项卡对换算单位进行设置。其中的各项功能如下。

①"显示换算单位（D）"复选框：该复选框用于控制是否显示经过换算后标注文字的

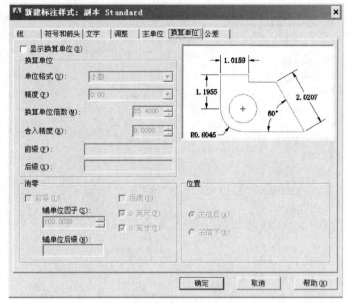

图 3-70　"换算单位"选项卡

值。也就是说，如果选中该复选框，在标注文字中将同时显示以两种单位标识的测量值。例如，主单位为毫米，换算单位为英寸。

②"换算单位"选项组：该选项组所有的选项都是用来控制经过换算后的值，其大部分功能在前面的叙述中已经介绍。下面介绍前面没有涉及的选项。

"换算单位倍数（M）"：指定主单位和换算单位之间的换算因子。AutoCAD用线性距离（用大小和坐标来测量）与当前线性比例因子相乘来确定换算单位的数值。如主单位标注值为10，换算因子为25.4，则换算后的标注值为254（即将10英寸转换为254毫米）。

③"位置"选项组：用于控制换算单位的位置。

"主值后（A）"：设置换算单位放在主单位的后面。

"主值下（B）"：设置换算单位放在主单位的下面。

**(7)"公差"选项卡**

选择"新建标注样式"对话框中的"公差"选项卡，如图3-71所示，用户可利用该选项卡控制标注文字中公差的格式。其中各选项的功能如下。

①"公差格式"选项组：控制公差格式。该选项组中的各项功能如下。

"方式（M）"：用于设置计算公差的方式。

"精度（P）"：用于设置小数位数。

"上偏差（V）"：设置最大公差值或上偏差值。当在"方式"下拉列表框中选择"对称"选项时，AutoCAD把该值作为公差。

"下偏差（W）"：设置最小公差值或下偏差值。

"高度比例（H）"：设置当前公差的文字高度比例。

"垂直位置（S）"：控制对称公差和极限公差文字的对齐方式。

"消零"：功能同前边介绍的一样。

②"换算单位公差"选项组：设置换算公差单位的精度和消零的规则。

"精度（O)"：设置小数位数。

"消零"：功能同前面介绍的一样。

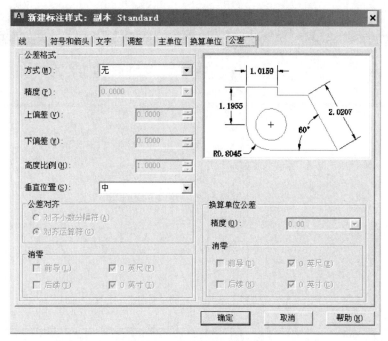

图 3-71 "公差"选项卡

### 3.4.3　尺寸标注关联性

AutoCAD 中的尺寸标注，根据系统变量 DIMASO 的设置，可以绘制为具有关联性或非关联性。

**(1) 关联性**

如果要绘制具有关联性的尺寸，必须将尺寸标注系统变量 DIMASO 的值设置为"开"，这样组成尺寸标注的各个独立部分，将会变成一个单一的关联的尺寸标注。这种情况下，如果要修改这个具有关联性的尺寸标注，只要选择其中的任何一个标注元素，那么这个尺寸标注的所有组成元素都将亮显，并且所有标注元素都会被修改。

**(2) 非关联性**

如果要绘制具有非关联性的尺寸，须将尺寸标注系统变量 DIMASO 的值设置为"关"，这样组成标注尺寸的各标注元素就是相互独立的对象。如果要修改其中的一个标注元素，那么也只有这一个元素被修改。通过执行 EXPLODE 命令，可将一个具有关联性的尺寸转换成非关联性的尺寸。一旦这个具有关联性的尺寸被分解，那么这些被分解的标注元素就不可能再重新组合成一个具有关联性的尺寸标注。

### 3.4.4　标注尺寸方法

在 AutoCAD 2013 中，提供了众多的尺寸标注命令，使用户可以对长度、半径、直径等进行标注。长度型尺寸包括众多的类型，如水平标注、垂直标注、连续标注、极限标注等，是尺寸标注中最为复杂的。

用户可通过单击"注释"选项卡的"标注"或"引线"面板（图 3-72）中的相应按钮，或菜单栏"标注（N）"中的相应命令，或单击"标注"工具栏（图 3-73）中的相应按钮，或直接在命令窗口中输入相应标注命令名，即可打开相应标注操作命令。

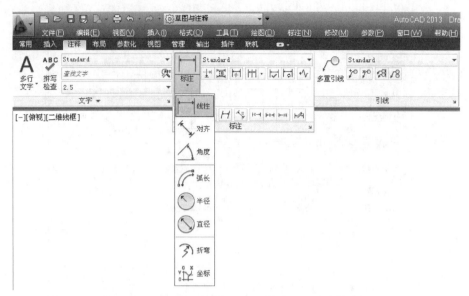

图 3-72　"注释"选项卡下的"标注"、"引线"面板

图 3-73　"标注"工具栏

**(1) 线性标注**

线性标注是指在两个点之间的一组标注，这些点可以是端点、交点、圆弧端点或者是用户能识别的任意的两个点，可以标注水平方向和垂直方向的尺寸。

运行该命令后，AutoCAD 都会显示以下提示：

指定第一条尺寸界线原点或〈选择对象〉：

下面对该提示中可执行的两种操作分别做介绍。

① 指定第一条尺寸界线原点

指定第一条尺寸界线原点后，AutoCAD 将显示以下提示：

指定第二条尺寸界线原点：

② 选择对象

直接按回车键以执行该选项，AutoCAD 提示：

选择标注对象：

执行以上两种操作中的任意一种，AutoCAD 都会继续提示：

指定尺寸线位置或［多行文字（M）/文字（T）/角度（A）/水平（H）/垂直（V）/旋转（R）］：

在指定尺寸线位置之前，通过执行其它选项可以替代标注方向并编辑文字、文字角度或尺寸线角度。下面对以上提示中的各个选项进行介绍。

• 多行文字（M）：键入 M 回车，AutoCAD 即在绘图窗口上方自动添加"文字编辑器"选项卡。用户可通过该编辑器设置标注文字。

• 文字（T）：键入 T 回车，AutoCAD 显示以下提示："输入标注文字："，在该提示下键入要标注的标注文字即可。

• 角度（A）：该选项用来确定标注文字的旋转角度。键入"A"回车，AutoCAD 提示：

指定标注文字的角度：

在该提示下键入文字的旋转角度值并回车，AutoCAD 就会按指定的角度旋转标注文字。

• 水平（H）：该选项用来标注水平尺寸。键入 H 回车，AutoCAD 显示以下提示："指定尺寸线位置或 ［多行文字（M）/文字（T）/角度（A）］："，在该提示下，用户可直接确定尺寸线的位置，也可以执行"多行文字"、"文字"或"角度"选项，以确定要标注的标注文字或标注文字的旋转角度。

• 垂直（V）：执行该选项以标注垂直尺寸。键入 V 回车，AutoCAD 提示："指定尺寸线位置或 ［多行文字（M）/文字（T）/角度（A）］："，该提示与执行"水平"选项的提示相同，用户可按提示执行相应操作。

• 旋转（R）：执行该选项可对尺寸界线进行旋转，键入 R 回车，AutoCAD 提示："指定尺寸线角度："，在该提示下键入要旋转尺寸线的角度值。

执行完成任意一个选项后，AutoCAD 都会回到以下提示中：

指定尺寸线位置或 ［多行文字（M）/文字（T）/角度（A）/水平（H）/垂直（V）/旋转（R）］：

在该提示下指定尺寸线的位置，AutoCAD 就会按自动测量出的两尺寸界线起始点间的相应距离标出尺寸。

**(2) 对齐标注**

当标注一段带有角度的直线时，可能需要将尺寸线与对象直线平行，这时就要用到对齐尺寸标注。其中的选项同上。

**(3) 弧长标注**

可以标注圆弧线段或多段线圆弧线段部分的弧长。

**(4) 坐标标注**

坐标标注用于标注相对于坐标原点的坐标。用户可以使用当前 UCS 的原点计算每个坐标，也可以设置一个不同的原点。$X$ 基准坐标标注沿 $X$ 轴测量一个点与基准点的距离。$Y$ 基准坐标标注沿 $Y$ 轴测量距离。坐标标注的文字与坐标引线对齐。

**(5) 创建半径或直径标注**

半径标注使用可选的中心线或中心标记测量圆弧和圆的半径或直径。中心标记和中心线只应用到直径和半径标注，并且只有将尺寸线置于圆或圆弧之外时才绘制它们。

**(6) 折弯标注**

它与半径标注方法基本相同，但需要指定一个位置代替圆或圆弧的圆心。

**(7) 角度标注**

角度标注用来测量圆和圆弧、两条直线或三个点之间的角度。

**(8) 快速标注**

在创建标注时，通过使用 AutoCAD 提供的快速标注功能可以一次标注多个对象，以快速创建成组的基线、连续和坐标标注。

**(9) 基线标注**

基线标注（有时称平行尺寸标注）用于多个尺寸标注使用同一条尺寸界线作为尺寸界线的情况。基线标注创建一系列由相同的标注原点测量出来的标注。因此，它们是共用第 1 条尺寸界线（可以是线性的、角度的或坐标尺寸标注）原点的一系列相关标注。在标注时，AutoCAD 将自动在最初（或者上一个基线）的尺寸线或圆弧尺寸线的上方绘制尺寸线或圆弧尺寸线。新尺寸线或圆弧尺寸线偏移的间距由系统变量 DIMDLI 的值控制。要使 DIM-

BASELINE 命令有效，则必须存在一个线性、角度或者坐标标注尺寸。

**(10) 连续标注**

连续标注是首尾相连的多个标注。在创建该标注之前，也必须创建线性标注、对齐标注或角度标注，以用作连续标注的基准。

**(11) 圆心标记**

圆心标记用来标记圆或圆弧的圆心。中心线是标记圆或圆弧中心的虚线，它从圆心向外延伸。

**实战练习**

将图 3-74（a）进行尺寸标注。

操作步骤如下。

首先，绘制如图 3-74（a）图形。

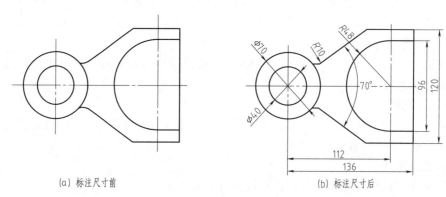

(a) 标注尺寸前　　　　　　　　　　　　　　(b) 标注尺寸后

图 3-74　标注尺寸

开始尺寸标注前，将"尺寸线"图层置为当前图层。然后定义标注样式（见第 3.4.2 节），并将所定义的标注样式设为当前样式，接下来进行尺寸标注。在标注过程中，必要时可启用对象捕捉功能捕捉有关特征点。

① 标注长度尺寸 112（水平尺寸）：单击图 3-72 中的 ├──┤线性按钮，即执行 DIMLINEAR 命令，AutoCAD 提示：

指定第一条尺寸界线原点或〈选择对象〉：（在图 3-74（a）中，捕捉左垂直中心线的下端点）

指定第二条尺寸界线原点：（在图 3-74（a）中，捕捉右垂直中心线的下端点）

指定尺寸线位置或

[多行文字（M）/文字（T）/角度（A）/水平（H）/垂直（V）/旋转（R）]：（向下拖动鼠标，使尺寸线位于适当位置后单击鼠标左键）

② 标注长度尺寸 136（水平尺寸）：与①标注相似。

③ 标注长度尺寸 96（垂直尺寸）：执行 DIMLINEAR 命令，AutoCAD 提示：

指定第一条尺寸界线原点或〈选择对象〉：（在图 3-74（a）中，捕捉对应的端点）

指定第二条尺寸界线原点：（在图 3-74（a）中，捕捉对应的端点）

指定尺寸线位置或

[多行文字（M）/文字（T）/角度（A）/水平（H）/垂直（V）/旋转（R）]：（向右拖动鼠标，使尺寸线位于适当位置后单击鼠标左键）

④ 标注长度尺寸 120（垂直尺寸）：与③标注相似。

⑤ 标注半径尺寸 R10：单击图 3-72 中的 ⊙ 半径 按钮，即执行 DIMRADIUS 命令，AutoCAD 提示：

选择圆弧或圆：（拾取对应的圆角边）

指定尺寸线位置或 ［多行文字（M）/文字（T）/角度（A）］：（拖动鼠标，使尺寸线位于适当位置后单击鼠标左键。完成此操作时可能需要关闭自动对象捕捉功能，以便随意确定尺寸线的位置）

⑥ 标注半径尺寸 R48：与⑤标注相似。

⑦ 标注直径尺寸 Φ70：单击图 3-72 中的 ⊙ 直径 按钮，执行 DIMDIAMETER 命令，AutoCAD 提示：

选择圆弧或圆：（选择要标注直径的对应圆）

⑧ 标注直径尺寸 Φ40：与⑦标注相似。

⑨ 标注角度尺寸 70°：单击图 3-72 中的 △ 角度 按钮，执行 DIMANGULAR 命令，AutoCAD 提示：

选择圆弧、圆、直线或〈指定顶点〉：（选择位于上方的斜线）

选择第二条直线：（选择位于下方的斜线）

指定标注弧线位置或 ［多行文字（M）/文字（T）/角度（A）/象限点（Q）］：（向右拖动鼠标，使尺寸弧线位于适当位置后单击鼠标左键）

最后，再执行 BREAK（打断）命令，将尺寸 70°处的中心线打断，即可得到图 3-74（b）所示结果。

## 3.5 图形打印输出

打印输出是计算机绘图的最后环节，在 AutoCAD 中，可以从模型空间直接输出图形，也可以在图纸空间中设置打印布局输出图形。

### 3.5.1 从模型空间输出图形

#### 3.5.1.1 通过"页面设置管理器"对话框进行页面设置

通过单击"输出"选项卡"打印"面板中的"页面设置管理器"，或单击如图 1-19 所示的应用程序菜单 ▲ →"打印"→"页面设置"，或菜单栏"文件（F）" →"页面设置管理器（G）"命令，或者在"模型"选项卡或某个布局选项卡上单击鼠标右键，在弹出的快捷菜单中选择"页面设置管理器"，或直接在命令窗口中输入"PAGESETUP"打开该命令。之后系统会弹出"页面设置管理器"对话框，如图 3-75 所示。

（1）新建页面设置

如果要新建页面设置，则单击"新建（N）"按钮，弹出"新建页面设置"对话框，如图 3-76 所示。

在该对话框中的"新页面设置名（N）"框中输入页面设置名称（默认为"设置 1"）。例如：输入"样图打印"，在"基础样式（S）"框中选择一个已有的基础样式（在此样式基础上修改时用）或选择"无"，单击"确定"按钮，弹出"页面设置-模型"对话框，如图 3-77 所示。

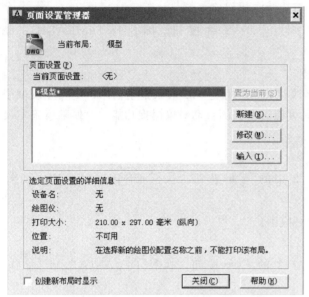

图 3-75 "页面设置管理器"对话框          图 3-76 "新建页面设置"对话框

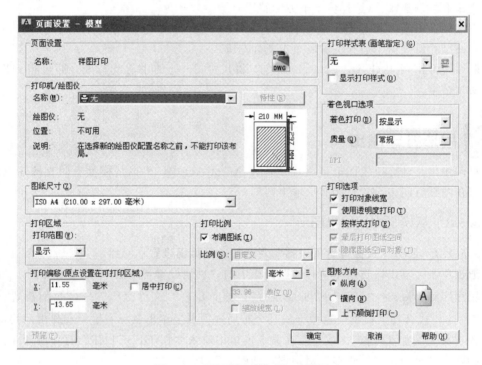

图 3-77 "页面设置-模型"对话框

①"打印机/绘图仪"区域

a. 名称（M）：从下拉列表中选择打印机或绘图仪的型号。

b. 特性（R）：如选择了打印机或绘图仪的型号后，"特性"按钮便可使用。如若选择了
"DWF6 ePlot. pc3"，单击"特性"按钮可打开如图 3-78 所示的"绘图仪配置编辑器"对话
框，可根据需要进行设置。

②图纸尺寸区  从"图纸尺寸（Z）"下拉列表中选择要打印图纸的尺寸，例如"ISO

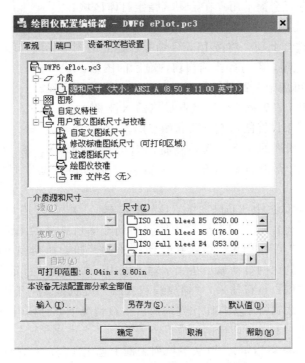

图 3-78  "绘图仪配置编辑器"对话框

A2（420.00×594.00 毫米）"，此时，在该对话框中的图形区，将自动显示出打印图纸的尺寸和单位，如图 3-79 所示。

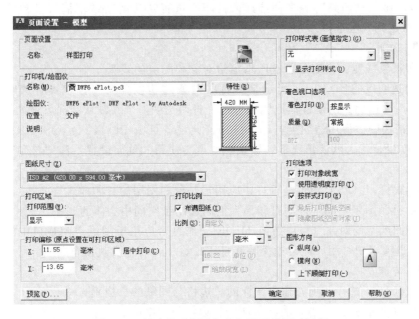

图 3-79  新建的"样图打印"页面设置对话框

③ 打印区域  从"打印范围（W）"下拉列表中选择打印范围（有窗口、范围、图形界限、显示四种选择）。

a. 窗口：表示打印指定的图形的任何部分。这是在模型空间中打印图形最常用的方法。

选择此选项后，命令行会提示用户在绘图区指定打印区域。

b. 范围：选择此项，将打印当前作图空间内所有的图形实体。

c. 图形界限：选择此项，将按 Limits 命令所建立的图形界限打印。

d. 显示：选择此项，将打印当前视窗内显示的图形。

④ 打印偏移　可用于设置所打印图形在图纸上的原点位置。

a. X 文本框　用于设置图形左下角起始点的 X 坐标。

b. Y 文本框　用于设置图形左下角起始点的 Y 坐标。

X、Y 为正值，图形的左下角起始点将向右上角移动；X、Y 为负值，将向左下角移动，所输入的左下角点值将显示在 X、Y 输入框中。在模型空间中，一般选择"居中打印"。

⑤ 打印比例　默认选中"布满图纸（I）"复选框，"比例（S）"下拉列表框不允许用户再选择，打印图形时会自动把图形缩放比例调整到充满所选择的图纸上。如不选择该复选框，可从"比例（S）"下拉列表框中选择打印的比例，如选择列表中的标准比例，则打印单位与图形单位之间的比例自动显示在文字输入框中；如选择"自定义"，则打印单位与图形单位之间的比例需用户自行输入。"缩放线宽（L）"复选框，用于控制线宽是否按打印比例缩放，如关闭它，线宽将不按打印比例缩放。一般情况下，打印时图形中各实体均按图层中指定的线宽来打印，不随打印比例缩放。

⑥ 打印样式表（画笔指定）　可从下拉列表框中选定所需的打印样式，如选择某样式后（例如 "acad. ctb" 样式），则右边的 ▤ 按钮便可用。单击该按钮，可打开"打印样式表编辑器"对话框，在该对话框中，可进行打印颜色、线型等设置。

⑦ 着色视口选项　用于设置打印三维图形时着色的方式等，有"按显示"、"传统线框"、"传统隐藏"、"渲染"等多种选择。打印质量有"常规"、"草稿"、"预览"、"演示"、"最高"、"自定义"等选择。

⑧ 打印选项

a. 打印对象线宽：指定是否打印指定给对象和图层的线宽。

b. 使用透明度打印（T）：指定是否打印对象透明度。仅当打印具有透明对象的图形时，才应使用此选项。出于性能原因的考虑，打印透明对象在默认情况下被禁用。若要打印透明对象，请选中"使用透明度打印"选项。此设置可由 PLOTTRANSPARENCYOVER-RIDE 系统变量替代。默认情况下，该系统变量会使用"页面设置"和"打印"对话框中的设置。

c. 按样式打印（E）：指定是否打印应用于对象和图层的打印样式。

d. 最后打印图纸空间：控制打印模型空间和图纸空间中实体的顺序。

e. 隐藏图纸空间对象（J）：指定 HIDE 操作是否应用于图纸空间视口中的对象。此选项仅在布局选项卡中可用。此设置反映在打印预览中，而不反映在布局中。

⑨ 图形方向

a. 纵向（A）：选择此项，输出图样的长边将与图纸的长边垂直。

b. 横向（N）：选择此项，输出图样的长边将与图纸的长边平行。

c. 上下颠倒打印（—）：选择此项，将在图形指定了"纵向"或"横向"的基础上旋转180°打印。

设置完成后，单击"确定"按钮，返回到"页面设置管理器"对话框。选中"样图打印"页面设置名称，单击"置为当前（S）"，后关闭对话框。

**（2）修改已有的页面设置**

如果要对已有页面设置进行修改，可从图 3-75 中选择某设置名称，再单击"修改（<u>M</u>）"按钮，可对所选的页面设置进行修改。修改的方法与新建设置所述的方法相同。

如果要从文件选择页面设置，可从图 3-75 中单击"输入（<u>I</u>）"按钮。如果要将某打印页面设置置为当前，可从图 3-75 中选中，再单击"置为当前（<u>S</u>）"即可。

### 3.5.1.2 用"打印-模型"对话框进行页面设置及打印

用户可通过单击"输出"选项卡"打印"面板中的 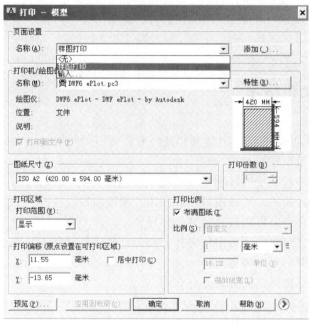 按钮，或单击如图 1-19 所示的应用程序菜单 ![icon] →"打印"，或菜单栏单击"文件（<u>F</u>）"→"打印（<u>P</u>）"命令，或者在"模型"选项卡或某个布局选项卡上单击鼠标右键，在弹出的快捷菜单中选择"打印"，打开如图 3-80 所示的"打印-模型"对话框，在"页面设置"选项"名称（<u>A</u>）"下拉列表框中，选择"样图打印"，再单击"确定"按钮，即可将图形按所设置的"样图打印"设置进行打印。

图 3-80　"打印-模型"对话框

此对话框给用户也提供了新建页面设置功能。可通过单击"添加（.）"按钮，在弹出的"添加页面设置"对话框中输入新页面设置名称后，返回图 3-80 再进行设置。单击左下角的"预览（<u>P</u>）"按钮，可在打印前预览整个详细的图面情况。预览完毕后，在预览区单击右键，在弹出的快捷菜单中选择"退出"，或单击左上角的 ⊗ 按钮关闭预览窗口，或直接按 ESC 键，均可返回"打印-模型"对话框。单击"应用到布局（<u>O</u>）"按钮，可将设定的页面设置应用到图纸空间，设置完成后，单击"确定"按钮，即可打印出图。

### 3.5.2 从图纸空间输出图形

模型空间与图纸空间是为用户提供的两种工作空间，模型空间可用于建立二维和三维模型的造型环境，是主要的工作空间；图纸空间是一个二维空间，就像一张图纸，主要用于设置打印的不同布局。

命令区上方有"模型"、"布局1"、"布局2"标签（ **模型** ╱ **布局1** ╱ **布局2** ╱ ），一般绘制或编辑图形都是选择"模型"标签（称为在模型空间作图），"布局1"或"布局2"标签（称为图纸空间）主要用来设置打印的条件。例如，可以选择"布局1"标签设置为A1图纸大小的打印格式，选择"布局2"标签设置为A2图纸大小的彩色绘图机打印格式，因此可以在一个图形文件中，针对不同的绘图机或打印机、不同的纸张大小或比例，分别设置成不同的打印布局（即不同的页面设置），如果需要按某种页面设置打印，只要选择相关的布局即可，不必再做重复的设置工作。

例如要设置"布局1"打印格式，用户可先在选择"布局1"标签，然后单击如图1-19所示的应用程序菜单 ▲ →"打印"，单击"输出"选项卡"打印"面板中的"页面设置管理器"，或菜单栏"文件（F）"→"页面设置管理器（G）"命令，打开类似图3-75所示的"页面设置管理器"对话框，单击"修改（M）"按钮，将打开"页面设置-布局1"对话框（与图3-77类似），再进行相关设置，方法同本节3.5.1所述。

此外，如果需要添加新的图纸空间环境，可右键单击已有任一布局的标签，选择"新建布局（N）"，依次可增加"布局3"、"布局4"等，同样，可对其设置不同的打印格式。

## 3.6 思考与上机练习

**(1)** 复习与思考

① 在AutoCAD中，直线、射线和构造线有什么不同？如何创建？

② 如何绘制和编辑样条曲线？

③ 单行文字和多行文字的区别主要体现在哪里？

④ 选择对象时，使用"选择窗口"和使用"圈围窗口"各有什么不同？

⑤ 在执行修剪命令中可以嵌套延伸操作吗？

⑥ 了解和掌握"修改"面板中的各按钮功能，并熟练其基本操作。

⑦ 图形阵列主要有哪几种方式？

⑧ 拉伸命令构造选择集的方式是什么？

⑨ 在AutoCAD 2013中，基本图元断开的方式有哪两种？它们有什么区别？

⑩ 面域命令创建的对象有什么特点？

⑪ Zoom和Scale均为缩放命令，两者有何本质区别？如何操作？

⑫ 尺寸标注的基本步骤是什么？

⑬ 尺寸标注的方法有哪些？

⑭ 在标注文字时，如何设置为水平放置？

⑮ "基线间距"是什么含义？

⑯ 在什么情况下采用基线标注或者连续标注？

⑰ 标注样式的"替代"有什么作用？

⑱ 模型空间和布局有何区别？

⑲ 如何打开"页面设置管理器"对话框？

⑳ 从模型空间输出图形与从图纸空间输出图形有何区别？

**(2)** 上机练习

利用AutoCAD 2013软件抄画图3-81～图3-90。

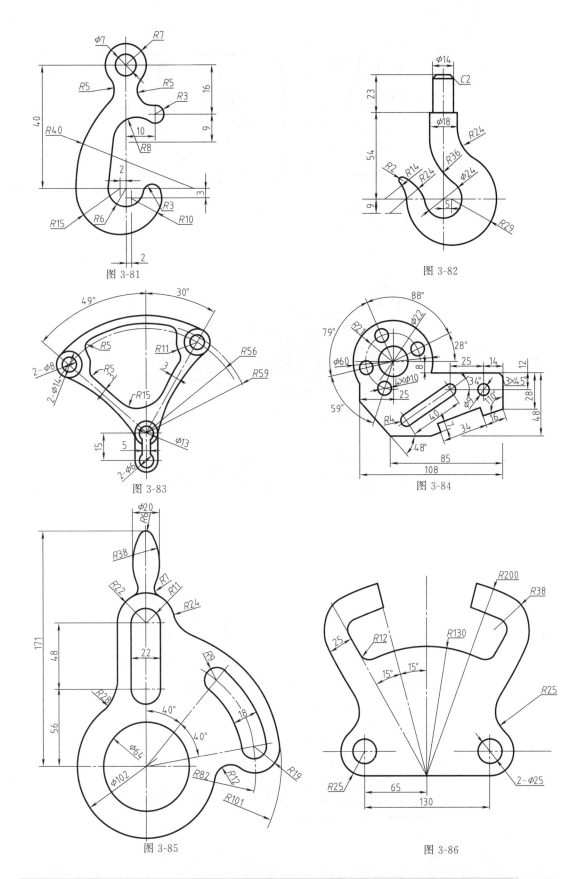

图 3-81

图 3-82

图 3-83

图 3-84

图 3-85

图 3-86

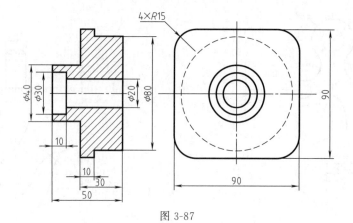

图 3-87

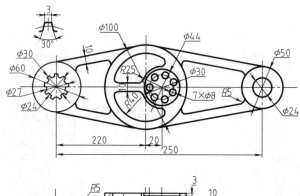

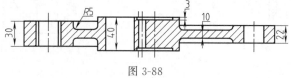

图 3-88

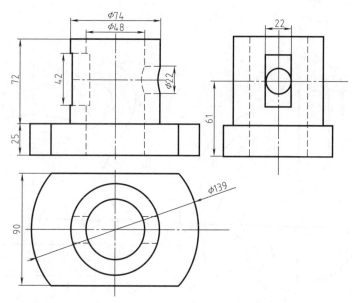

图 3-89

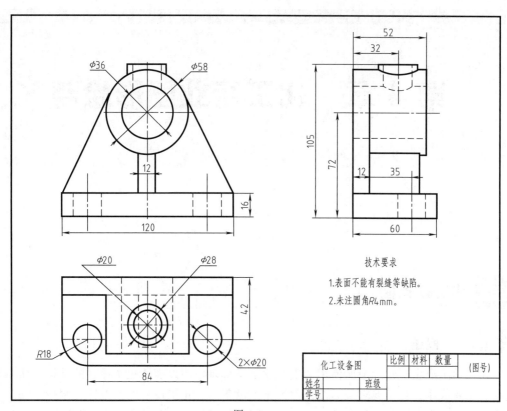

技术要求

1.表面不能有裂缝等缺陷。

2.未注圆角R4mm。

| 化工设备图 | | 比例 | 材料 | 数量 | |
|---|---|---|---|---|---|
| | | | | | (图号) |
| 姓名 | | 班级 | | | |
| 学号 | | | | | |

图 3-90

# 第4章 化工专业图形绘制

## 4.1 化工设备图

### 4.1.1 概述

在化学工业生产过程中所使用的生产设备非常多，用以表达化工设备的结构形状、装配关系、尺寸大小、技术要求等的图样称为化工设备图。化工设备图是设计、制造、安装、维修及使用的依据。因此，作为化学工业技术人员必须具有化工设备图的绘制能力以及阅读能力。

一套完整的化工设备图通常包括以下几个方面的图样。

① 零件图　表达标准零部件之外的每一零件的结构形状、尺寸大小以及技术要求等，如填料塔中的液体分布器，反应釜中的搅拌器等。

② 部件装配图　表达由若干零件组成的非标准部件的结构形状、装配关系、必要的尺寸、加工要求、检验要求等，如设备的密封装置等。

③ 设备装配图　表达一台设备的结构形状、技术特性、各部件之间的相互关系以及必要的尺寸、制造要求及检验要求等。

④ 总装配图（总图）　表示一台复杂设备或表示相关联的一组设备的主要结构特征、装配连接关系、尺寸、技术特性等内容的图样。

零件图及部件装配图的内容、表达、画法等与一般机械图样类同，另外在不影响装配图的清晰、且装配图能体现总图的内容时，通常就可不画总图。并且为了方便起见，将设备装配图简称为设备图。

图 4-1 是某计量罐的装配图，从图中可看出设备图通常包括以下几个基本内容。

① 视图　用一组视图表示该设备的结构形状、各零部件之间的装配连接关系，视图是图样中主要内容。

② 尺寸　表示设备的总体大小、规格、装配和安装尺寸等数据，为制造、装配、安装、检验等提供依据。

③ 零部件编号及明细表　组成该设备的所有零部件必须按顺时针或逆时针方向依次编号，并在明细栏内填写每一编号零部件的名称、规格、材料、数量、重量以及有关图号内容。

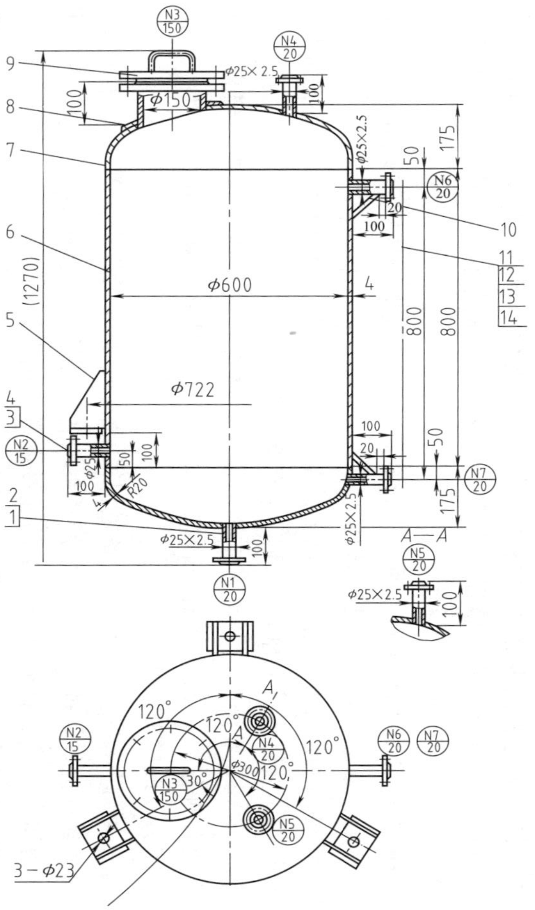

技术要求
1. 本设备按 JB 2880—81钢制焊接常压容器技术条件进行制造、试验和验收;
2. 焊接采用电焊,焊条为不锈钢与碳钢之间奥132,碳钢之间奥结422;
3. 设备制造完毕后,盛水试漏;
4. 管口方位如图所示。

技术特性表

| 名称 | 指标 |
|---|---|
| 设计压力/MPa | 常压 |
| 设计温度/℃ | 常温 |
| 物料名称 | 甲醛 |
| 全容积/m³ | 0.28 |
| 焊缝系数φ | 0.6 |

管口表

| 符号 | 公称尺寸 | 法兰标准和压力 | 密封面形式 | 用途 |
|---|---|---|---|---|
| N1 | 20 | HG 20592 PN 1.6 | RF | 物料出口 |
| N2 | 15 | HG 20592 PN 1.6 | RF | 取样口 |
| N3 | 150 | HG 20592 PN 1.6 | RF | 手孔 |
| N4 | 20 | HG 20592 PN 1.6 | RF | 物料入口 |
| N5 | 20 | HG 20592 PN 1.6 | RF | 放空口 |
| N6,N7 | 20 | HG 20592 PN 1.6 | RF | 液面计口 |

| 件号 | 图号或标准号 | 名称 | 数量 | 材料 | 单重(kg) | 总重(kg) | 备注 |
|---|---|---|---|---|---|---|---|
| 14 | GB/T 97—1985 | 垫片φ58×2.5×2 | 8 | 石棉橡胶 | 0.255 | 2.04 | |
| 13 | GB/T 5783—2000 | 螺栓M2 | 8 | Q235-A | 0.09 | 0.72 | |
| 12 | GB/T 56—1998 | 螺母M12 | 1 | Q235-A | | | |
| 11 | | 液面计 | 2 | 组合件 | 0.01 | 0.02 | |
| 10 | | 支承4×20 L=150 | 2 | 组合件 | | 5.8 | |
| 9 | JB/T 4736—2002 | 常压手孔DN150 | 1 | 20R | | 1.56 | |
| 8 | JB/T 4746—2002 | 补强圈dn150×4-D | 2 | 1Cr18Ni9Ti | 13.8 | 27.6 | |
| 7 | GB 6654—1996 | 椭圆封头EHA 600×4 L=205 | 1 | 1Cr18Ni9Ti | | 4.8 | |
| 6 | | 筒体DN600 δ=4 L=205 | 1 | 1Cr18Ni9Ti | | 2.7 | |
| 5 | | 支座 | 3 | Q235-A | 0.9 | 2.7 | |
| 4 | HG 20592 | 法兰SO 600—1.6RF | 1 | 1Cr18Ni9Ti | 0.334 | 0.334 | |
| 3 | GB/T 8163—1999 | 接管φ18×5 L=100 | 1 | 1Cr18Ni9Ti | 0.024 | 0.024 | |
| 2 | HG 20592 | 法兰SO 20—1.6RF | 5 | 1Cr18Ni9Ti | 0.42 | 2.1 | |
| 1 | GB/T 8163—1999 | 接管φ25×2.5 L=100 | 5 | 1Cr18Ni9Ti | 0.1 | 0.5 | |

| 职责 | 设计 | 绘图 | 校对 | 审核 | 签字 | | |
|---|---|---|---|---|---|---|---|
| 名称 (设计单位名称) | | 计量罐 (设备位号) | | 比例 1:5 | | 日期 | |
| 项目 (工程名称) | | 阶段 | | 第 张 共 张 | | (图号) | |

图 4-1 某计量罐的装配图

④ 管口符号及管口表  设备上所有管口均需注出符号，并在接管口表中列出各管口的有关数据和用途等内容。

⑤ 技术特性表  表中列出设备的主要工艺特性，如操作压力、操作温度、设计压力、设计温度、物件名称、容器类别、腐蚀余量、焊缝系数等等。

⑥ 技术要求  用文字说明设备在制造、检验、安装、运输等方面的特殊要求。

⑦ 标题栏  用以填写该设备的名称、主要规格、作图比例、图样编号等内容。

⑧ 其它  如图纸目录、修改表、选用表、设备总量、特殊材料重量、压力容器设计许可证章等。

以上内容在图幅中的位置安排格式通常如图 4-2 所示。

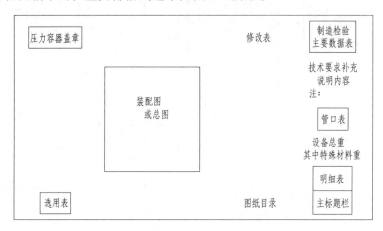

图 4-2  化工设备图的图面安排

### 4.1.2  化工设备图的图示特点

**(1) 化工设备结构的基本特点**

化工设备图的表达方法要适应设备的特点。常见的化工设备根据其结构和用途，大致可分为塔器、反应器、热交换器和容器四大类型。这些设备的结构、形状、作用等虽然各不相同，但在结构上都具有下列共同特点。

① 设备的壳体以回转体为主  即化工设备的壳体大多由简体和封头组成。简体及椭圆形、碟形、球形、锥形等封头均是回转体。

② 化工设备结构尺寸相差悬殊  化工设备的总高（长）与直径、设备的总体尺寸（长、高及直径）与壳体壁厚或其它细部结构尺寸相差悬殊。

③ 有较多的开孔及接管口  由于工艺的需要，在设备的简体和封头上经常开有大小不一的孔以安装各种接管。如进（出）料口、放空口、清理孔、观察孔、人（手）孔以及液面、温度、压力及取样等检测口。

④ 大量采用焊接结构  在化工设备的结构设计和制造工艺中大量地采用了焊接结构，其强度高、密封性能好，能适应化工生产过程的各种环境，而且成本低。如设备简体由钢板卷焊而成，简体与法兰、接管及支座等的连接也都采用焊接的方法。

⑤ 广泛采用标准化、通用化、系列化的零部件  化工设备中相当部分的零部件已由国家原机械电子工业部、化学工业部等部门制订了相应的标准和尺寸系列，在设计中可以采用，如椭圆封头、简体、支座、液面计、人（手）孔、填料箱、搅拌器等零部件均有相应的标准代号。根据标准代号即可从标准手册中查出各零部件的结构尺寸。

（2）化工设备图的图示特点

① 基本视图的选择和配置　由于化工设备大多是回转体，因此一般采用1～2个基本视图即可表达设备的主体。立式设备通常采用主、俯二个基本视图，卧式设备则通常采用主、左两个基本视图，而且主视图为表达设备的内部结构常采用全剖视或局部剖视。

如果图面确实难以按主视图、俯视图（或主视图、左视图）的投影关系配置时，允许将辅助视图移至图面上的其它空白位置，但应标注视图的名称，如"×向"字样。

② 多次旋转的表达方法　由于设备壳体周围分布着许多管接口及其部件，为了在主视图上能清楚地表达它们的形状和位置，避免各个位置的接管在投影图上产生重叠，允许采用多次旋转的表达方法，即将分布在设备周向方位上的管口旋转到与投影面平行的位置，然后投影画出。

如图4-3中，液面计 $a$ 和人孔 $b$ 分别采用顺时针方向和逆时针方向旋转45°至平行于正投影面的位置后，在主视图上画出它们的投影。在作多次旋转时，

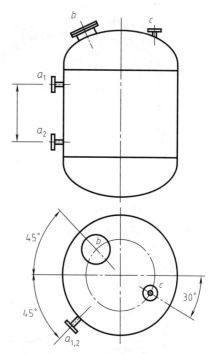

图4-3　化工设备多次旋转的表达方法

允许不作任何标注，但这些结构、管口的周向方位必须在俯（左）视图或管口方位图中表示清楚。

③ 细部结构的表达方法　由于总体和某些零部件的大小尺寸相差悬殊，若按所选定的比例画，则根本无法表达清楚该零部件的细部形状结构，因此在化工设备图上较多地采用了局部（节点）放大图和夸大画法来表达。

a. 局部放大图　局部放大图可按所放大结构的复杂程度，采用视图、剖视、剖面等方法进行表达，而且还可以根据需要采用两个或两个以上的视图来表达，放大比例可按规定比例，也可不按比例作适当放大，但都要标注。如图4-4放大部位"Ⅰ"是塔设备裙式支座支承圈的一部分，主视图采用单线简化画法，而在放大图中用三个视图表达该部分结构。

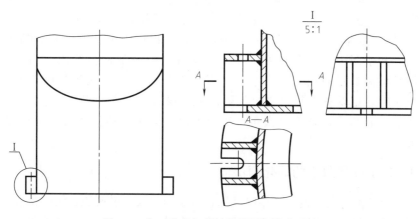

图4-4　化工设备细部结构的局部放大画法

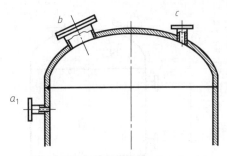

图 4-5　化工设备细部结构的夸大画法

b. 夸大画法　为解决化工设备尺寸悬殊的矛盾，除了采用局部放大画法，还可采用夸大画法，即不按图样比例要求，适当地夸大画出某些结构，如设备的折流板、管板、壳体壁厚、垫片及各种管壁厚等，在基本视图中也允许作适当的夸大画出。如图 4-5 所示薄壁部分采用了夸大画法。

④ 断开、分段（层）及整体图的表达方法

a. 断开分段画法　当设备总体尺寸很大，用统一的尺寸难以将总体和局部结构同时表达清楚，而设备又有相当部分的形状和结构相同或按规律变化和重复时，可采用断开的画法。图 4-6（a）是一填料塔，它采用了断开的画法，省略部分是形状、结构完全相同的填料部分。图 4-6（b）为塔体的分段（层）画法。这种画法有利于图面布置和采用较大的比例作图。也可以按需要把某一段用局部放大的方法，详细地表达它的结构形状，如图 4-6（c）所示。

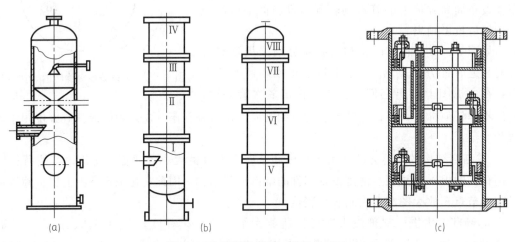

图 4-6　化工设备断开、分段的画法

b. 整体图　为了表达设备的总体形状、各部分结构的相对位置和尺寸，可用设备整体的示意画法，图 4-7 表示设备整体形状，这种画法一般采用较大的缩小比例，用单线画出整个设备外形、主要结构、必要的设备内件。图上一般应标注直径、总高、管接口、人（手）孔等位置尺寸及其它主要尺寸，以及操作平台、塔箍等附件的标高位置等。

⑤ 管口方位表达方法　化工设备的管口较多，准确地表达出各管口的方位，在设备的制造、安装和使用中都十分重要，在化工设备图中还常常会绘制专门的管口方位图。管口方位图是供制造设备时确定各管口方位、管口和支座、地脚螺栓等零部件的位置，也是设备安装时确定设备安装方位的重要依据。设备的接管如果不是太多，管口方位可在俯视图中加以表示。如果管口太多，在俯视图中无法表达清楚时，可单独绘制一张专门的管口方位图。

### 4.1.3　化工设备图中的简化画法

根据化工设备的特点，设备图中除采用机械制图国家标准所规定的简化画法外，还可采用一些通用的简化画法，以减少不必要的绘图工作量，提高工作效率。简化画法必须不影响视图的正确、清晰地表达设备的结构形状与装配关系，也不至于产生误解，同时还必须符合统一规定或习惯。化工设备图中常采用如下几种简化画法。

**（1）标准件、外购件及有复用图的零部件表达方法**

有标准件、复用图或外购零部件的化工设备，可不再绘制它们的零部件图，只需在装配图中按比例画出其外形轮廓或采用标准图例表示即可。但在装配图明细表中写明其名称、规格以及标准号等，外购件还应注写"外购"字样。如图 4-8 所示电动机、人（手）孔、视镜等标准件、外购件的简化表达。

**（2）法兰的简化画法**

法兰有容器法兰和管法兰两大类，法兰连接面型式也多种多样，但不论何种法兰和何种连接面型式，在装配图中均可用图 4-9 所示的那种简化画法。法兰的特性可在明细栏及接管表中表示。

设备上对外连接管口的法兰，均不必配对画出。需要指出的是，为安放垫片的方便，增加密封的可靠性，采用凹凸面或榫槽面容器法兰时，立式容器法兰的槽面或凹面必须向上；卧式容器法兰的槽面或凹面应位于筒体上。对于管法兰，容器顶部和侧面的管口应配置凹面或槽面法兰，容器底部的管口应配置凸面或榫面法兰。

**（3）重复结构的简化画法**

① 螺栓孔及螺栓连接的表达方法　螺栓孔可用中心线和轴线表示，省略圆孔。螺栓连接简化画法，如图 4-10 所示，其中符号"×"和"＋"用粗实线表示。

② 法兰盖圆孔的简化画法　如图 4-11 所示。

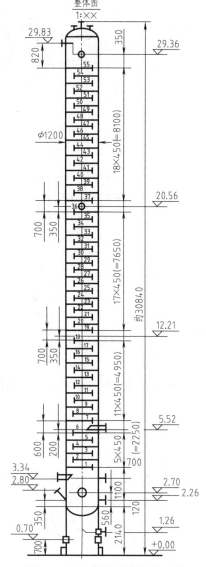

图 4-7　化工设备的整体图画法

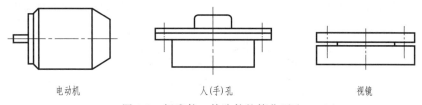

图 4-8　标准件、外购件的简化画法

③ 按规则排列孔板的简化画法　换热器管板上的孔通常按正三角形排列，此时可使用图 4-12 所示的方法，用细实线画出孔的圆心连线及孔眼范围线，也可画出几个孔，并标注孔径、孔数和孔间距。如果孔板上的孔按同心圆排列，则可用图 4-13 所示的简化画法。

④ 对孔数要求不严的孔板的简化画法　像筛板、隔板等多孔板可参照图 4-14 的简化画法和标注方法，此时可不必画出所有孔眼的连心线，但必须用局部放大的画法表示孔的大小、排列和间距。

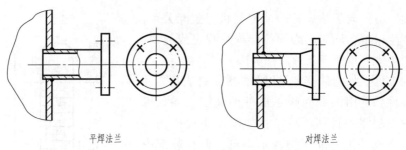

平焊法兰                                         对焊法兰

图 4-9    管法兰的简化画法

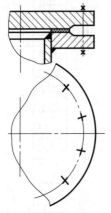

图 4-10    化工设备中螺纹连接的简化画法

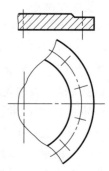

图 4-11    法兰盖上圆孔的简化画法

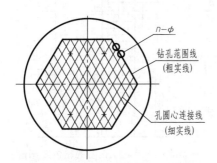

图 4-12    多孔板的简化画法（一）

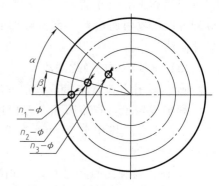

图 4-13    多孔板的简化画法（二）

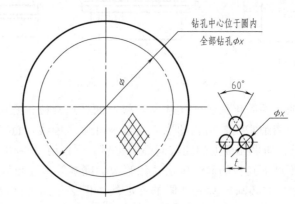

图 4-14    多孔板的简化画法（三）

⑤ 填充物的表示方法 当设备中装有同一规格、材料和同一堆放方式的填充物时（如填料、卵石、木格条等），在设备图的剖视中，可用交叉的细实线及有关尺寸和文字简化表达，如图 4-15（a）所示，其中 50mm×50mm×5mm 分别表示瓷环的外径、高度和厚度。若装有不同规格或规格相同但堆放方式不同的填充物，此时则必须分层表示，分别注明规格和堆放方式，如图 4-15（b）所示。

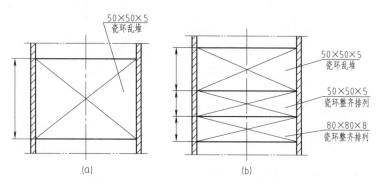

图 4-15 化工设备中填充物的图示方法

**（4）液面计的简化画法**

设备图中的液面计（如玻璃管式、板式等），其两个投影可简化成如图 4-16（a）所示的画法，其中符号"＋"用粗实线表示。带有两组或两组以上液面计时，可按图 4-16（b）所示的画法，并在俯视图上正确表示出液面计的安装方位。

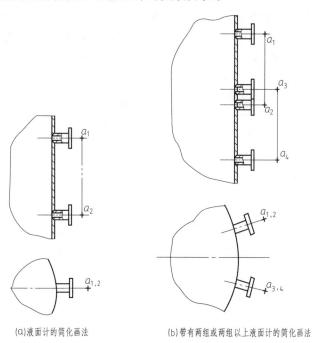

(a)液面计的简化画法 (b)带有两组或两组以上液面计的简化画法

图 4-16 化工设备上液面计的简化画法

**（5）单线表示法**

当化工设备上某些结构已有零件图，或者另用剖视、剖面、局部放大图等方法表达清楚时，则设备装配图上允许用单线表示，例如容器、槽、罐等设备的简单壳体，带法兰接管，各种塔盘，列管式换热器中的折流板、挡板、拉杆等，如图 4-17 所示。

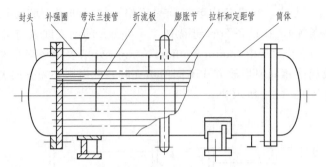

封头　补强圈　带法兰接管　折流板　膨胀节　拉杆和定距管　筒体

图 4-17　化工设备装配图上的单线表示法

### 4.1.4　化工设备图中焊缝的表示方法

焊接是化工常用设备中使用最广泛的加工制造方法。如筒体、封头、管口、法兰和支座等零部件的连接。

**（1）焊接方法**

焊接的方法和种类很多，有电弧焊、氩弧焊、气焊、接触焊、超声波焊、激光焊和电渣焊等，化工设备制造中最常采用的是电弧焊，即用电弧产生的高热量熔化焊口（钢板连接处）和焊条（补充金属），使焊件连接在一起。

**（2）焊接接头型式**

两个零件用焊接方法连接在一起，在连接处形成焊接接头，焊接接头的连接方式通常可分为对接、搭接、角接及 T 字接等型式，如图 4-18 所示。在化工设备中，它们分别用于不同的连接部位，如筒节和筒节、筒体和封头的连接采用对接型式；悬挂式支座的垫板和筒体连接为搭接型式；接管和管法兰以及鞍式支座中则分别使用角接和 T 字接型式。

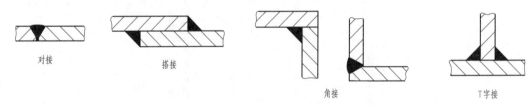

对接　　　　　搭接　　　　　　　　　角接　　　　　　　T 字接

图 4-18　零件焊接接头的型式

**（3）焊接接头的坡口型式**

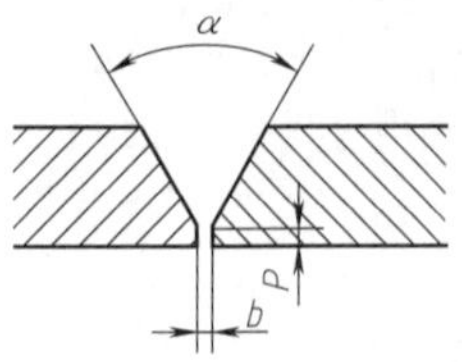

为了保证焊接质量，一般需要在焊件的接边处，预制成各种型式的坡口。坡口通常由三部分组成，即坡口角度 $\alpha$、焊缝间隙 $b$ 和钝边高度 $p$，如图 4-19 所示。图中钝边高度 $p$ 是为了防止电弧烧穿焊件，间隙 $b$ 为了保证两个焊件焊透，坡口角度 $\alpha$ 则是为了使焊条能伸入焊件的底部。

图 4-19　V 形坡口型式

**（4）焊缝的图示方法**

焊缝图示方法如图 4-20 所示。对于常压化工设备中的焊缝往往只在装配图的剖视中，按焊接接头型式用涂黑表示。对于可见焊缝，用细实线绘制的栅线表示，并保留焊接构件相交的轮廓线；对于不可见焊缝，只用粗实线绘制焊接构件相交的轮廓线。对压力容器中的重要焊缝则须用节点放大图表示，如图 4-21 所示，详细地表示出焊缝结构的形状和有关尺寸。

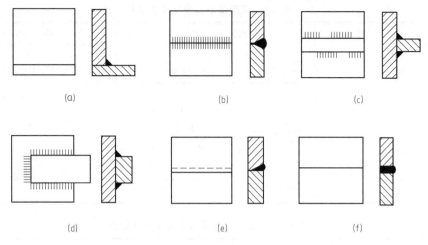

図 4-20　焊缝的图示方法

**(5) 焊缝的标注**

① 基本符号　表示焊缝横截面形状的符号。近似于焊缝横面坡口的形状，基本符号用粗实线绘制。常用焊缝基本符号、图示法及标注法示例见表4-1。

② 辅助符号　表示焊缝表面形状特征的符号，用粗实线绘制。常用辅助符号及标注示例见表 4-2。

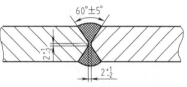

图 4-21　压力容器焊缝节点图

③ 焊缝尺寸符号　用字母符号代表对焊缝的尺寸要求，见表4-3。焊缝尺寸一般不标注，如设计或生产需要时，将其具体数值注写在基本符号上下方及左右两侧。

④ 指引线　用细实线绘制，由带箭头的指引线和虚、实两条基准线组成，如图4-22所示。

**表 4-1　常用焊缝基本符号、图示法及标注法示例**

| 名称 | 符号 | 示意图 | 图示法 | 标注方法 |
|------|------|--------|--------|----------|
| Ⅰ形焊缝 | ‖ | | | |
| V形焊缝 | ∨ | | | |
| 角焊缝 | ◺ | | | |
| 点焊缝 | ○ | | | |

表 4-2　常用辅助符号及标注示例

| 名称 | 符号 | 形式及标注示例 | | 说　明 |
|---|---|---|---|---|
| 平面符号 | ― | | | 表示 V 形对接焊缝表面齐平 |
| 凹面符号 | ⌣ | | | 表示角焊缝表面凹陷 |
| 凸面符号 | ⌢ | | | 表示 X 形对接焊缝表面凸起 |

表 4-3　焊缝尺寸符号的含义及标注位置

| 名　称 | 符　号 | 标注位置 | 名称 | 符号 | 标注位置 |
|---|---|---|---|---|---|
| 工件厚度 | $\delta$ | | 根部间隙 | $b$ | |
| 坡口深度 | $H$ | | 坡口角度 | $\alpha$ | 基本符号上方 |
| 钝边高度 | $p$ | 基本符号左侧 | 坡口面角度 | $\beta$ | （或下方） |
| 焊角尺寸 | $K$ | （焊缝横截面尺寸） | 焊缝长度 | $l$ | |
| 焊缝宽度 | $c$ | | 焊缝间隙 | $e$ | 基本符号右侧 |
| 焊缝余高 | $h$ | | 焊缝段数 | $n$ | （焊缝长度方向尺寸） |

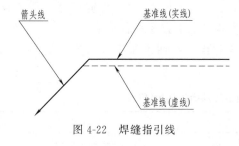

图 4-22　焊缝指引线

### 4.1.5　化工设备的标准化零部件简介

　　各种化工设备虽然操作条件及要求各不相同，结构形状也有差异，但均由一些相同的零部件组成，如筒体、封头、法兰、人（手）孔及支座等。为了便于设计、制造和维修，降低加工制造成本，有利于大批量规模化生产，有关部门已将这些通用零部件编制了系列标准，以供各种不同工作条件（直径、压力、温度等）下使用。为此，必须了解和熟悉这些标准和标准件的基本结构特征与图示方法，以提高绘制和阅读设备图的能力。

　　**(1) 筒体**

　　筒体是用来进行化学反应、处理或储存物料的设备的主体部分，以圆柱形筒体应用最广。一般由钢板卷焊而成，其尺寸主要是直径、高度（或长度）和壁厚。当直径小于500mm 时，可直接使用无缝钢管。

　　在明细栏中，如若筒体标记为：GB/T 6654—1996 筒体 DN426 H（L）=2500，表示公称直径为 426mm，高或长为 2500mm 的筒体。

　　其中公称直径是指筒体内径，但当采用无缝钢管作筒体时，公称直径是指钢管的外径。对于一般中、低压设备的筒体在已知公称直径和公称压力的条件下，筒体的壁厚、容积及重量等均有经验数据可供选用。

　　**(2) 封头**

　　封头是构成设备的重要零部件，它与筒体一起构成设备壳体。常见封头形状有椭圆形、碟形、球形、锥形及平板等，如图 4-23 所示。封头和筒体可采用不可拆的焊接连接，也可采用可拆的法兰连接。

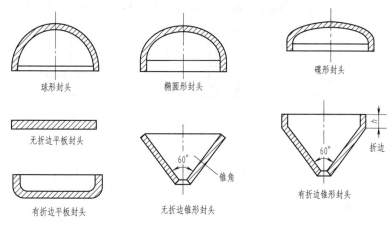

图 4-23　封头的型式

在明细栏中，如若封头的标记为：JB/T 4737 椭圆封头 DN400×4，表示公称直径为 400mm，壁厚 4mm 的椭圆封头。

**(3) 法兰**

法兰连接是应用相当广泛的一种可拆连接。其连接是由一对法兰、密封垫片和螺栓、螺母、垫圈等组成。化工设备的法兰有两类，一类是用于连接管道的管法兰，另一类是用于连接筒体和封头的设备法兰（也称压力容器法兰）。

① 管法兰　管法兰的类型和密封面型式见图 4-24 和图 4-25。其中板式平焊、带颈平焊、带颈对焊法兰是常用的法兰类型，而密封面型式则可根据压力、介质特性等加以选择，常用平面、凹凸面、榫槽面。

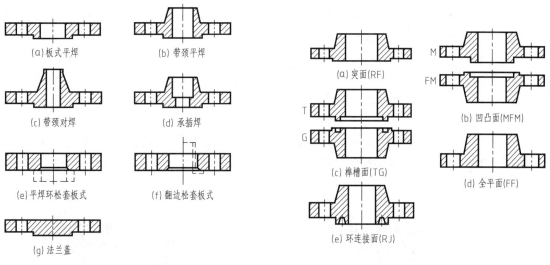

图 4-24　管法兰的类型

图 4-25　法兰密封型式

标准法兰的主要参数是公称直径（DN）和公称压力（PN）。管法兰的公称直径是一个名义直径，其数值接近于管子内径。

在明细栏中，如若管法兰的标记为：HG 20594—1997　管法兰 T50—1.60，表示公称直径为 50mm，公称压力为 1.6MPa 的榫槽密封面的标准带颈平焊管法兰。

② 压力容器法兰 压力容器法兰分为平焊和对焊两大类，其中平焊又可分为甲型和乙型两类，如图 4-26 所示。对于压力容器法兰而言，其公称直径通常是指容器的内径。

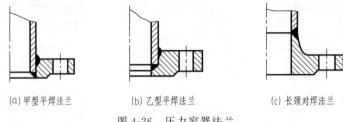

(a) 甲型平焊法兰     (b) 乙型平焊法兰     (c) 长颈对焊法兰

图 4-26 压力容器法兰

压力容器法兰的标注与管法兰相似。如若标注为：JB/T 4701—2000 法兰 FM800—1.60，表示公称压力为 1.6MPa，公称直径为 800mm，采用凹密封面的标准平焊容器法兰。

**(4) 人（手）孔**

人（手）孔的安设是为了方便安装、检修、拆卸或清洗设备内部装置。人（手）孔的基本结构相同，通常是在短筒节（或管子）上焊一法兰，盖上人（手）孔盖，用螺栓、螺母连接压紧，两个法兰密封面之间放有垫片，人（手）孔盖上带有手柄，见图 4-27。

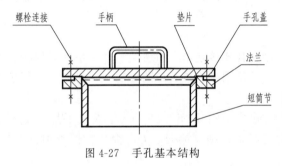

图 4-27 手孔基本结构

人孔的形状有圆形和椭圆形两种。人孔的大小及位置应以工作人员进出设备方便为原则，尺寸尽量要小，圆形人孔最小尺寸为 400mm，椭圆形人孔最小尺寸为 300mm×400mm。手孔一般为圆形，尺寸一般为 150mm 或 250mm。

人孔和手孔的种类较多，并且都有一定的标准，如若人（手）孔的主要性能参数为公称压力、公称直径、密封面型式及人手孔的结构型式，具体可查阅相关标准。

在明细栏中，如若人（手）孔的标记为：HG 21515—95 人孔 RFⅢ（A.G）A 450—0.6，表示公称压力为 0.6MPa，公称直径为 450mm，A 型盖轴耳突面密封，采用材料为石棉橡胶板垫片（Ⅲ）的回转盖板式平焊法兰标准人孔。

**(5) 视镜**

视镜主要是用来观察设备内部物料及其反应情况，也可以作为料面指示镜。其基本结构如图 4-28 所示，供观察用的视镜玻璃夹紧在接缘和压紧环之间，用双头螺栓连接，接缘可

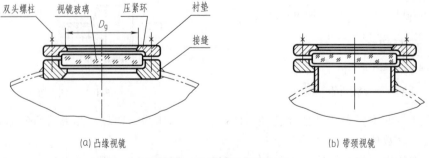

(a) 凸缘视镜         (b) 带颈视镜

图 4-28 视镜的基本结构

直接焊在设备壳体上，也可以接一短管，然后焊在设备上。视镜分为一般压力容器视镜、带颈视镜、衬里视镜和带灯视镜。

在明细栏中，如若标准视镜的标记方式为：HGJ 501—86—5（或 15）视镜Ⅰ（或Ⅱ）PN1.6 DN80，表示带颈视镜Ⅰ（或Ⅱ）公称压力为 1.6MPa，公称直径为 80mm，材料为碳钢（或不锈钢）。

（6）支座

设备支座用来支承设备的重量和固定设备的位置。支座一般分为立式设备支座、卧式设备支座和球形容器支座三大类，每类又按支座的结构形状、安放位置、材料和载荷情况而有多种型式，下面介绍两种典型支座。

① 耳式支座　耳式支座简称耳座，又称悬挂式支座，广泛用于立式设备，如图 4-29 所示。它是由两块筋板，一块底板（支脚板）和一块垫板焊接而组成，然后将垫板焊在设备的筒体壁上，底板上有螺栓孔，用螺栓固定设备。

如若支座标记为：JB/T 4725—92　耳座 AN3，材料 Q235—A·F，表示 A 型，不带垫板，允许载荷 3t，支座材料为 Q235-A·F 的悬挂式标准支座。

② 鞍式支座　鞍式支座是卧式设备中应用最广的一种支座。它主要由一块竖板支撑着一块鞍形板，竖板焊在底板上，中间焊接若干块筋板，组成鞍式支座，见图 4-30。鞍座的安装形式又可分为固定式和滑动式。

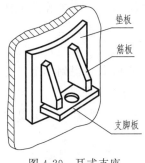

图 4-29　耳式支座

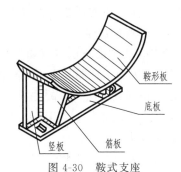

图 4-30　鞍式支座

如若支座标记为：JB/T 4712—92　鞍座 A325—F，材料 Q235—A·F，表示容器公称直径为 325mm，120°包角，轻型，固定式安装，不带垫板的标准鞍式支座，支座材料为 Q235—A·F。

### 4.1.6　典型实例 1 ——法兰盘

法兰盘是化工设备中用于支承、定位或进行密封的常用部件，主要在车床上加工而成，零件主要由回转体组成，通常以较大的端面为接触面。

一般用主视图和左视图两个基本视图表示，如图 4-31 所示。主视图一般为轴向剖视图，表达轴向剖面的结构，其上面分布有螺孔等部件；左视图是径向视图，表达外形特征。

（1）绘图分析

法兰盘主要有主视图和左视图两个图形，一般同时绘制两个图形。但为了讲解方便，在此先讲解左视图的绘制过程，再讲述主视图的绘制过程。

① 绘制左视图可以用如下几种方法。

方法 1：直接用圆命令绘制不同直径的同心圆，然后利用极轴，并设置增量角，绘制出左视图中一个螺孔，然后用环形阵列方式得到其它螺孔。

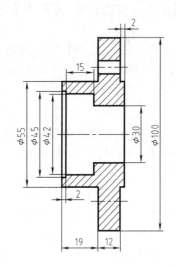
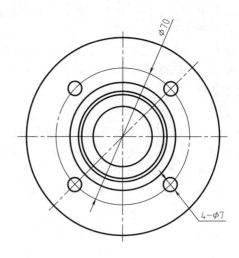

图 4-31　法兰盘

方法 2：绘制出其中一个圆后，用偏移的方法绘制出其它同心圆，利用极轴，绘制出左视图中一个螺孔，然后用复制的方法得到其它螺孔。但使用该方法时应捕捉出各个螺孔的正确位置。

方法 3：用上述的任意一种方法绘制得到同心圆和左视图中的一个螺孔后，还可以使用镜像的方法得到其它螺孔。

② 绘制主视图的方法也有如下几种。

方法 1：因为主视图为上下对称图形，可以先用偏移、修剪命令得到其上半部分，然后用镜像命令得到整个法兰盘的主视图，最后删除镜像后多余的线段即可。

方法 2：用坐标法直接得到法兰盘主视图的外部轮廓，然后用偏移命令绘制出其内部线条，最后对其进行修剪。

本书绘制两个视图都将使用方法 1。下面详细介绍"法兰盘"的绘制步骤。

**(2) 绘制左视图**

① 新建 AutoCAD 文件，并将其存为"法兰盘.dwg"。

② 设置绘图单位及精度，图形界限，调整栅格间距。

③ 参照 2.6 节创建图层。在"图层特性管理器"对话框中新建"粗实线"、"细实线"、"中心线"、"剖面线"、"尺寸标注"等图层，并设置相应的颜色、线型和线宽。

④ 在"常用"选项卡下"图层"面板中选择"中心线"层。单击"绘图"面板中的 按钮，打开正交模式（或直接按 F8 功能键），绘制一条水平中心线，然后用同样的方法绘制一条竖直中心线，绘制结果如图 4-32 所示。

⑤ 选择"图层"面板中"粗实线"层。单击"绘图"面板中的 按钮，绘制一个直径为 42mm 的圆。其命令行操作如下。

命令：_circle

指定圆的圆心或［三点(3P)/两点(2P)/切点、切点、半径(T)］：(捕捉水平中心线与竖直中心线的交点)

指定圆的半径或［直径(D)］：D↙

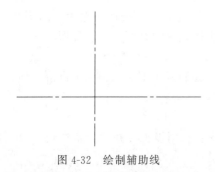

图 4-32　绘制辅助线

指定圆的直径:42 ↙

再用同样的方法绘制直径为 30mm、45mm、55mm、100mm 的同心圆。

再次选择"中心线"层置为当前层。用同样的方法绘制一个直径为 70mm 的辅助圆，如图 4-33 所示。

⑥ 用鼠标右键单击状态栏中的"极轴追踪"按钮，在弹出的快捷菜单中选择"设置"选项，出现如图 4-34 所示对话框。在"增量角"下拉列表框中选择"45"，选中"启用极轴追踪"后，单击"确定"按钮。

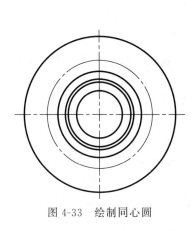

图 4-33　绘制同心圆

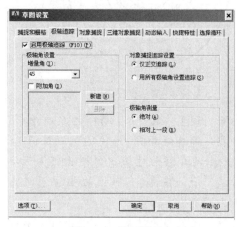

图 4-34　设置增量角

⑦ 单击"绘图"面板中的 ⤢ 按钮，绘制如图 4-35 所示呈 45°的辅助线。其命令行操作如下。

命令:_xline

指定点或[水平(H)/垂直(V)/角度(A)/二等分(B)/偏移(O)]:A ↙

指定通过点:(选择圆心点)

指定通过点:(选择 45 度方向上任一点)

⑧ 以图 4-35 中 A 点为圆心绘制如图 4-36 所示螺孔。其命令行操作如下。

命令:_circle

指定圆的圆心或[三点(3P)/两点(2P)/切点、切点、半径(T)]:(指定图 4-35 中的 A 点为圆心)

指定圆的半径或[直径(D)]<50.0000>:D ↙(选择"直径"选项)

指定圆的直径<100.0000>:7 ↙(指定圆的直径)

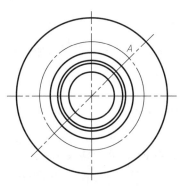

图 4-35　设置呈 45°的辅助线

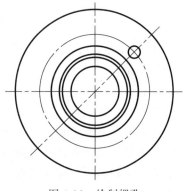

图 4-36　绘制螺孔

⑨ 单击"常用"选项卡下"修改"面板中的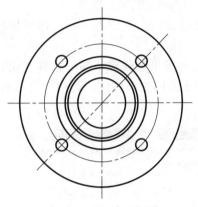环形阵列按钮，选择图 4-36 中直径为 7mm 的圆，按回车键，选择中心线的交点为环形阵列的中心点；将"项目"面板中"项目数"文本框中数值改为"4"，在"填充"文本框中输入"360"，回车键确认后，按 ESC 键退出该命令，即可得到如图4-37所示图形中的其他几个螺孔。

**(3) 绘制主视图**

在绘制完法兰盘的左视图后即可绘制其主视图了，该图主要由法兰盘左视图偏移、修剪得到。

① 单击"常用"选项卡下"修改"面板中的 按钮，对水平中心线进行偏移。其命令行操作如下：

命令：_offset

图 4-37 法兰盘左视图

当前设置：删除源＝否 图层＝源 OFFSETGAPTYPE＝0

指定偏移距离或［通过(T)/删除(E)/图层(L)]⟨20.0000⟩15↙

选择要偏移的对象，或［退出(E)/放弃(U)]⟨退出⟩(选择水平中心线)

指定要偏移的那一侧上的点，或［退出(E)/多个(M)/放弃(U)]⟨退出⟩：(在水平中心线的上方任意指定一点)

选择要偏移的对象，或［退出(E)/放弃(U)]⟨退出⟩：↙

② 用同样的方法，对水平中心线分别偏移 21mm、22.5mm、27.5mm、35mm 和 50mm，得到如图 4-38 所示图形。

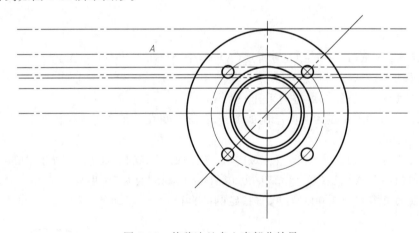

图 4-38 偏移法兰盘上半部分效果

③ 用同样的方法，对图 4-38 中的线段 A 进行偏移，得到如图 4-39 所示的图形。其命令行操作如下。

命令：_offset

当前设置：删除源＝否 图层＝源 OFFSETGAPTYPE＝0

指定偏移距离或［通过(T)/删除(E)/图层(L)]⟨50.0000⟩：3.5↙

选择要偏移的对象，或［退出(E)/放弃(U)]⟨退出⟩：(选择图 4-38 中线段 A)

指定要偏移的那一侧上的点，或［退出(E)/多个(M)/放弃(U)]⟨退出⟩：(在图 4-38 线段 A 的上方单击任意一点)

选择要偏移的对象,或[退出(E)/放弃(U)]〈退出〉:(选择图 4-38 中线段 A)

指定要偏移的那一侧上的点,或[退出(E)/多个(M)/放弃(U)]〈退出〉:(在图 4-38 线段 A 的下方单击任意一点)

选择要偏移的对象,或[退出(E)/放弃(U)]〈退出〉:↙

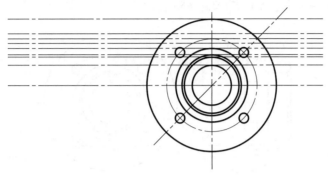

图 4-39　偏移得到螺孔的主视图辅助线

④ 用同样的方法,对竖直中心线分别偏移 100mm、102mm、114mm、116mm 和 131mm、133mm,得到如图 4-40 所示图形。

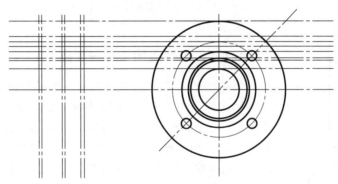

图 4-40　偏移得到主视图中的辅助线段

⑤ 选择"图层"面板中"粗实线"层。选中所有线段,单击"修改"面板中的 ⊢- 修剪按钮,修剪得到如图 4-41 所示图形。

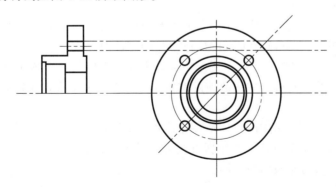

图 4-41　修剪后的效果

⑥ 单击"修改"面板中的 ⚠ 镜像按钮,得到如图 4-42 所示图形。其命令行操作如下。

命令:_mirror

选择对象:(选择修剪后得到的主视图形)

选择对象:↙

指定镜像线的第一点:〈对象捕捉开〉(捕捉水平中心线左端点)

指定镜像线的第二点:(捕捉中心线交点)

要删除源对象吗?[是(Y)/否(N)]〈N〉:↙

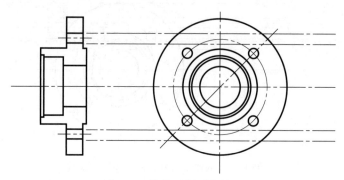

图 4-42　镜像后得到的效果

⑦ 删除图 4-42 中用于作图的辅助线，得到主视图如图 4-43 所示。

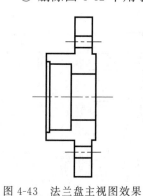

图 4-43　法兰盘主视图效果

**(4)** 设置尺寸标注样式，标注尺寸，绘制剖面线

最终效果如图 4-31 所示。

### 4.1.7　典型实例 2 —— 泵体

泵是化工生产中常用的必不可少的辅助设备，泵体（如图 4-44 所示）是组成机器及部件的主要零件，常有轴孔、空腔、螺孔、肋、凸台、沉孔等结构。一般为铸件，加工位置多变，加工以铣、刨、镗为主。图 4-44 所示泵体由主视图、左视图、A—A 剖面视图构成，由于其加工工序比较复杂，主视图一般绘制成工作位置，其运动件的支持部分一般安装轴承孔、螺纹孔等，而安装平面上一般有定位销孔和连接孔，并且箱体上还有存油池、加油孔、放油孔、回油槽，以及安装油标、油管等零件的平面和孔。

泵的绘制主要有以下特点。

① 内部结构形状复杂　由图 4-44 所示图形中可以发现，由于其加工工序比较复杂，需要用左视图、主视图、A—A 剖面视图表述完整的零件图。

② 不完全对称　由图 4-44 所示图形中可以发现，图中的左视图和 A—A 剖面视图都是呈左右对称的，在绘制时可以方便地使用镜像命令，而主视图只有部分是对称的，不能完全使用镜像命令。

③ 各视图的关联性　由图 4-44 所示图形可以发现，主视图、左视图、A—A 剖面视图都有其关联性，因此在绘制时所需数据直接可以从不同的视图中得到。例如图 4-44 中 A—A 剖面视图的长度就与左视图中相同。

**(1)** 绘图分析

图 4-44 所示图形，在绘制时可以几个视图同时绘制，也可以对它们分别进行绘制。为了便于学习，更有条理性，在此我们分别进行讲解。

① 绘制主视图可以采用如下几种方法。

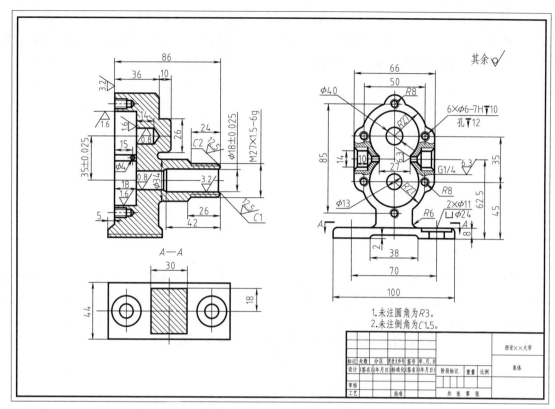

图 4-44　泵体

方法 1：直接使用坐标法绘制出主视图的轮廓，该方法要求图中的数据都较为准确，然后再对外部轮廓进行圆角处理，接着绘制主视图的内部各部件，最后对主视图进行填充。

方法 2：用偏移、修剪命令绘制出主视图的轮廓，然后用方法 1 后半部分的相同方法绘制其它部分。

② 绘制左视图可以采用如下几种方法。

方法 1：用圆命令绘制出几组同心圆，修剪得到左视图的上半部分，然后使用镜像命令得到下半部分，对其进行修剪，用偏移命令绘制得到下边的底座。

方法 2：在绘制左视图中的圆时，对于对称的图形可以使用复制的方法得到。

③ 绘制 A—A 剖面视图可以采用如下几种方法。

方法 1：用偏移命令得到各线段，然后用修剪命令对其进行修剪，再用偏移方法得到一组同心圆，接着用镜像命令得到另外一组同心圆，最后对图形进行填充。

方法 2：直接用矩形命令绘制出大小不同的矩形，然后用偏移方法得到一组同心圆，用复制方法复制得到另外一组同心圆，最后对图形进行填充。

方法 3：根据图中给出的数据用坐标法直接绘制出 A—A 剖面视图的轮廓，直接用圆命令绘制出其中的两组同心圆。

本实例绘制 3 个视图都将使用方法 1。下面详细介绍"泵体"的绘制步骤。

**(2) 绘制基准线**

① 新建 AutoCAD 文件，并将其存为"泵体 .dwg"。

② 设置绘图单位及精度，图形界限，调整栅格间距。

③ 参照 2.6 节创建图层。在"图层特性管理器"对话框中新建"粗实线"、"细实线"、

"中心线"、"剖面线"、"尺寸标注"、"双点画线"等图层，并设置相应的颜色、线型和线宽。

④ 在"常用"选项卡的"图层"面板中选择"中心线"层。单击"绘图"面板中的 ✏ 按钮，打开正交模式（或直接按 F8 功能键），绘制如图 4-45 所示的主视图和左视图基准线。

图 4-45　绘制基准线

**(3) 绘制主视图**

①单击"常用"选项卡下"修改"面板中的 ⬚ 按钮，将水平中心线（以下均指主视图中的）向上偏移 13.5mm、17mm、22mm、48mm、68mm，向下偏移 45mm、37mm、17mm、13.5mm；将竖直中心线（以下均指主视图中的）向左偏移 5mm，向右偏移 36mm、46mm、60mm、86mm，得到如图 4-46 所示效果。其命令行操作如下。

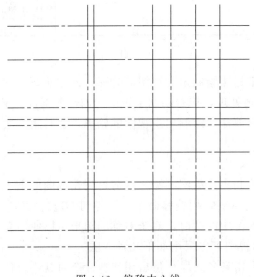

图 4-46　偏移中心线

命令：_offset
当前设置：删除源＝否　图层＝源　OFFSETGAPTYPE＝0
指定偏移距离或［通过(T)/删除(E)/图层(L)]〈通过〉:13.5↙
选择要偏移的对象,或［退出(E)/放弃(U)]〈退出〉(选择水平中心线)
指定要偏移的那一侧上的点,或［退出(E)/多个(M)/放弃(U)]〈退出〉:(在水平中心线上方单击任意一点)
选择要偏移的对象,或［退出(E)/放弃(U)]〈退出〉:(选择水平中心线)
指定要偏移的那一侧上的点,或［退出(E)/多个(M)/放弃(U)]〈退出〉:(在水平中心线下方单击任意一点)

选择要偏移的对象,或［退出(E)/放弃(U)］〈退出〉:↙

用同样的方法进行其他偏移操作。

② 单击"修改"面板中的 ⊬ 修剪按钮,进行修剪操作后,选中修剪得到的线段,在"常用"选项卡的"图层"面板中选择"粗实线"层,得到如图 4-47 所示效果。

③ 单击"修改"面板中的 ⌒ 圆角按钮,将图 4-47 中线段 1 与线段 2 进行圆角处理。其命令操作如下。

命令:_fillet

当前设置:模式=修剪,半径=0.0000

选择第一个对象或［放弃(U)/多段线(P)/半径(R)/修剪(T)/多个(M)］:R↙

指定圆角半径〈0.0000〉:3↙

选择第一个对象或［放弃(U)/多段线(P)/半径(R)/修剪(T)/多个(M)］:(选择图 4-47 中的线段 1)

选择第二个对象,或按住 Shift 键选择对象以应用角点或［半径(R)］:(选择图 4-47 中的线段 2)

④ 用同样的方法对其余标号边分别进行圆角处理,其效果如图 4-48 所示。

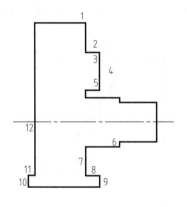

图 4-47　得到外部轮廓

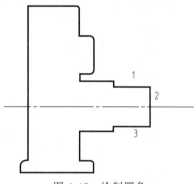

图 4-48　绘制圆角

⑤ 单击"修改"面板中的 ⌒ 倒角按钮,绘制图 4-48 中线段 1 与线段 2、线段 2 与线段 3 的倒角,得到如图 4-49 所示效果。其命令行操作如下。

命令:_chamfer

("修剪"模式)当前倒角距离 1=0.0000,距离 2=0.0000

选择第一条直线或［放弃(U)/多段线(P)/距离(D)/角度(A)/修剪(T)/方式(E)/多个(M)］:A↙

指定第一条直线的倒角长度〈0.0000〉:2↙

指定第一条直线的倒角角度〈0〉:45↙

选择第一条直线或［放弃(U)/多段线(P)/距离(D)/角度(A)/修剪(T)/方式(E)/多个(M)］:(选择图 4-48 中的线段 1)

选择第二条直线,或按住 Shift 键选择直线以应用角点或［距离(D)/角度(A)/方法(M)］:(选择图 4-48 中的线段 2)

命令:_chamfer

("修剪"模式)当前倒角长度=2.0000,角=45

选择第一条直线或 [放弃(U)/多段线(P)/距离(D)/角度(A)/修剪(T)/方式(E)/多个(M)]:(选择图 4-48 中的线段 2)

选择第二条直线，或按住 Shift 键选择直线以应用角点或 [距离(D)/角度(A)/方法(M)]:(选择图 4-48 中的线段 3)

⑥ 在"常用"选项卡的"图层"面板中选择"粗实线"层。单击"绘图"面板中的 起点,端点,角度 按钮，以图 4-49 中的 AB 为直径绘制半圆弧。其命令行操作如下。

命令: _arc

指定圆弧的起点或 [圆心(C)]:(捕捉图 4-49 中的点 A)

指定圆弧的第二个点或 [圆心(C)/端点(E)]:E↙

指定圆弧的端点:(捕捉图 4-49 中的点 B)

指定圆弧的圆心或 [角度(A)/方向(D)/半径(R)]:A↙

需要有效的数值角度或第二点。

指定包含角:180↙

⑦ 删除图 4-49 中的线段 AB，单击"修改"面板中的 按钮，将图 4-49 中的线段 1 向左偏移 24mm，并利用延伸命令上、下延伸，绘制一条如图 4-50 所示的辅助线 BC。

⑧ 在"常用"选项卡的"图层"面板中选择"粗实线"层。单击"绘图"面板中的 直线 按钮，连接图 4-50 中的线段 AB 和线段 CD。

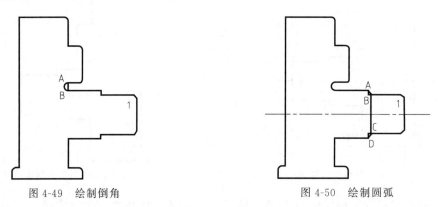

图 4-49 绘制倒角　　　　　　图 4-50 绘制圆弧

⑨ 删除辅助线，单击"修改"面板中的 修剪 按钮，对多余线段进行修剪，得到如图 4-51 所示效果。

⑩ 单击"修改"面板中的 按钮，将图 4-51 中的线段 1 向上偏移 2mm，将水平中心线向上偏移 9mm、55mm，向下偏移 9mm、20mm，将图 4-51 中的线段 2 向右偏移 18mm，将图 4-51 中的线段 3 向左偏移 42mm，得到如图 4-52 所示效果。

⑪ 单击"修改"面板中的 修剪 按钮，对其进行修剪，得到如图 4-53 所示效果。

⑫ 单击"修改"面板中的 按钮，将图 4-53 在 A、B 两点进行打断处理。

⑬ 单击"修改"面板中的 倒角 按钮，绘制倒角距离为 1mm 的倒角，单击"绘图"面板中的 直线 按钮，连接倒角后的两点，删除多余的线段，得到如图 4-54 所示效果。

⑭ 单击"绘图"面板中的 直线 按钮，过图 4-54 的 A、B 点绘制两条长为 1.5、角度分别为 225°、135°的倒角。其命令操作如下。

命令:_line

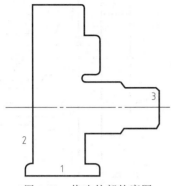

图 4-51 修改外部轮廓图

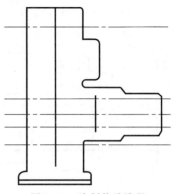

图 4-52 绘制偏移线段

指定第一个点：（捕捉图 4-54 中的 A 点）

指定下一点或［放弃(U)］：@-1.5,-1.5 ↙

指定下一点或［放弃(U)］：↙

命令：_line ↙

指定第一个点：（捕捉图 4-54 中的 B 点）

指定下一点或［放弃(U)］：@-1.5,1.5 ↙

指定下一点或［放弃(U)］：↙

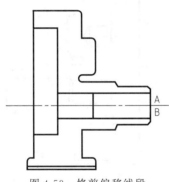

图 4-53 修剪偏移线段

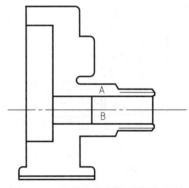

图 4-54 绘制主视图轮廓倒角连线

⑮ 单击"绘图"面板中的 ╱ 按钮，绘制直线，得到如图 4-55 所示效果。

⑯ 单击"修改"面板中的 ‐/⋯ 修剪 按钮，将图 4-55 中的线段 1 和线段 2 删除。

⑰ 单击"修改"面板中的 ⬙ 按钮，将水平中心线向上偏移 35mm，得到一条辅助中心线，以该中心线为基准，分别向上、向下偏移 6.5mm，将图 4-55 中的线段 3 向右偏移 14mm，得到如图 4-56 所示效果。

⑱ 单击"修改"面板中的 ‐/⋯ 修剪 按钮，进行修剪操作，选中修剪后得到的线段，在"常用"选项卡的"图层"面板中选择"粗实线"层，得到如图 4-57 所示效果。

⑲ 单击"绘图"面板中的 ╱ 按钮，过图 4-57 的 A、B 点绘制如图 4-58 所示的图形。其中的画线命令操作如下。

命令：_line

指定第一个点：（捕捉图 4-57 中的 A 点）

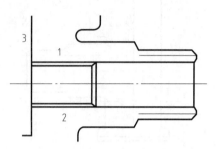

图 4-55　绘制主视图内部倒角连线

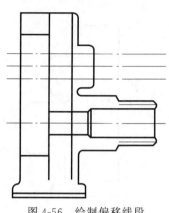

图 4-56　绘制偏移线段

指定下一点或 [放弃(U)]：@10〈-60 ↙

指定下一点或 [放弃(U)]：↙

命令：_line ↙

指定第一个点：(捕捉图 4-57 中的 B 点)

指定下一点或 [放弃(U)]：@10〈60 ↙

指定下一点或 [放弃(U)]：↙

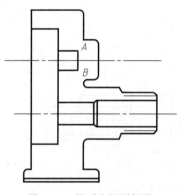

图 4-57　得到主视图螺孔

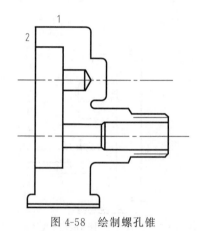

图 4-58　绘制螺孔锥

⑳ 单击"修改"面板中的 按钮，将图 4-58 中的线段 1 向下偏移 8mm。选中该线段，在"常用"选项卡的"图层"面板中选择"中心线"层，得到一条辅助中心线，以该辅助中心线为基准，分别向上、向下偏移 3.5mm、3mm。再将图 4-58 中的线段 2 向右偏移 10mm、12mm。如图 4-59 所示。

㉑ 单击"修改"面板中的 修剪按钮，进行修剪操作。选中修剪后得到的线段，在"常用"选项卡的"图层"面板中选择"粗实线"层，得到如图 4-60 所示效果。

㉒ 单击"绘图"面板中的 按钮，绘制该螺孔的锥孔。

㉓ 单击"修改"面板中的 复制按钮，得到如图 4-61 所示螺孔。其命令行操作如下。

命令：_copy

选择对象：指定对角点：找到 11 个(选中如图 4-60 最上面完整的下沉螺孔)

选择对象：↙

当前设置:复制模式＝多个

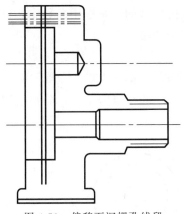

图 4-59　偏移下沉螺孔线段

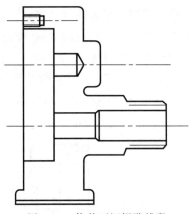

图 4-60　修剪下沉螺孔线段

指定基点或 [位移(D)/模式(O)]〈位移〉:(捕捉图 4-60 上面螺孔中心线与左垂线的交点)

指定第二个点或 [阵列(A)]〈使用第一个点作为位移〉:@0,−85✓

指定第二个点或 [阵列(A)/退出(E)/放弃(U)]〈退出〉✓

㉔ 单击"修改"面板中的 ⬟ 按钮，将图 4-61 中的线段 1 向右偏移 15mm。选中该偏移线段，在"常用"选项卡的"图层"面板中选择"中心线"层，得到一条竖直辅助线，将水平中心线向上偏移 17.5mm，得到一条水平辅助线。

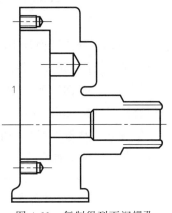

㉕ 单击"绘图"面板中的 ⬭ 按钮，以刚得到的水平辅助线与竖直辅助线的交点为圆心，绘制一个直径为 4mm 的圆。

㉖ 单击"修改"面板中的 ⬟ 按钮，将水平中心线向上分别偏移 15.5mm、19.5mm。单击"修改"面板中的 ⼁修剪按钮，进行修剪操作。选中修剪后得到的线段，在"常用"选项卡的"图层"面板中选择"粗实线"层，得到如图 4-62 所示效果。

图 4-61　复制得到下沉螺孔

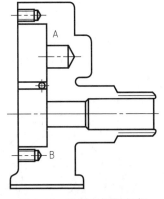

图 4-62　绘制主视图细部

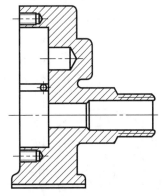

图 4-63　填充主视图

㉗ 在"常用"选项卡的"图层"面板中选择"剖面线"层。单击"绘图"面板中的 ⬚ 按钮，根据命令窗口提示拾取如图 4-62 中的 A、B 点，在绘图窗口上方的"图案"面板

中选择 按钮，接着改变"特性"面板填充图案比例 按钮后的文本框中的数字，以保证剖面线间距合适。最后按 ESC 键退出，得到如图 4-63 所示效果。

（4）绘制左视图

① 在"常用"选项卡的"图层"面板中选择"粗实线"层，单击"绘图"面板中的 按钮，以水平中心线（左视图）与竖直中心线（左视图）的交点为圆心，分别绘制直径为 13mm、40mm、54mm 的同心圆，效果如图 4-64 所示。

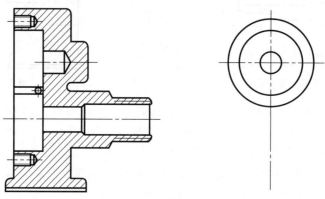

图 4-64　绘制同心圆

② 单击"修改"面板中的 按钮，将竖直中心线分别向左、向右偏移 25mm，将水平中心线向上偏移 25mm，得到如图 4-65 所示效果。

③ 单击"绘图"面板中的 按钮，以图 4-65 中偏移得到的辅助线的交点 A 为圆心，分别绘制直径为 6mm、7mm、16mm 的同心圆。

④ 单击"修改"面板中的 复制按钮，将刚绘制的同心圆复制得到如图 4-66 所示效果。其命令行操作如下。

命令：_copy
选择对象：指定对角点：找到 3 个(选中刚绘制的三个同心圆)
选择对象：↙
当前设置： 复制模式＝多个
指定基点或[位移(D)/模式(O)]〈位移〉：(指定图 4-65 中的 A 点)
指定第二个点或 [阵列(A)]〈使用第一个点作为位移〉：(捕捉图 4-65 中的 B 点)
指定第二个点或 [阵列(A)/退出(E)/放弃(U)]〈退出〉：(捕捉图 4-65 中的 C 点)
指定第二个点或 [阵列(A)/退出(E)/放弃(U)]〈退出〉：↙

图 4-65　绘制偏移线段

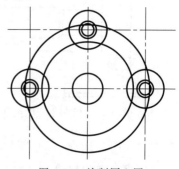

图 4-66　绘制同心圆

⑤ 单击"修改"面板中的 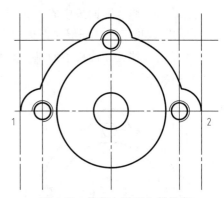 按钮,将竖直中心线分别向左、向右偏移 33mm。

⑥ 单击"修改"面板中的 ╱┅修剪按钮,将图形进行修剪。选中直径为 7mm 的圆,在"常用"选项卡的"图层"面板中选择"细实线"层,得到如图4-67 所示效果。

⑦ 单击"修改"面板中的 按钮,将竖直中心线向左偏移 13.5mm,将水平中心线向下偏移 17.5mm,得到一条辅助水平中心线,以该辅助线为基准,向上分别偏移 2mm、7mm,将图 4-67 中的线段 1 向右偏移 10mm,将图 4-67 中的线段 2 向左偏移 10mm,再经过执行修剪命令,得到如图 4-68 所示效果。

图 4-67  修剪左视图上部轮廓

⑧ 单击"绘图"面板中的 直线 按钮,以图 4-68 中线段 1 与线段 2 的交点为起点绘制一条与图 4-68 中线段 3 夹角为 120°的直线,并以交点为起点绘制一条水平中心线的垂线。

⑨ 单击"修改"面板中的 按钮,将图 4-68 中的线段 2 向下偏移 1.5mm,单击"修改"面板中的 ╱┃倒角按钮,进行倒角操作,得到如图 4-69 所示效果。其命令行操作如下。

命令:_chamfer

("修剪"模式) 当前倒角距离 1＝1.0000,距离 2＝1.0000

选择第一条直线或〔放弃(U)/多段线(P)/距离(D)/角度(A)/修剪(T)/方式(E)/多个(M)〕:D↙

指定 第一个 倒角距离〈1.0000〉:1.5↙

指定 第二个 倒角距离〈1.5000〉:↙

选择第一条直线或〔放弃(U)/多段线(P)/距离(D)/角度(A)/修剪(T)/方式(E)/多个(M)〕:T↙

输入修剪模式选项〔修剪(T)/不修剪(N)〕〈修剪〉:N↙

选择第一条直线或〔放弃(U)/多段线(P)/距离(D)/角度(A)/修剪(T)/方式(E)/多个(M)〕:(选择图 4-69 中的线段 1)

选择第二条直线,或按住 Shift 键选择直线以应用角点或〔距离(D)/角度(A)/方法(M)〕:(选择图 4-69 中的线段 2)

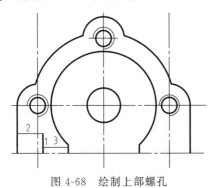

图 4-68  绘制上部螺孔

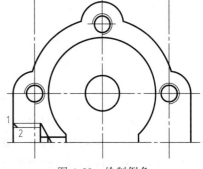

图 4-69  绘制倒角

⑩ 单击"绘图"面板中的 直线 按钮,以得到的倒角的一点为起点做水平中心线的垂线。

⑪ 单击"修改"面板中的⊬修剪按钮，将图形进行修剪，选中要设置为粗实线的线段，在"常用"选项卡的"图层"面板中选择"粗实线"层，得到如图 4-70 所示效果。

⑫ 单击"修改"面板中的◢◣镜像按钮，将得到的图形镜像到图形的右侧，得到如图 4-71 所示效果。

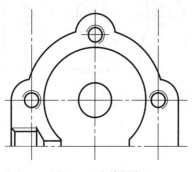
图 4-70　连接倒角

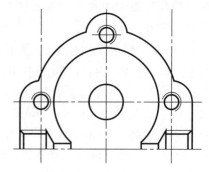
图 4-71　绘制右边螺孔

⑬ 单击"修改"面板中的◢◣镜像按钮，将左视图中已绘制的部分进行镜像处理，得到如图 4-72 所示效果。

⑭ 单击"修改"面板中的⊿按钮，将竖直中心线向左、向右分别偏移 15mm、19mm、50mm，将最下一条水平中心线向下偏移 45mm，将偏移得到的线段向上分别偏移 2mm、8mm，得到如图 4-73 所示效果。

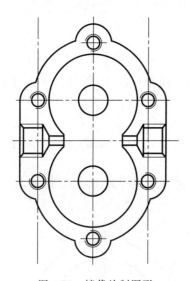
图 4-72　镜像绘制图形

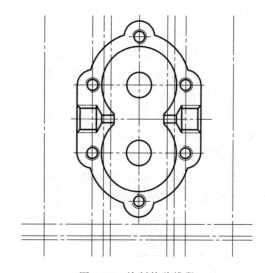
图 4-73　绘制偏移线段

⑮ 单击"修改"面板中的⊬修剪按钮，将图形进行修剪。选中要设置为粗实线的线段，在"常用"选项卡的"图层"面板中选择"粗实线"层，得到如图 4-74 所示效果。

⑯ 单击"修改"面板中的◻圆角按钮，对图形进行圆角处理，然后单击"修改"面板中的⊬修剪按钮对图形进行修剪，得到如图 4-75 所示效果。其命令行操作如下。

命令：_fillet

当前设置：模式＝不修剪,半径＝3.0000

选择第一个对象或[放弃(U)/多段线(P)/半径(R)/修剪(T)/多个(M)]：T↙

输入修剪模式选项[修剪(T)/不修剪(N)]〈不修剪〉：T↙

选择第一个对象或[放弃(U)/多段线(P)/半径(R)/修剪(T)/多个(M)]：（选择图4-74中的线段1）

选择第二个对象,或按住Shift键选择对象以应用角点或[半径(R)]：（选择图4-74中的线段2）

命令：_fillet

当前设置：模式＝修剪,半径＝3.0000

选择第一个对象或[放弃(U)/多段线(P)/半径(R)/修剪(T)/多个(M)]：（选择图4-74中的线段3）

选择第二个对象,或按住Shift键选择对象以应用角点或[半径(R)]：（选择图4-74中的线段4）

命令：_fillet

当前设置：模式＝修剪,半径＝3.0000

选择第一个对象或[放弃(U)/多段线(P)/半径(R)/修剪(T)/多个(M)]：T↙

输入修剪模式选项[修剪(T)/不修剪(N)]〈修剪〉：N↙

选择第一个对象或[放弃(U)/多段线(P)/半径(R)/修剪(T)/多个(M)]：（选择图4-74中的线段2）

选择第二个对象,或按住Shift键选择对象以应用角点或[半径(R)]：（选择图4-74中的线段3）

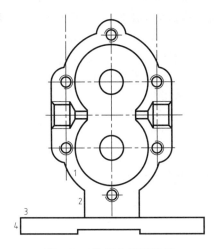

图4-74　绘制主视图底板

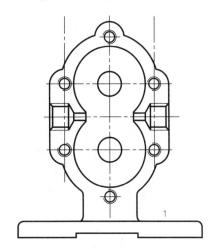

图4-75　对底板进行圆角

⑰ 单击"修改"面板中的 ⬏ 按钮,将竖直中心线向左、向右分别偏移35mm,将右边偏移得到的线段作为辅助线,将其分别向左、向右偏移5.5mm、12mm,将图4-75中的线段1向下偏移2mm。

⑱ 单击"修改"面板中的 ⊹ 修剪按钮,将图形进行修剪。选中要设置为粗实线的线段,在"常用"选项卡的"图层"面板中选择"粗实线"层,得到如图4-76所示效果。

⑲ 单击"绘图"面板中的 ∿ 按钮,绘制图中的断面线,得到如图4-77所示效果。

⑳ 用图案填充方法得到剖断面的填充效果,如图4-78所示。

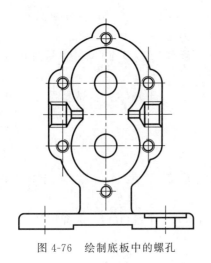

图 4-76 绘制底板中的螺孔

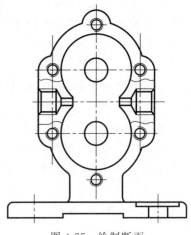

图 4-77 绘制断面

**(5)** 绘制 A—A 剖面

① 在"常用"选项卡的"图层"面板中选择"中心线"层。单击"绘图"面板中的
✎ 按钮，在主视图的正下方绘制一水平中心线和一竖直中心线。

② 单击"修改"面板中的 ▣ 按钮，将竖直中心线向左、向右分别偏移 15mm、35mm、
50mm，将水平中心线向上、向下分别偏移 18mm、22mm，得到如图 4-79 所示效果。

③ 单击"修改"面板中的 ✂ 修剪按钮，将图形进行修剪，选中要设置为粗实线的线段，
在"常用"选项卡的"图层"面板中选择"粗实线"层，得到如图 4-80 所示效果。

④ 单击"修改"面板中的 ▢ 圆角按钮，对图形进行圆角处理，得到如图 4-81 所示
效果。

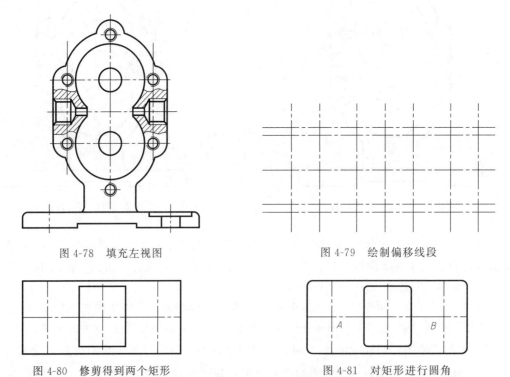

图 4-78 填充左视图　　　　　　　　　图 4-79 绘制偏移线段

图 4-80 修剪得到两个矩形　　　　　　图 4-81 对矩形进行圆角

⑤ 单击"绘图"面板中的◎按钮，分别以图 4-81 中的 A 点和 B 点为圆心，绘制直径分别为 11mm、24mm 的同心圆。其效果如图 4-82 所示。

⑥ 用图案填充方法得到剖断面的填充效果，如图 4-83 所示。

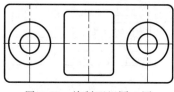

图 4-82　绘制两组同心圆

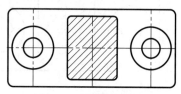

图 4-83　填充剖面视图

**(6) 标注零件图**

① 在"常用"选项卡的"图层"面板中选择"尺寸标注"层，单击"注释"选项卡下"标注"面板中的┣━━┫线性按钮，对泵体的主视图进行标注，得到如图 4-84 所示效果。

② 单击"注释"选项卡下"标注"面板中的┣━━┫线性按钮、◯直径、◯半径、┠图┃，对泵的左视图进行标注，单击⊞.1按钮，插入粗糙度符号和下沉符号，得到如图 4-85 所示效果。

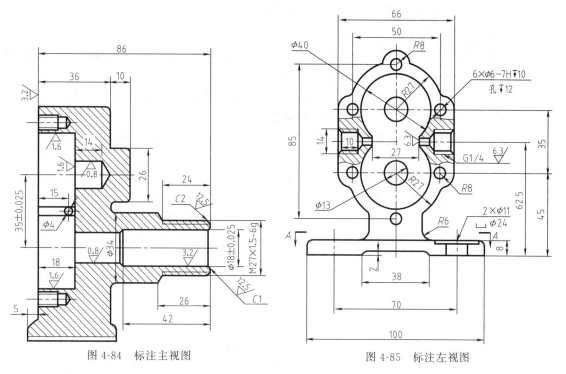

图 4-84　标注主视图　　　　　　　　　　图 4-85　标注左视图

③ 用同样的方法对泵体的 A—A 剖面视图进行如图 4-86 所示标注。

④ 单击"常用"选项卡下"注释"面板中的**A** 多行文字按钮，在标题栏的正上方输入如图 4-87 所示的文字说明。

⑤ 单击"常用"选项卡下"注释"面板中的**A|** 单行文字按钮，用文字填写标题栏，得到如图 4-44 所示完整图样。

### 4.1.8　典型实例 3——塔设备

塔设备是化学工业生产中最重要的设备之一。它可使气（汽）液或液液两相之间进行充

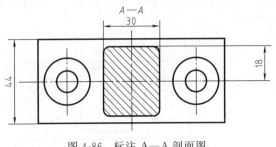

图 4-86　标注 A—A 剖面图

图 4-87　加入文本说明

分接触，达到相际传热及传质的目的。在塔设备中能进行的单元操作有精馏、吸收、解吸、气体的增湿及冷却等。常用结构形式有板式塔和填料塔，塔设备的总体结构包括塔体、塔体支座、除沫器、接管、人孔和手孔，以及塔体内件等。其一般绘制步骤如下。

①　复核资料，仔细阅读"设备设计条件单"，核对设计条件单中各项设计条件，设计和选定该设备的主要结构及有关数据，如筒体与封头的连接方式、支座、人孔等。

②　确定视图的表达方案。根据设备的结构特点确定表达方案，除采用主、俯或主、左视图外，还可采用局部放大、多次旋转等表达方式。

③　确定比例，选定和安排幅面。

④　按画装配图的步骤进行，一般先画主视图，后画俯（左）视图；先画主体，后画附件；先画外件，后画内件；先定位置，后画形状。

⑤　标注尺寸及焊缝代号。化工设备装配图上应标注外形、规格、装配、安装等尺寸。

⑥　零部件及管口编序号，编写明细表和接管口表。

⑦　编写技术特性表，技术要求或制造检验主要数据表、标题栏等内容。

**（1）绘图分析**

图 4-88 所示为化学工业中较为常见的填料冷却塔，由主视图、俯视图、局部放大视图等几部分组成，另外图中还有技术要求、技术特性表、管口表、明细表和标题栏等。主视图是其中最为复杂的部分，绘制工作量最大，而俯视图等其它部分相对较为简单，因此在绘制时可以先绘制主视图，再绘制俯视图及局部放大图，最后完成右半部分的技术要求、明细栏等文本、表格等。

**（2）绘制步骤**

①　绘图前的准备

a. 新建 AutoCAD 文件，并将其存为"冷却塔 . dwg"。

b. 设置绘图单位及精度，图形界限，调整栅格间距。长度类型"小数"，精度"0.0"；若采用 1∶1 进行绘制，由于图上比例尺为 1∶5 的 A0 幅面，所以图形界限设定为 4205mm×5945mm；栅格捕捉间距均为默认设置。

c. 参照 2.6 节创建图层。在"图层特性管理器"对话框中新建"粗实线"、"细实线"、"中心线"、"剖面线"、"尺寸标注"、"双点画线"等图层，并设置相应的颜色、线型和线宽。

②　绘制冷却塔主视图

a. 根据主视图及尺寸，分别采用构造线、偏移、直线、椭圆、圆弧、样条曲线、修剪、复制等命令在各对象所在图层绘制主视图的左半部分，结果如图 4-89 所示。该步绘制中注意线型管理器中比例因子的合理设置，以保证中心线和双点画线可以正确显示。

b. 采用镜像命令，将塔的左半部分主体结构以中心轴线为对称轴，进行镜像，并保留

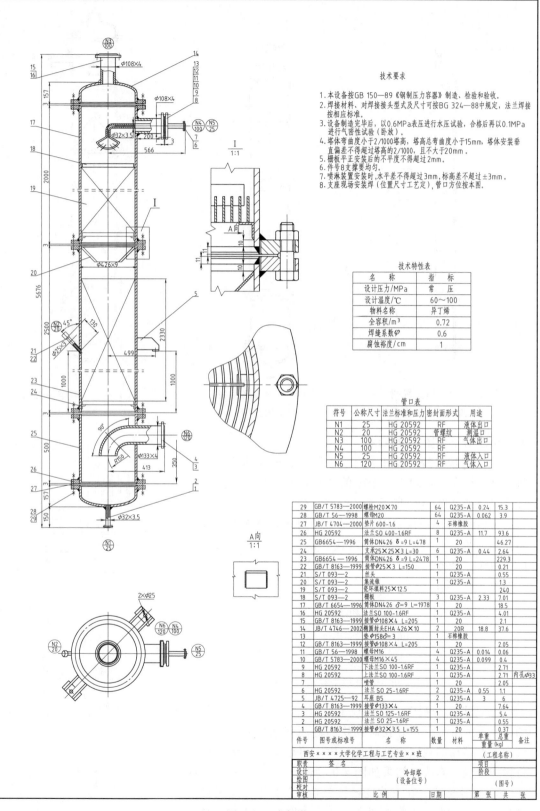

技术要求

1. 本设备按GB 150—89《钢制压力容器》制造、检验和验收。
2. 焊接材料，对焊接接头型式及尺寸可按BG 324—88中规定，法兰焊接按相应标准。
3. 设备制造完毕后，以0.6MPa表压进行水压试验，合格后再以0.1MPa进行气密性试验（卧放）。
4. 塔体弯曲度小于2/1000塔高，塔高总弯曲度小于15mm，塔体安装垂直偏差不得超过塔高的2/1000，且不大于20mm。
5. 栅板平正安装后的不平度不得超过2mm。
6. 件号8支撑要均匀。
7. 喷淋装置安装时，水平差不得超过3mm，标高差不超过±3mm。
8. 支座现场安装焊（位置尺寸工艺定），管口方位按本图。

技术特性表

| 名 称 | 指 标 |
|---|---|
| 设计压力/MPa | 常 压 |
| 设计温度/℃ | 60～100 |
| 物料名称 | 异丁烯 |
| 全容积/m³ | 0.72 |
| 焊缝系数φ | 0.6 |
| 腐蚀裕度/cm | 1 |

管口表

| 符号 | 公称尺寸 | 法兰标准和压力 | 密封面形式 | 用途 |
|---|---|---|---|---|
| N1 | 25 | HG 20592 | RF | 液体出口 |
| N2 | 20 | HG 20592 | 管螺纹 | 测温口 |
| N3 | 100 | HG 20592 | RF | 气体出口 |
| N4 | 100 | HG 20592 | RF | |
| N5 | 25 | HG 20592 | RF | 液体入口 |
| N6 | 120 | HG 20592 | RF | 气体入口 |

| 件号 | 图号或标准号 | 名 称 | 数量 | 材料 | 单重 | 总重 | 备注 |
|---|---|---|---|---|---|---|---|
| 29 | GB/T 5783—2000 | 螺栓M20×70 | 64 | Q235-A | 0.24 | 15.3 | |
| 28 | GB/T 56—1998 | 螺母M20 | 64 | Q235-A | 0.062 | 3.9 | |
| 27 | JB/T 4704—2000 | 垫片 600-1.6 | 4 | 石棉橡胶 | | | |
| 26 | HG 20592 | 法片 SO 400-1.6RF | 8 | Q235-A | 11.7 | 93.6 | |
| 25 | GB6654—1996 | 筒体DN426 δ=9 L=478 | 1 | 20 | | 46.27 | |
| 24 | | 支承25×25×3 L=30 | 6 | Q235-A | 0.44 | 2.64 | |
| 23 | GB6654—1996 | 筒体DN426 δ=9 L=2478 | 1 | 20 | | 229.3 | |
| 22 | GB/T 8163—1999 | 接管φ25×3 L=150 | 1 | 20 | | 0.21 | |
| 21 | S/T 093—2 | 丝头 | 1 | Q235-A | | 0.55 | |
| 20 | S/T 093—2 | 集流维 | 1 | Q235-A | | 1.3 | |
| 19 | S/T 093—2 | 瓷环填料25×12.5 | 1 | | | 240 | |
| 18 | S/T 093—2 | 栅板 | 3 | Q235-A | 2.33 | 7.01 | |
| 17 | GB/T 6654—1996 | 筒体DN426 δ=9 L=1978 | 1 | 20 | | 18.5 | |
| 16 | HG 20592 | 法兰 SO 100-1.6RF | 1 | Q235-A | | 4.01 | |
| 15 | GB/T 8163—1999 | 接管φ108×4 L=205 | 1 | 20 | | 2.1 | |
| 14 | JB/T 4746—2002 | 椭圆封头EHA 426×10 | 2 | 20R | 18.8 | 37.6 | |
| 13 | | 垫φ158δ=3 | 1 | 石棉橡胶 | | | |
| 12 | GB/T 8163—1999 | 接管φ108×4 L=205 | 1 | 20 | | 2.05 | |
| 11 | GB/T 56—1998 | 螺母M16 | 4 | Q235-A | 0.014 | 0.06 | |
| 10 | GB/T 5783—2000 | 螺母M16×45 | 4 | Q235-A | 0.099 | 0.4 | |
| 9 | HG 20592 | 下法兰 SO 100-1.6RF | 1 | Q235-A | | 2.71 | |
| 8 | HG 20592 | 上法兰 SO 100-1.6RF | 1 | Q235-A | | 2.71 | 内孔φ33 |
| 7 | | 喷管 | 1 | 20 | | 2.05 | |
| 6 | HG 20592 | 法兰 SO 25-1.6RF | 2 | Q235-A | 0.55 | 1.1 | |
| 5 | JB/T 4725—92 | 耳座 B5 | 2 | Q235-A | 3 | 6 | |
| 4 | GB/T 8163—1999 | 接管φ133×4 | 1 | 20 | | 7.64 | |
| 3 | HG 20592 | 法兰 SO 125-1.6RF | 1 | Q235-A | | 5.4 | |
| 2 | HG 20592 | 法兰 SO 25-1.6RF | 1 | Q235-A | | 0.55 | |
| 1 | GB/T 8163—1999 | 接管φ32×3.5 L=155 | 1 | 20 | | 0.37 | |

| 西安××××大学化学工程与工艺专业××班 | | | |
|---|---|---|---|
| 职责 | 签 名 | | |
| 设计 | | | 冷却塔 |
| 绘图 | | | （设备位号） |
| 校对 | | | |
| 审核 | | 比例 | 日期 |

图 4-88  冷却塔

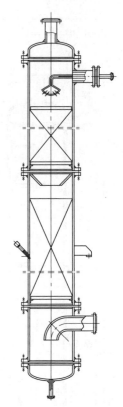

图 4-89　冷却塔主视图
左半部分主体结构

图 4-90　冷却塔主视
图主体结构

图 4-91　冷却塔主视图
（含接管）

源对象。结果如图 4-90 所示。

　　c. 采用构造线、偏移、直线、圆弧、样条曲线、修剪、复制等命令绘制主视图中的其它接管、填料、莲蓬头等，结果如图 4-91 所示。

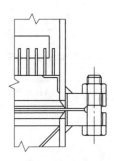

　　③ 绘制冷却塔俯视图　根据"长对正，高平齐，宽相等"的投影规律，采用构造线、偏移、直线、圆弧、样条曲线、修剪、复制等命令，绘制冷却塔俯视图，结果如图 4-92 所示。

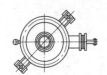

图 4-92　冷却塔俯视图

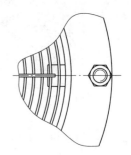

　　④ 绘制局部视图　首先在主视图中画一个矩形，包围需要放大的部分，并复制到绘图区域其他地方，用缩放命令根据局部视图比例进行放大，再根据实际结构进行详细绘制、修改，结果如图 4-93 所示。

　　⑤ 尺寸标注　在不改变投影关系的前提下，运用移动命令调整主视图、俯视图和局部放大图的位置，并按

图 4-93　局部放大视图

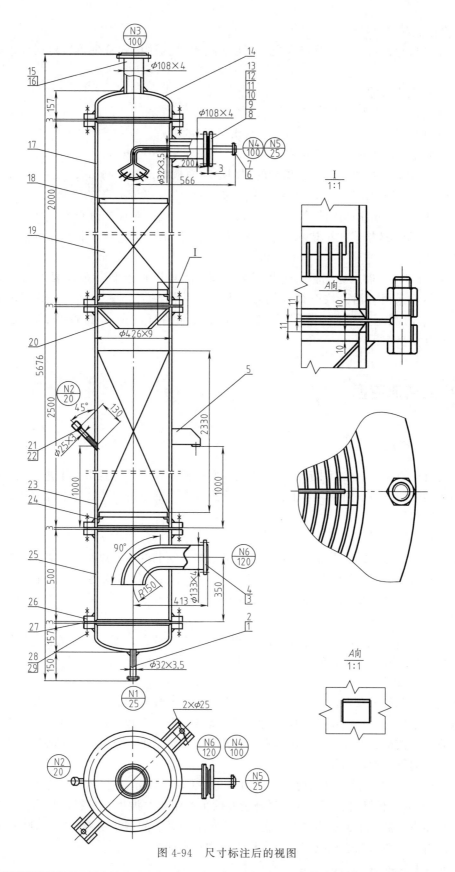

图 4-94　尺寸标注后的视图

以下步骤进行尺寸标注。

a. 将"尺寸标注"图层设置为当前图层；打开"标注样式管理器"对话框进行尺寸样式设置。

b. 标注图中尺寸。

c. 创建带属性的块，标注管口。

d. 标注件号指引线、局部视图代号及比例等参数。

尺寸标注结果如图 4-94 所示。

⑥ 图案填充　在"常用"选项卡的"图层"面板中选择"剖面线"层，根据图中不同剖面线形式，采用"图案填充"命令，分别进行剖面线、焊接点等的绘制。

⑦ 注写文字，绘制明细栏等表格　打开"文字样式"对话框进行文字样式设置。采用"多行文字"命令按格式注写技术要求；采用"表格"命令分别绘制技术特性表、管口表和明细栏。

⑧ 绘制图框，插入标题栏，进行图幅整理，完成图形绘制　根据要求的图幅大小绘制图框，然后采用"插入块"命令插入标题栏，并修改部分文字内容。最后在保持正确投影关系的前提下，采用"移动"命令进行图幅整理，完成图形绘制。最终结果如图 4-88所示。

## 4.2　工艺流程图

### 4.2.1　概述

工艺流程图是表示化工生产工艺流程的示意图样。在设计过程中，工艺流程图可按其作用及内容详细程度的不同分为若干种。如物料流程图、能量流程图、工艺流程图、仪表流程图和管道流程图等。

**(1) 物料流程图**

物料流程图是在完成系统的物料和能量衡算之后绘制的，它以图形与表格相结合的方式来反映物料与能量衡算的结果，如图 4-95 所示。它主要是用来描述界区内主要工艺物料的种类、流向、流量以及主要设备的特性数据等。

**(2) 能量流程图**

能量流程图主要是用来描述界区内主要消耗能源的种类、流向与流量满足热量平衡计算和生产组织与过程能耗分析的需要，见图 4-96。

**(3) 工艺流程图**

工艺流程图是用来表达一个工厂或生产车间工艺流程与相关设备、辅助装置、仪表与控制要求的基本概况，可供化学工程、化工工艺等各专业的工程技术人员使用与参考，是化工企业工程技术人员和管理人员使用最多、最频繁的一类图纸。常见工艺流程图按其内容及使用目的的不同可分为以下几种。

① 全厂总工艺流程图（或物料平衡图）　如图 4-97 所示，主要用来描述大型联合企业（或全厂）总的流程概况，可为大型联合企业的生产组织与调度、过程的技术经济分析，以及项目初步设计提供依据。通常由工艺技术人员完成系统的初步物料平衡与能量平衡计算之后绘制。对于一般的综合性化工厂，常称之为物料平衡图。

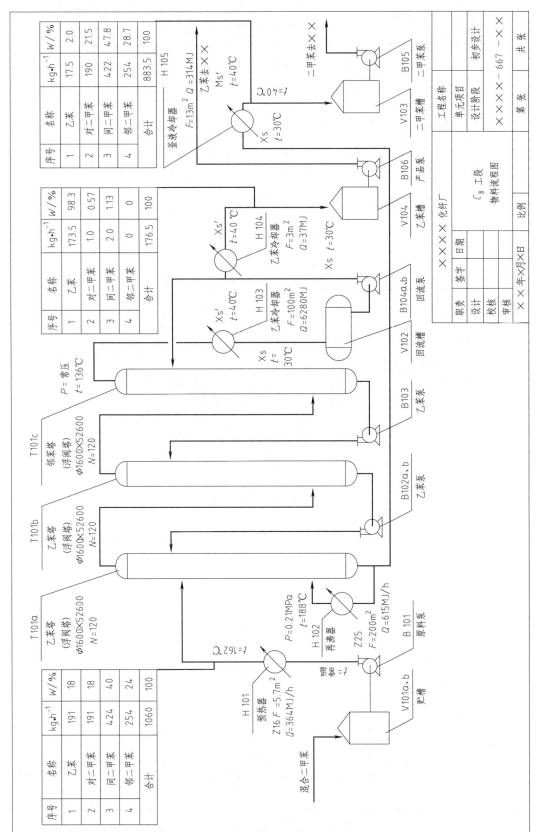

图 4-95 某聚苯乙烯厂 C₈ 工段物料流程图

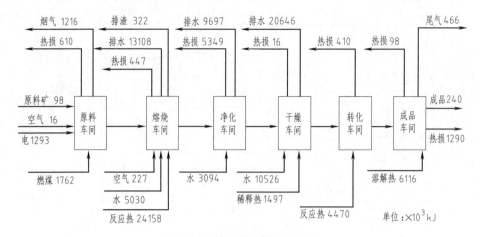

图 4-96　某硫酸厂能量流程图

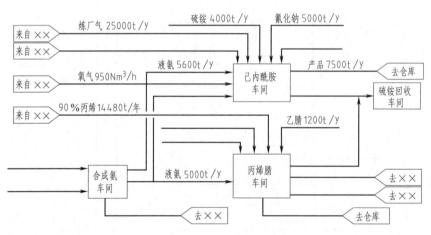

图 4-97　某化纤厂物料平衡图

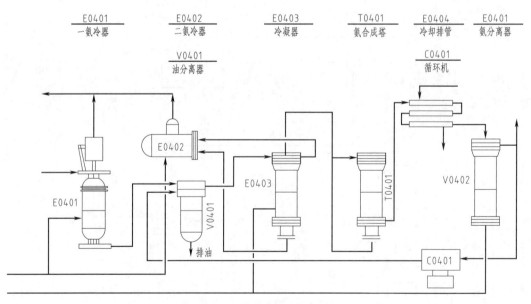

图 4-98　某合成氨厂方案流程图

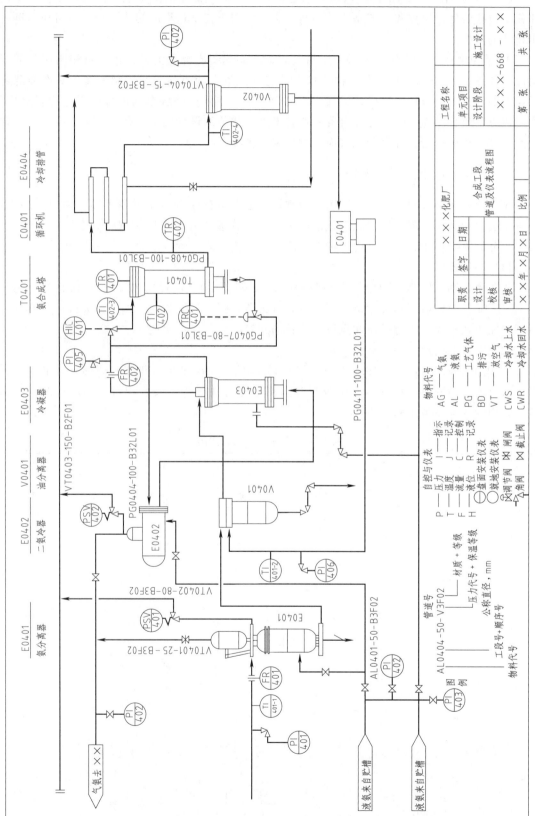

图 4-99  某化肥厂合成工段工艺管道及仪表流程图

② 方案流程图 如图 4-98 所示,它通常是在物流平衡图的基础上绘制的,主要用来描述化工过程的生产流程和工艺路线的初步方案。常用于化工过程的初步设计,也可作为进一步设计的基础。

③ 带控制点的工艺流程图 带控制点的工艺流程图由物料流程、控制点和图例三部分组成,如图 4-99 所示。它是在工程技术人员完成设备设计而且过程控制方案也基本确定之后绘制的。与方案流程图一样,但其内容更为详细,主要反映各车间内部的工艺物料流程。它是以方案流程图为依据,并综合各专业技术人员相关的设计结果,是在方案流程图的基础上经过进一步的修改、补充和完善而绘制出来的图样。

### 4.2.2 工艺流程图的视图

工艺流程图是一种示意性展开图,通常以工艺装置的主项(工段或工序)为单元绘制,也可以装置为单元绘制,按工艺流程次序把设备、管道流程自左向右展开画在同一平面上。其一般分为流程草图、设计流程图和施工流程图三个阶段进行。

**(1) 一般规定**

工艺流程图采用 A1 图幅绘制(横幅绘制,数量不限),流程简单者可用 A2 图幅绘制。

工艺流程图一般可不按比例绘制,设备(机器)图例只取相对比例,过大或过小的设备可适当缩小或放大,同时还应注意设备位置的相对高低,尽量协调。

**(2) 设备的图示方法**

① 用细实线按 HG 20519.31—92 规定的标准图例绘制设备(机器)图形。对未规定的设备(机器)的图形可根据其实际外形和内部结构特征绘制,只取相对大小,不按实物比例。常用的标准设备图例见表 4-4。

表 4-4 常用的标准设备图例

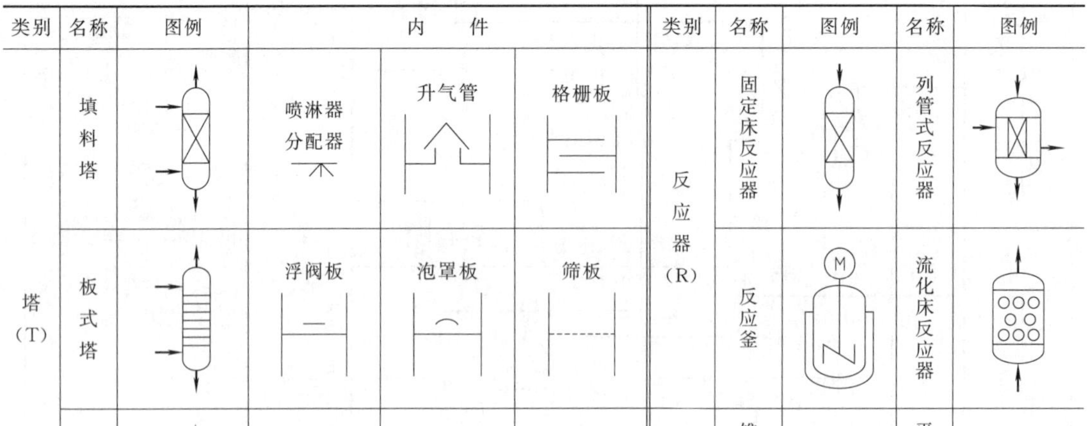

| 类别 | 名称 | 图例 | 内件 | | | 类别 | 名称 | 图例 | 名称 | 图例 |
|---|---|---|---|---|---|---|---|---|---|---|
| 塔<br>(T) | 填料塔 | (图例) | 喷淋器分配器 | 升气管 | 格栅板 | 反应器<br>(R) | 固定床反应器 | (图例) | 列管式反应器 | (图例) |
| | 板式塔 | (图例) | 浮阀板 | 泡罩板 | 筛板 | | 反应釜 | (图例) | 流化床反应器 | (图例) |
| | 喷淋塔 | (图例) | 湍球 | 丝网除沫器 | 填料除沫器 | 容器<br>(V) | 锥顶罐 | (图例) | 平顶罐 | (图例) |
| | | | | | | | 立式 | (图例) | 卧式 | (图例) |

| | 名称 | 固定管板 | 浮头式 | U形管式 | 套管式 | 釜式 | 螺旋板式 | 蛇管式 |
|---|---|---|---|---|---|---|---|---|
| 换热器<br>(E) | 图例 | (图例) | (图例) | (图例) | (图例) | (图例) | (图例) | (图例) |

| | 名称 | 离心泵 | 往复泵 | 齿轮泵 | 喷射泵 | 水环真空泵 | 液下泵 | 旋涡泵 |
|---|---|---|---|---|---|---|---|---|
| 泵<br>(P) | 图例 | | | | | | | |
| 常用机械<br>（M） | 名称 | 压滤机 | 转鼓过滤机 | 壳体离心机 | 带运输机 | 透平机 | 混合机 | 挤压机 |
| | 图例 | | | | 代号:(L) | | | |
| 压缩机<br>（C） | 名称 | 电动机 | 内燃机 | 汽轮机 | 旋转压缩机 | 往复压缩机 | 鼓风机 | 离心压缩机 |
| | 图例 | Ⓜ | Ⓔ | Ⓢ | | Ⓜ | | |

② 图中必须画出设备、机器上与配管有关，以及与外界有关的管口（如排液口、排气口、放空口及仪表接口等），管口一般用单细实线表示，也可以与所连管道线宽度相同。允许个别管口用双细实线绘制，对于设备、机器上的其它管接口（如人孔、手孔、卸料口等）如有可能均应画出。一般设备管口法兰可不绘制。

③ 设备或机器的支承、底（裙）座、基础平台等在图中可不表示，对设备、机器自身的附属部件与工艺流程有关的，例如列管换热器管板上的排气口、设备上的液面计等，它们不一定需要外部接管，但对生产操作和检测都是必需的，因此，图上应予表示。

④ 对于需隔热或伴热的设备和机器，图中需在其相应部位画出一段隔热层图例或一段伴热管，如图 4-100 所示。必要时可再注出其隔热等级或伴热类型和介质代号。

**（3）管道的图示方法**

在工艺流程图上一般只画出工艺物料的管道以及与工艺有关的辅助管道。用粗实线绘制，相应的流向则在物流线上以箭头表示。常用的管道符号标记见表 4-5。

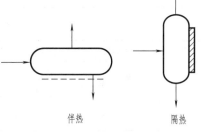

伴热　　　　隔热

图 4-100　设备隔热或伴热的图示方法

**表 4-5　管道符号标记**

| 管道符号 | 标记示意 | 管道符号 | 标记示意 | 管道符号 | 标记示意 |
|---|---|---|---|---|---|
| 带箭头粗实线 | 主要工艺物流 | 双点划线 | 原有管道 | | 电伴热管<br>蒸汽伴热管 |
| | 隔热管 | $i=\times\times$ | 安装坡度 | | 同心异径管<br>不同心异径管 |
| | 管道交叉且相连 | | 管道交叉不相连 | | 管道相连不交叉 |
| ×××<br>框内为图纸序号 | 去往其它图纸 | ×××<br>框内为图纸序号 | 来自其它图纸 | | 放空管 |
| ××<br>框内为装置图号 | 去往其它装置 | ××<br>框内为装置图号 | 来自其它装置 | | 软管、波纹管 |

绘制时应注意以下几点。

① 一般用单线表达各种物料的通向及物料流经各设备的概况。固体物料进出设备示意一般用粗虚弧线（或折线）表示。其中管线的伴热管要全部绘出，夹套管可在两端只画出一小段，隔热管道要在适当部位绘出隔热图例。

② 在绘制管道时，尽可能把管道画成水平或垂直，注意避免穿过设备或使管道交叉，在不可避免时，则将其中一管道断开一段，管道转弯处一般画成直角。

③ 管道上取样口、放气口、排液口及液封管均应全部画出，一般放气口绘于管道的上方，排液口及液封管绘于管道下方，液封管尽量按实际比例画出。

④ 当图上的管道与其它图纸有关时，则用空心箭头框说明本流程（或装置）的来向与去向，箭头框通常集中绘于图纸的左右侧，框内注明来向或去向的相应图纸序号（或编号），框的上方或另一端注明来向或去向的设备位号或管道号或仪表位号。

**(4) 主要阀件、管件的图示方法**

用细实线按 HG 20519.32—92 规定图例绘出管道上的阀件、管件。管道之间的一般连接件，如弯头、法兰、三通等不需绘出（为安装和检修等原因所加的法兰、螺纹连接件等仍需绘出）。常用图例见表 4-6 和表 4-7。

表 4-6 常用阀门图例

| 阀门 | 截止阀 | 闸阀 | 蝶阀 | 球阀 | 旋塞阀 | 角阀 | 升降止回阀 | 旋启止回阀 | 安全阀 | 减压阀 | 疏水阀 |
|------|--------|------|------|------|--------|------|-----------|-----------|--------|--------|--------|
| 图例 | | | | | | | | | | | |

表 4-7 常用管件图例

| 管件 | 8字形盲板 | 管帽 | 管端法兰 | 管端盲板 | 敞口漏斗 | 闭口漏斗 | 防雨帽 | 焊接式管口 |
|------|-----------|------|----------|----------|----------|----------|--------|-----------|
| 图例 | 常开 常闭 | | | | | | | |

**(5) 仪表、调节控制系统，分析取样系统表示方法**

在工艺管道及仪表流程图中，必须用细实线绘出和标注全部与工艺有关的检测仪表，调节控制系统，分析取样点和取样阀（组）。其符号、代号和表示方法分别见表 4-8～表 4-11。

表 4-8 常用测量仪表图例

| 测量仪表 | 孔板流量计 | 转子流量计 | 文氏流量计 | 电磁流量计 | 靶式流量计 | 液位计 |
|----------|-----------|-----------|-----------|-----------|-----------|--------|
| 图例 | | | | | | |

表 4-9 表示测量仪表安装要求的图形符号

| 安装要求 | 就地盘面安装 | 就地盘后安装 | 就地安装 | 就地嵌装 | 集中盘面安装 | 集中盘后安装 |
|----------|-------------|-------------|----------|----------|-------------|-------------|
| 图例 | | | | | | |

表 4-10　仪表常用检测参数代号

| 测量参数 | 代号 | 测量参数 | 代号 | 测量参数 | 代号 | 测量参数 | 代号 |
|---|---|---|---|---|---|---|---|
| 物料组成 | A | 压力或真空 | P | 长度 | G | 放射性 | R |
| 流量 | F | 温度 | T | 电导率 | C | 转速 | N |
| 物位 | L | 数量或件数 | Q | 电流 | I | 重力或力 | W |
| 水分或湿度 | M | 密度 | D | 速度或频率 | S | 未分类参数 | X |

表 4-11　仪表功能代号

| 功能 | 代号 | 功能 | 代号 | 功能 | 代号 | 功能 | 代号 | 功能 | 代号 | 功能 | 代号 | 功能 | 代号 |
|---|---|---|---|---|---|---|---|---|---|---|---|---|---|
| 指示 | I | 扫描 | J | 控制 | C | 连锁 | S | 检出 | E | 指示灯 | L | 多功能 | U |
| 记录 | R | 开关 | S | 报警 | A | 积算 | Q | 变送 | T | 手动 | K | 未分类 | X |

检测仪表按其检测项目、功能、位置（就地或控制室），进行绘制和标注，如图 4-101 所示。

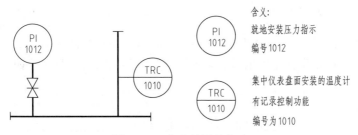

含义:
就地安装压力指示
编号1012

集中仪表盘面安装的温度计
有记录控制功能
编号为1010

图 4-101　仪表的图示方法

调节控制系统按其具体组成形式（单阀、四阀等），将所包括的管道、阀门、管件、管道附件一一画出，并分别注出对其调节控制的项目、功能、位置及调节自身的特征（气动或电动；气开或气闭等），如图 4-102 所示。

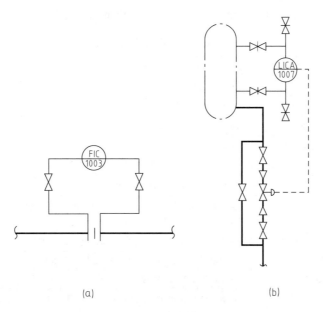

(a)　　　　　　　　(b)

图 4-102　调节控制系统
FIC—流量指示调节控制；LICA—液位，指示，调节，报警

分析取样点在选定的位置标注和编号，如图 4-103 所示。图中 A 表示人工取样点，1301 为取样点编号，其中 13 为主项编号，01 为取样点序号，圆直径为 10mm。

### 4.2.3 工艺流程图的标注

在工艺流程图中，除了用图表示出流程中的全部设备机器、管线、阀、管件及仪表控制点外，还必须对设备机器、管线等进行标注。

**(1) 设备（机器）的标注**

① 标注内容　设备在工艺流程图中应标注名称及位号。

② 标注方法　设备（机器）的位号和名称标注如图 4-104 所示。

图 4-103　分析取样点示例　　　　　　图 4-104　设备（机器）的标注

③ 设备位号图　图 4-104 中设备位号为 T1005A，注写在设备位号线的上方，设备位号由设备类别代号、设备所在主项编号、设备顺序号、相同设备数量尾号四个部分组成，如图 4-105 所示。

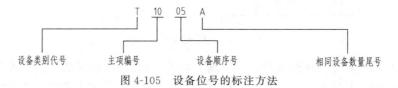

图 4-105　设备位号的标注方法

a. 设备类别代号

一般取设备英文名称的第一个大写字母，具体规定如表 4-12。

表 4-12　设备分类代号

| 序号 | 分　类 | 范　围 | 代　号 |
|---|---|---|---|
| 1 | 泵 | 各种类型泵 | P |
| 2 | 反应器和转化器 | 固定床、流化床、反应釜（塔）、转化器、氧化炉 | R |
| 3 | 换热器 | 列管、套管、螺旋板、蛇管、蒸发器等各种换热设备 | E |
| 4 | 压缩机、鼓风机 | 各类压缩机、鼓风机 | C |
| 5 | 工业炉 | 裂解炉、加热炉、锅炉、转化炉、电石炉等 | F |
| 6 | 火炬与烟囱 | 各种工业火炬与烟囱 | S |
| 7 | 容器 | 各种类型的贮槽、贮罐、气柜、气液分离器、旋风分离器、除尘器、床层过滤器等 | V |
| 8 | 起重运输机械 | 各种起重机械、葫芦、提升机、输送机和运输车 | L |
| 9 | 塔设备 | 各种填料塔、板式塔、喷淋塔、湍球塔和萃取塔 | T |
| 10 | 称量机械 | 各种定量给料称、地磅、电子秤等 | W |
| 11 | 动力机械 | 电动机(S)、内燃机(E)、汽轮机、离心透平机(S)、活塞式膨胀机等其他动力机(D) | M,E,S,D |
| 12 | 其它机械 | 各种压滤机、过滤机、离心机、挤压机、柔和机、混合机 | M |

b. 设备所在主项的编号

按工程需要给定的主项编号填写，采用两位数字，从 01 开始，最大为 99。

c. 设备顺序号

按同类设备在工艺流程中流向的先后顺序编制，采用两位数字。

d. 相同设备的数量尾号

两台或两台以上相同设备并联时，它们位号前三项完全相同，再用不同的数量尾号予以区别，按数量和排列顺序依次以大写英文字母 A，B，C 等作为每台设备的尾号。

④ 设备名称　设备名称注写在设备位号线下方，要求所写的名称能尽可能反映设备用途，例如氨吸收塔、盐酸输送泵等。

⑤ 标注方式　设备（机器）在工艺流程图中需在两个地方进行标注：第一，标注在相应设备（机器）图形的上方或下方，要求排列整齐，在同一水平线上。当几个设备或机器为垂直排列时，则可由上而下按顺序标注，也可水平标注（也可将偏在上方的设备标注在图纸上端，另一设备注在图纸下端）。第二，标注在设备（机器）图形内或其近旁，但此处仅注位号及位号线不注名称。

**(2) 管道的标注**

① 标注内容　每一根管道在工艺管道及仪表流程图中均要进行编号和标注，标注内容由管道号（也可称管段号，其包括物料代号、主项编号、管道顺序号三个单元）、管径（公称直径 DN）、管道等级和隔热（或隔声）代号四个部分组成，且每根管道必须配画指示物料流向的箭头。

② 标注方法　标注方法如图 4-106 所示。

其中物料代号见表 4-13。主项编号是按工程规定的主项编号填写，一般采用二位数字，从 01 至 99，管道顺序号是按相同类别的物料在同一主项内以流向先后为序，顺序从 01 编至 99 为止，管道公称直径以 mm 为单位，只注数字不必注出单位。

管道等级由管道的公称压力、管道顺序号、管道材质的类别三个单元组成，如图 4-107 所示。

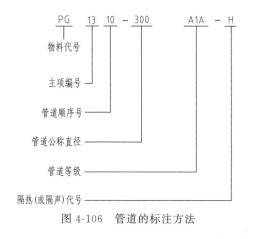

图 4-106　管道的标注方法

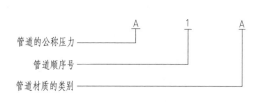

图 4-107　管道等级标注方法

其中管道的公称压力（MPa）等级代号见表 4-14，用大写英文字母表示。A～K 用于 ANSI（美国国家标准协会）标准压力等级代号（其中 I、J 不用），L～Z 用于国内标准压力等级代号（其中 O、X 不用）。

管道顺序号用阿拉伯数字表示，由 1 开始。管道材质类别，用大写英文字母表示，其符号意义如下：A—铸铁，B—碳钢，C—普通低合金钢，D—合金钢，E—不锈钢，F—有色金属，G—非金属，H—衬里及内防腐。隔热及隔声代号以大写英文字母表示，见表4-15。

表 4-13   物料代号

| 类别 | 物料名称 | 代号 | 类别 | 物料名称 | 代号 |
|---|---|---|---|---|---|
| 工艺物料代号 | 工业空气 | PA | 制冷剂 | 气氨 | AG |
| | 工艺气体 | PG | | 液氨 | AL |
| | 工艺液体 | PL | | 气体乙烯或乙烷 | ERG |
| | 工艺固体 | PS | | 液体乙烯或乙烷 | ERL |
| | 工艺物料(气液两相流) | PGL | | 氟利昂气体 | FRG |
| | 工艺物料(气固两相流) | PGS | | 氟利昂液体 | FRL |
| | 工艺物料(液固两相流) | PLS | | 气体丙烯或丙烷 | PRG |
| | 工艺水 | PW | | 液体丙烯或丙烷 | PRL |
| 空气 | 空气 | AR | | 冷冻盐水回水 | RWR |
| | 压缩空气 | CA | | 冷冻盐水上水 | RWS |
| | 仪表用空气 | IA | 其它物料 | 排液、导淋 | DR |
| 蒸汽及冷凝水 | 高压蒸汽(饱和或微过热) | HS | | 熔盐 | FSL |
| | 中压蒸汽(饱和或微过热) | MS | | 火炬排放气 | FV |
| | 低压蒸汽(饱和或微过热) | LS | | 氢 | H |
| | 高压过热蒸汽 | HUS | | 加热油 | HO |
| | 中压过热蒸汽 | MUS | | 惰性气 | IG |
| | 低压过热蒸汽 | LUS | | 氮 | N |
| | 伴热蒸汽 | TS | | 氧 | O |
| | 蒸汽冷凝水 | SC | | 泥浆 | SL |
| 水 | 锅炉给水 | BW | | 真空排放气 | VE |
| | 化学污水 | CSW | | 放空 | VT |
| | 循环冷却水回水 | CWR | 油料 | 污油 | DO |
| | 循环冷却水上水 | CWS | | 燃料油 | FO |
| | 脱盐水 | DNW | | 填料油 | GO |
| | 饮用水、生活用水 | DW | | 润滑油 | LO |
| | 消防水 | FW | | 原油 | RO |
| | 热水回水 | HWR | | 密封油 | SO |
| | 热水上水 | HWS | 增补代号 | 气氨 | AG |
| | 原水、新鲜水 | RW | | 液氨 | AL |
| | 软水 | SW | | 氨水 | AW |
| | 生产废水 | WW | | 转化气 | CG |
| 燃料 | 燃料气 | FG | | 天然气 | NG |
| | 液体燃料 | FL | | 合成气 | SG |
| | 固体燃料 | FS | | 尾气 | TG |
| | 天然气 | NG | | | |

表 4-14   压力等级代号

| 压力范围/MPa | 代号 | 压力范围/MPa | 代号 |
|---|---|---|---|
| $P \leqslant 1.0$ | L | $10.0 < P \leqslant 16.0$ | S |
| $1.0 < P \leqslant 1.6$ | M | $16.0 < P \leqslant 20.0$ | T |
| $1.6 < P \leqslant 2.5$ | N | $20.0 < P \leqslant 22.0$ | U |
| $2.5 < P \leqslant 4.0$ | P | $22.0 < P \leqslant 25.0$ | V |
| $4.0 < P \leqslant 6.4$ | Q | $25.0 < P \leqslant 32.0$ | W |
| $6.4 < P \leqslant 10.0$ | R | | |

表 4-15　隔热与隔声代号

| 功能类型 | 备　注 | 代号 | 功能类型 | 备　注 | 代号 |
|---|---|---|---|---|---|
| 保温 | 采用保温材料 | H | 蒸汽伴热 | 采用蒸汽伴管和保温材料 | S |
| 保冷 | 采用保冷材料 | C | 热水伴热 | 采用热水伴管和保温材料 | W |
| 人身防护 | 采用保温材料 | P | 热油伴热 | 采用热油伴管和保温材料 | O |
| 防结露 | 采用保冷材料 | D | 夹套伴热 | 采用夹套管和保温材料 | J |
| 电伴热 | 采用电热带和保温材料 | E | 隔声 | 采用隔声材料 | N |

### 4.2.4　工艺流程图的绘制

工艺流程图的绘制，一般可分为以下三个步骤进行。

**(1) 草图设计**

流程草图一般以流程示意说明，或流程框图为依据绘制，草图设计的目的是为正式工艺流程图的绘制提供一张更为详细、完善和图面布置大致合理的参考图，但必须将实际流程所应采用的全部设备、辅助装置、物流和相关的全部检测仪表、控制点与控制系统等内容画出，并给出适当的文字说明，以便为正式工艺流程图的绘制提供一张详细、可靠的参考图样。

**(2) 图面设计**

为保证图纸的质量和绘图的效率，在正式绘制工艺流程图之前，应当先进行工艺流程图的图面设计。图面设计的目的是使正式工艺流程图的绘制工作尽可能做到事先心中有数和有的放矢，使正式图纸的图、文、线清晰，图面美观，以确保图纸的质量。

**(3) 绘制正式工艺流程图**

正式工艺流程图的绘制，一般是以流程草图为参考图，根据图面设计的结果来进行的。如果确实有一张精心设计的流程草图为参考图，又在绘图前进行了认真的图面设计，正式流程图的绘制是比较简单的。在绘图过程中，只要按正式绘图步骤与要求，以及标准图线与图例绘图，即可获得高质量的图纸。

正式工艺流程图的绘制，应根据图面设计的基本方案进行，大致步骤如下。

① 根据图面设计确定的设备图例大小、位置，以及相互之间的距离，采用细点划线按照生产流程的顺序，从左至右横向标示出各设备的中心位置。

② 用细实线按照流程顺序和标准图例画出主要设备的图例及必要内件。

③ 用细实线按照流程顺序和标准图例画出其它相关辅助、附属设备的图例。

④ 先用细实线按照流程顺序和物料种类，逐一分类画出各主要物流线，并给出流向。

⑤ 用细实线按照流程顺序和标准图例画出相应的控制阀门、重要管件、流量计和其它检测仪表，以及相应的自动控制用的信号连接线。

⑥ 对照流程草图和已初步完成的流程图图面，按照流程顺序检查，看是否有漏画、错画情况，并进行适当的修改与补画。尤其是从框图开始绘制流程图，必须注意补全实际生产过程所需的泵、风机、分离器等辅助设备与装置，以及其它必需的控制阀门、重要管件、计量装置和检测仪表等。工艺流程图绘制完成后，应反复检查，直至满意为止。

⑦ 按标准将物流线改画成粗实线，并给出表示流向的标准箭头。

⑧ 标注设备位号、管道号和检测仪表的代号与符号，以及其它需要标注的文字。

⑨ 给出集中图例与代号、符号说明。

⑩ 按标准绘制标题栏，并给出相应的文字说明。

下面介绍用 AutoCAD 软件绘制工艺流程图,其一般可按下列步骤进行。

① 绘图前的准备　包括:新建图形文件,创建图层,并设置其颜色、线型、线宽等、设置文字样式等。

② 绘制写有文字的边框　打开"细实线"层,颜色、线型、线宽随层。

用矩形命令绘制方框。

命令:REC↙

RECTANG

指定第一个角点或 [倒角(C)/标高(E)/圆角(F)/厚度(T)/宽度(W)]:(指定方框左上角点)

指定另一个角点或 [面积(A)/尺寸(D)/旋转(R)]:(指定方框右下角点)

设置"文字"图层为当前图层,颜色、线型、线宽随层。

用"多行文字"命令,输入方框中文字,并使之居中对齐。

命令:MT↙

MTEXT

当前文字样式:　　"Standard"　文字高度:　2.5　注释性:　否

指定第一角点:(捕捉方框左上角点)

指定对角点或 [高度 (H)/对正 (J)/行距 (L)/旋转 (R)/样式 (S)/宽度 (W)/栏(C)]:J↙

输入对正方式 [左上 (TL)/中上 (TC)/右上 (TR)/左中 (ML)/正中 (MC)/右中(MR)/左下 (BL)/中下 (BC)/右下 (BR)]〈左上 (TL)〉:MC↙

指定对角点或 [高度 (H)/对正 (J)/行距 (L)/旋转 (R)/样式 (S)/宽度 (W)/栏(C)]:H↙

指定高度〈2.5〉:3.5↙

指定对角点或 [高度 (H)/对正 (J)/行距 (L)/旋转 (R)/样式 (S)/宽度 (W)/栏(C)]:(捕捉方框右下角点)

弹出多行文字编辑器,输入文字,单击"确定"按钮即可。

③ 绘制流程线及箭头　设置"粗实线"图层为当前图层,颜色、线型、线宽随层。

a. 打开正交模式,用"直线"命令绘制各流程线。

b. 用"多段线"命令绘制箭头。

命令:PL↙

PLINE

指定起点:(指定箭头的左端点)

当前线宽为 0.0000

指定下一个点或 [圆弧(A)/半宽(H)/长度(L)/放弃(U)/宽度(W)]:W↙

指定起点宽度〈0.0000〉:0.5↙

指定端点宽度〈0.5000〉:0↙

指定下一个点或 [圆弧(A)/半宽(H)/长度(L)/放弃(U)/宽度(W)]:(指定箭头长度,一般为箭头大端的 6 倍)

指定下一点或 [圆弧(A)/闭合(C)/半宽(H)/长度(L)/放弃(U)/宽度(W)]:↙

c. 用"复制"命令得到其它箭头

命令:CO↙

COPY

选择对象：（选择箭头）

当前设置：　复制模式＝多个

指定基点或［位移(D)/模式(O)］〈位移〉：（捕捉箭头小端）

指定第二个点或［阵列(A)］〈使用第一个点作为位移〉：（依次捕捉各流程线端点）

指定第二个点或［阵列(A)/退出(E)/放弃(U)］〈退出〉：↙（结束复制）

④ 绘制设备示意图　根据所选设备的不同，示意图的绘制方法各异，可将常用的设备简图或符号做成图形库，需要时调用即可。

a. 绘制如图 4-108（b）所示的泵。

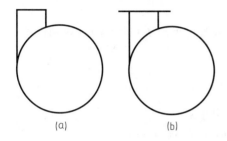

图 4-108　泵示意图绘制

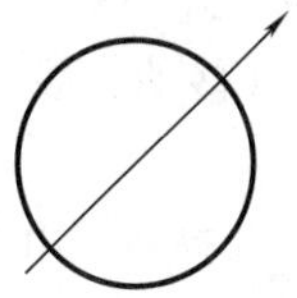

图 4-109　热交换器示意图绘制

命令：C ↙

CIRCLE

指定圆的圆心或［三点(3P)/两点(2P)/切点、切点、半径(T)］：（指定圆心）

指定圆的半径或［直径(D)］〈32〉：3

命令：L↙

LINE

指定第一个点：（捕捉圆左象限点）

指定下一点或［放弃(U)］：@0,4 ↙

指定下一点或［放弃(U)］：@2,0 ↙

指定下一点或［闭合(C)/放弃(U)］：（打开极轴追踪，捕捉极轴与圆的交点）

指定下一点或［闭合(C)/放弃(U)］：↙

得到如图 4-108（a）所示图形。

命令：SC↙

SCALE

选择对象：↙（选择水平直线）

指定基点：↙（捕捉水平直线中点）

指定比例因子或［复制(C)/参照(R)］〈1.5000〉：2 ↙

b. 热交换器的绘制，如图 4-109 所示。

命令：C ↙

CIRCLE

指定圆的圆心或［三点(3P)/两点(2P)/切点、切点、半径(T)］：（指定圆心）

指定圆的半径或［直径(D)］〈32〉：3

命令：PL ↙（绘制带箭头的直线）

PLINE

指定起点：（圆附近任意指定一点）

当前线宽为 0.0000

指定下一个点或 [圆弧(A)/半宽(H)/长度(L)/放弃(U)/宽度(W)]：@8⟨45（直线部分长度）

指定下一点或 [圆弧(A)/闭合(C)/半宽(H)/长度(L)/放弃(U)/宽度(W)]：W↙（设置箭头宽度）

指定起点宽度⟨0.0000⟩：0.5↙

指定端点宽度⟨0.5000⟩：0↙

指定下一点或 [圆弧(A)/闭合(C)/半宽(H)/长度(L)/放弃(U)/宽度(W)]：L↙

指定直线的长度：2↙（指定箭头大小）

指定下一点或 [圆弧(A)/闭合(C)/半宽(H)/长度(L)/放弃(U)/宽度(W)]：↙

命令：M↙（移动直线和箭头）

MOVE

选择对象：选择直线和箭头）

指定基点或 [位移(D)]⟨位移⟩：（捕捉直线部分中点）

指定第二个点或 ⟨使用第一个点作为位移⟩：（捕捉圆心点）

c. 绘制如图 4-110 所示的阀门。

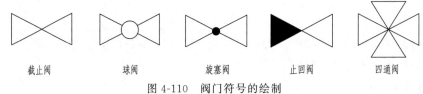

截止阀　　　球阀　　　旋塞阀　　　止回阀　　　四通阀

图 4-110　阀门符号的绘制

・截止阀

命令：REC↙（绘制矩形）

RECTANG

指定第一个角点或 [倒角(C)/标高(E)/圆角(F)/厚度(T)/宽度(W)]：（指定左上角点）

指定另一个角点或 [面积(A)/尺寸(D)/旋转(R)]：（指定右下角点）

命令：L↙（绘制对角线）

LINE

指定第一个点：（捕捉矩形左上角点）

指定下一点或 [放弃(U)]：（捕捉对角点）

指定下一点或 [放弃(U)]：↙

命令：L↙

LINE

指定第一个点：（捕捉矩形左下角点）

指定下一点或 [放弃(U)]：（捕捉对角点）

指定下一点或 [放弃(U)]：↙

命令：TR↙

TRIM

当前设置：投影＝UCS,边＝无

选择剪切边 …

选择对象或〈全部选择〉:(选择矩形)

选择对象:↙

选择要修剪的对象,或按住 Shift 键选择要延伸的对象,或

[栏选(F)/窗交(C)/投影(P)/边(E)/删除(R)/放弃(U)]:(选择矩形上、下边)

选择要修剪的对象,或按住 Shift 键选择要延伸的对象,或

[栏选(F)/窗交(C)/投影(P)/边(E)/删除(R)/放弃(U)]:↙

• 球阀　对于中心处有圆的球阀,用"C"命令,以中心交点为圆心,绘制出圆,再用"TR"命令,以圆为修剪边界,修剪掉多余线段。

• 对于中心处有圆点的旋塞阀绘制

命令:DO↙

DONUT

指定圆环的内径〈0.5000〉:0↙

指定圆环的外径〈1.0000〉:1↙

指定圆环的中心点或〈退出〉:(捕捉阀门中心交点)

指定圆环的中心点或〈退出〉:↙

• 对于有填充面的止回阀的绘制　打开"图案填充"命令,根据系统提示,在准备填充的区域内任意一点单击鼠标左键,在"图案"选项卡中选中"SOLID"图样。

⑤ 物料表的绘制

a. 创建表格样式　单击如图 3-24 中的 ![按钮] 按钮(或采用第 3.1.16.2 节中其他任一方式)打开如图 4-111 所示的"表格样式"对话框。单击"新建(N)",打开"创建新的表格样式"对话框,在"新样式名(N)"文本框中输入样式名称,例如"WLB",然后在"基础样式(S)"下拉列表框中选择一个表格样式为基础表格样式,如图 4-112 所示,单击"继续"按钮,打开"新建表格样式:WLB"对话框,如图 4-113 所示。

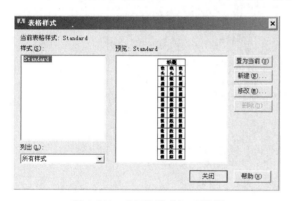

图 4-111　"表格样式"对话框

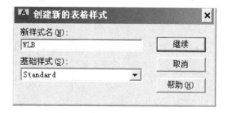

图 4-112　"创建新的表格样式"对话框

在"常规"选项组中的"表格方向(D)"下拉列表框中选择"向下",创建由上而下读取的表格;

分别在"常规"和"文字"选项卡中,设置"对齐(A)"为"中上","格式(O)"为"文字","文字高度(I)"为 3.5,其余为缺省值。

完成其他选项卡的表格样式定义操作后,单击"确定"按钮退出对话框,返回到"表格样式"对话框中即可预览新建的表格样式,单击"置为当前(U)"并"关闭"退出。

b. 创建物料表　单击如图 3-24 中的 ![表格按钮] 表格按钮(或采用第 3.1.16.2 节中其他任一方

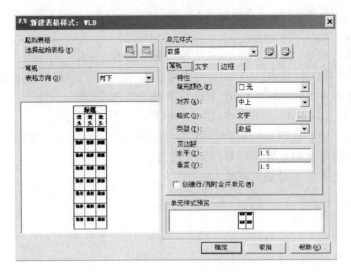

图 4-113 "新建表格样式：WLB" 对话框

式)，打开如图 4-114 所示的 "插入表格" 对话框。在 "表格样式" 下拉列表框中选择 "WLB"。在 "设置单元样式" 选项组中，因本例表格没有标题，设置 "第一行单元样式" 为 "表头"，"第二行单元样式" 为 "数据"。在 "插入方式" 选项组中选中 "指定插入点 (I)"。在 "列和行设置" 选项组中指定 "列数 (C)" 为 6、"数据行数 (R)" 为 6、"列宽 (D)" 为 20、"行高 (G)" 为 1，单击 "确定" 按钮，用鼠标拖动指定插入点，即可出现如图 4-115 所示的结果，并提示用户输入表格内容。

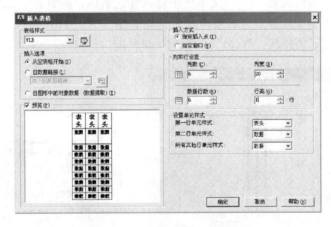

图 4-114 "插入表格" 对话框

  c. 编辑表格　表格创建完成后，用户可以单击表格上的任意网格线以选中该表格，然后通过使用拖动夹点来修改该表格大小。修改表格的高度或宽度时，行或列将按比例变化。修改列的宽度时，表格将加宽或变窄，从而适应列的变化。

  d. 编辑单元格　选中单元格后，拖动单元格上的夹点可以改变单元格及其列或行的大小。选中单个或者多个单元格后，在绘图窗口上方系统自动添加 "表格单元" 选项卡及其功能面板，用户可以利用相关功能按钮进行删除、合并单元格与插入、删除行和列等操作；也可选中单元格后，在其上单击鼠标右键，在弹出的快捷菜单中实现相应操作。

  ⑥ 设备（位号、名称及特性数据）标注　利用引线标注和文字标注。其操作如下。

图 4-115　输入表格内容工作界面

命令：LE✓

QLEADER

指定第一个引线点或［设置(S)]〈设置〉：S✓

弹出"引线设置"对话框。单击"引线和箭头"选项卡，出现如图 4-116 所示界面。单击"箭头"下拉列表框，选择"无"；在"附着"选项卡中选中"最后一行加下划线（U）"复选框。单击"确定"按钮返回。

图 4-116　"引线设置"对话框中的"引线和箭头"选项卡

指定第一个引线点或［设置 (S)]〈设置〉：(任意指定一点)

指定下一点：(任意指定一点)

指定下一点：(任意指定一点)

指定文字宽度〈0〉：✓

输入注释文字的第一行〈多行文字（M)〉：(输入注释文字)

输入注释文字的下一行：✓

再用文字标注命令标注横线下方文字。

⑦ 控制点的标注　一般用带属性的块标注控制点。首先，用"圆"和"直线"命令绘制控制点图形符号；用"ATT"命令分别定义属性"代号"和"位号"。输入命令后，弹出图 4-117 所示"属性定义"对话框，在"模式"选项组中，选择"验证（V）"；"属性"选项组中，分别在"标记（T）"、"提示（M）"和"默认（L）"文本框后输入相应的值；在"文字设置"选项组中，设置对正方式、文字样式、文字高度、旋转等。单击"确定"按钮在圆中指定文字插入点，出现如图 4-118（a）所示的位号"WH"。用同样的方法，再次定义代号"DH"。

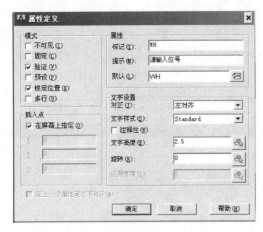

图 4-117　"属性定义"对话框

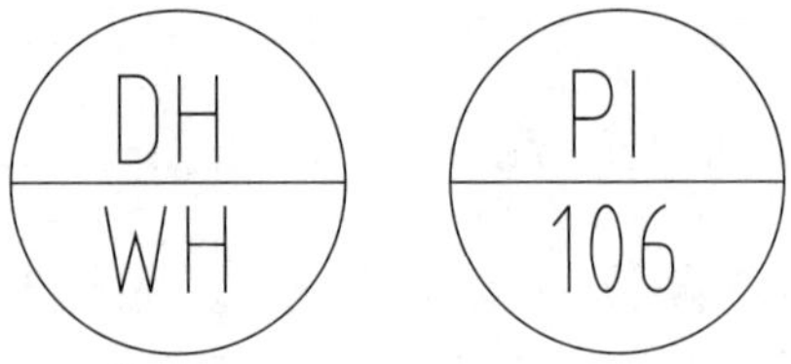

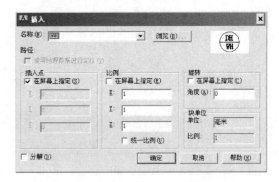

图 4-118　带属性的块

在命令行输入"B"命令，弹出如图 4-119 所示的"块定义"对话框。在"名称（N）"文本框中填入块名"KZD"；单击"选择对象（T）"按钮，在屏幕中选择刚绘制的控制点图形和属性，如图 4-118（a）所示；单击"拾取点（K）"按钮，选择圆心作为图块插入基点。单击"确定"按钮。

图 4-119　"块定义"对话框

图 4-120　"插入"对话框

在命令行输入"I"命令后，弹出如图 4-120 所示的"插入"对话框。在"名称（N）"下拉列表框中选择"KZD"，输入合适比例和角度，单击"确定"按钮，在屏幕上指定插入点。继续提示：

指定插入点或［基点(B)/比例(S)/X/Y/Z/旋转(R)］：(指定插入点)

输入属性值

请输入位号〈WH〉：106↙

输入功能代号〈DH〉：PI↙

验证属性值

请输入位号〈106〉：↙

输入功能代号〈PI〉：↙

最终结果如图 4-118（b）所示。

⑧ 文字说明标注　在"常用"选项卡的"图层"面板中选择"文本"层。用"MT"命令，输入文字，对齐方式根据具体情况可选择默认的主对齐或中间对齐。当提示"指定对角点或 [高度（H）/对正（J）/行距（L）/旋转（R）/样式（S）/宽度（W）/栏（C）]:"时，输入"R"，按回车键，在"指定旋转角度<O>:"后输入"90"后按回车键，在文本输入区输入文本，按"确定"按钮，即可完成图中竖向文字的注写。

## 4.3　设备布置图

### 4.3.1　概述

工艺流程设计所确定的全部设备、管路、管件等，必须根据生产工艺的要求、合理地进行安装布置。在设备布置设计过程中，一般应提供下列图样：设备布置图、设备安装详图、管口方位图等，其中设备布置图是设备布置设计的主要图样。

设备布置图是表示一个车间（装置）或一个工段（分区或工序）的生产和辅助设备在厂房建筑内外安装布置的图样，如图 4-121 所示，设备布置图一般包括下列内容。

① 一组视图　表示厂房建筑的基本结构及设备在厂房内外的布置情况。

② 尺寸及标注　注写与设备布置有关的尺寸及建筑定位轴线编号，设备的位号及名称等。

③ 安装方位标　表示安装方位基准的图标。

④ 设备一览表　将设备的位号、名称、技术规格及有关参数列表说明。

⑤ 标题栏　填写图名、图号、比例、设计阶段等。

工厂车间内设备（机器）的布置，同厂房建筑结构有着必然的联系，在设备布置图中设备的安装布置往往是以厂房建筑的某些结构为基准来确定的，设备布置图也可以说是简化了的建筑图加上设备布置的内容。设备布置图也是指导设备的安装、布置，并作为厂房建筑、管道布置的重要依据。

### 4.3.2　建筑图简介

设备布置图与建筑图之间存在着相互依赖关系，设备布置图是绘制建筑图的前提，建筑图又是设备布置图定稿的依据。因此，先对图样中有关厂房建筑物、构筑物的图示方法与内容进行简单的介绍。

建筑图与机械图一样，也是按正投影原理绘制的，但由于建筑物的形状、大小、结构等与一般机械零件区别较大，所以在表达方法上就有所不同。厂房属于工业建筑，与民用建筑的功能不同，但其组成部分是相似的。

**（1）房屋建筑图的视图**

按建筑制图标准规定，视图有平面图、立面图、剖面图、建筑详图等好几种，本节仅介绍与设备布置图有关的几种基本视图。

① 立面图　立面图如图 4-122 所示。表达建筑物各个方向外形的视图，立面图主要表示房屋的外貌，反映房屋的高度、门窗的形式、大小和位置、屋面的形式和墙面的做法等

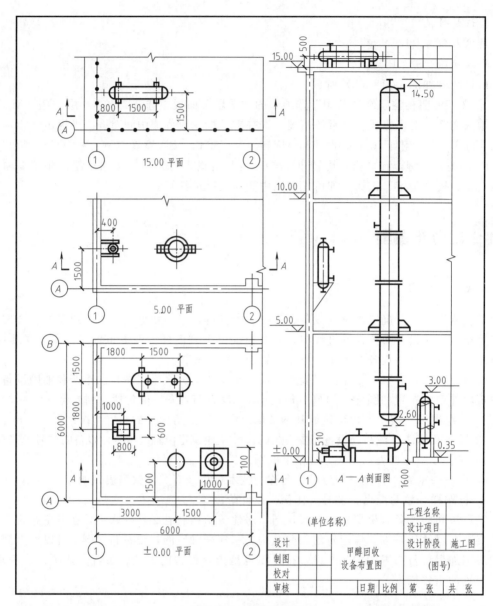

图 4-121　设备布置图

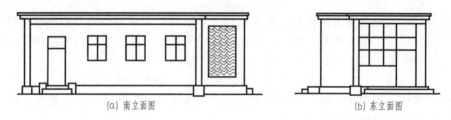

图 4-122　建筑物的立面图

内容。

从正面观察房屋所得的视图（反映主要出入口或较显著地反映出房屋外貌特征的那一面）称正立面图，或称南立面图。

从侧面观察房屋所得的视图称侧立面图，或称东立面图或西立面图。

从背面观察房屋所得的视图称背立面图,或称北立面图。

② 平面图 平面图如图 4-123 所示。假想用一水平剖切面把房屋的门洞、窗台以上部分切掉并移走,然后从上向下投影而得的水平剖切俯视图称平面图。平面图主要用以表示房屋的平面形状和内部各房间的分隔、大小、用途、门、窗、楼梯、走廊的位置等内容。

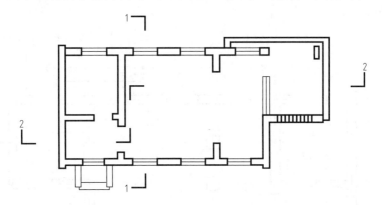

图 4-123 建筑物的±0.00 平面图

一般来说,房屋有几层就应画几个平面图,并在图下方注明相应的图名,例如:沿底层切开的称为"底层平面图",沿二层切开的称"二层平面图",依次类推。也可用标高形式表示,例如:±0.00 平面图,+10.00 平面图。

③ 剖面图 剖面图如图 4-124 所示。假想用一个或几个正平面或侧平面,沿铅垂方向把房屋剖开,将处于观察者和剖切平面之间的部分移去,而将其余部分向投影面投影所得的图形,称为剖面图。剖面图主要表示房屋内部沿高度方向的结构形状、分层情况、各部位的联系、高度等,其剖切位置一般选择在能显露出房屋内部主要的、构造复杂的地方。通常选择通过门、窗、洞位置,若为多层房屋,应选择在楼梯间处。

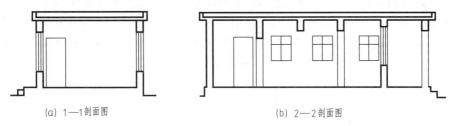

(a) 1—1剖面图          (b) 2—2剖面图

图 4-124 建筑物的剖面图

**(2) 建筑图的图例**

由于建筑图采用缩小的比例,有些内容不可能按实际情况画出,因此采用国家标准规定的有关图例来表达各种建筑配件、建筑材料等。有关常用图例请查阅相关标准。

建筑图一般采用 1:50,1:100 比例,大型贮罐或仓库等也采用 1:200,1:500,因此在建筑图中,对比例小于或等于 1:50 的平、剖面图,砖墙的剖面符号可不画 45°斜线,可在底图背面涂红表示,对比例小于或等于 1:100 的平、剖面图,钢筋混凝土构件(如柱、梁、板等)可不必画出剖面符号,而在底图上涂黑表示。

**(3) 建筑图的尺寸标注**

① 尺寸标注形式 尺寸标注形式如图 4-125 所示。尺寸线上的起止点不画箭头,应画与尺寸线成 45°方向的短线。

② 定位轴线　定位轴线如图 4-125 所示。把房屋的墙、柱等承重构件的轴线，用细点画线画出，在端点画一小圆圈，并进行编号称为定位轴线。定位轴线用以确定房屋主要承重构件的位置、房屋的柱距与跨度，便于施工时定位放线及查阅图纸。

定位轴线的编号方法如下：自西向东方向，自左至右用阿拉伯数字 1，2，3 等依次编号称横向定位轴线。

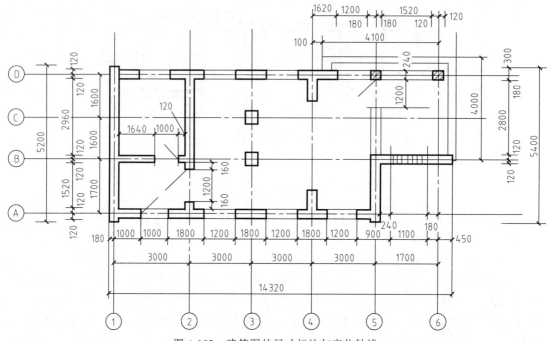

图 4-125　建筑图的尺寸标注与定位轴线

由南向北方向，自下而上用英文字母 A，B，C 等依次编号称纵向定位轴线。

定位轴线编号中小圆的直径为 8mm，用细实线画出，通常把横向定位轴线标注在图形的下方，纵向定位轴线标注在图形的左侧（当房屋不对称时，右侧也需标注）。在立面图，剖面图上一般只画出建筑物最外侧的墙、柱的定位轴线及编号。

③ 建筑平面图的尺寸标注　建筑图中尺寸允许注成封闭链形，同时为施工方便，还需标注必要的重复尺寸，在建筑平面图上，通常沿长、宽两个方向分别标注三层尺寸，如图 4-125 所示。

第一层尺寸为外包尺寸，表示房屋的总长和总宽，如图 4-125 中的总长为 14320，总宽为 5200（左）和 5400（右）。

第二层尺寸为轴线尺寸，表示墙、柱定位轴线之间的距离，如图 4-125 中的 3000。

第三层尺寸为定位尺寸，表示外墙上门窗的宽度及其位置的尺寸，如图 4-125 中窗宽的尺寸为 1200，窗边离墙中心的定位尺寸为 900。建筑平面图中所有尺寸单位均为 mm。

④ 建筑剖面图的尺寸标注　在建筑图的水平剖面图中，应标注与平面图相应的轴线及编号，尺寸标注与平面图要求相同，均采用毫米为单位。

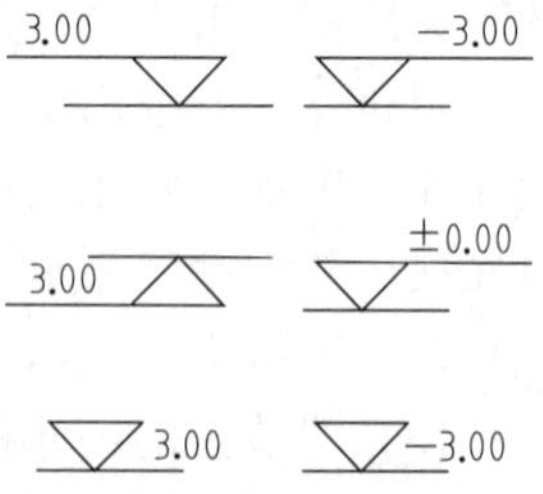

对楼板、梁、屋面、门、窗等配件的高度位置，规定以标高形式来标注，其标注形式如图 4-126 所示。标高的单位为米，在

图 4-126　建筑剖面图的高度标注方法

图中不必注明单位，数字注到小数点以后第三位，通常以底层室内地面为零点标高，零点标高以上为正值，数字前可省略符号"＋"，零点以下为负值，数字前必须加符号"－"。

（4）建筑图中的方向标

在建筑图的一层平面图中，在图面的右上方应绘制一个表示建筑物方向的方向标，通常采用的方向标有三种形式，如图4-127所示。

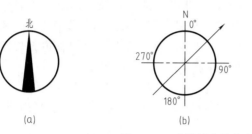

（a）　　　　　　　　（b）　　　　　　　　（c）

图 4-127　建筑图中的方向标

### 4.3.3　设备布置图的视图

**（1）图幅与比例**

① 图幅　设备布置图一般采用 A1 图幅面，不宜加宽或加长，特殊情况也可采用其它图幅。

② 比例　绘图比例通常采用 1∶100，也可采用 1∶200 或 1∶50，视设备布置疏密情况而定。但对于大的装置分段绘制时，必须采用同一比例。

**（2）视图的配置**

设备布置图中的视图通常包括一组平面图和立面剖视图。

① 平面图　设备布置图一般只绘平面图，对于较复杂的装置或有多层建筑物的装置，只用平面图表示不清楚时，才绘立面图或局部剖视图。平面图一般是每层厂房绘制一个，多层厂房按楼层或大的操作平台分层绘制，如有局部操作台时，则在该平面图上可以只画操作台下的设备，对局部操作台及其上面设备另画局部平面图，如不影响图面清晰，也可重叠绘制，操作台下的设备用虚线画出。

平面图可以绘制在一张图纸上，也可绘在不同的图纸上。在同一张图纸上绘制几层平面图时，应从最底层平面开始画起，由下而上，由左到右顺序排列，在平面图的下方相应用标高注明平面图名称。

② 剖视图　对于比较复杂的装置，为表达在高度方向设备安装布置的情况，则采用立面剖视图，一般在保证充分表达的前提下，剖视图的数量应尽可能少。

**（3）图示方法**

设备布置图中视图的表达内容主要是两部分，一是建筑物及其构件，二是设备。分别叙述如下。

① 建筑物及其构件

a. 用细实线画出厂房建筑的平面图，一般每层绘一个平面图，图中应按比例并采用规定的图例画出厂房占地大小、内部分隔情况以及和设备布置有关的建筑物及其构件，如门、窗、墙、柱、楼梯、操作平台、吊轨、栏杆、安装孔洞、管沟、明沟、散水坡等。

b. 与设备安装定位关系不大的门、窗等构件，一般只在平面图上画出它们的位置及门的开启方向等，在其它视图上则不予表示。

c. 按相应的建筑图纸标注承重墙、柱等结构的建筑定位轴线及编号，以及轴线间的尺寸。

d. 设备布置图中，对于分析室、生活室和专业用房间如配电室、控制室等均应画出，但只以文字标注房间名称。

② 设备

a. 设备布置是图中主要表达的内容，因此图中的设备及其附件（设备的金属支架、电机及传动装置等）都应以粗实线、按比例画出其外形。被遮盖的设备轮廓一般不画出。

b. 非定型设备一般可采用简化画法画出其外形。若无另绘的管口方位图，则应在图上用中实线画出足以表示设备安装方位特征的管口，见图 4-128。

c. 图中应用虚线按比例画出预留的设备检修场地，见图 4-129。

d. 位于室外而又与厂房不连接的设备及其支架等，一般只在底层平面图上予以表示。

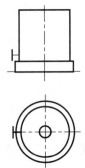

图 4-128　非定型设备的外接管口、
基础的图示方法

图 4-129　预留设备检修场地的图示方法

e. 穿过楼层的设备、每层平面图上均需画出设备的平面位置，并可按图 4-130（a）或（b）所示的剖视形式表示。

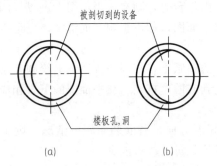

图 4-130　平面图中设备穿越楼板的画法

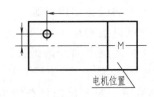

图 4-131　平面图中动设备的图示方法

f. 剖视图中，设备的钢筋混凝土基础与设备外形轮廓组合在一起时，往往将它与设备一起画成粗实线，当图样绘有两个以上剖视图时，设备在剖视图上一般只应出现一次，无特殊必要时不予重复画出。

g. 对于定型设备一般用粗实线按比例画其外形轮廓，但对小型通用设备如泵、压缩机、鼓风机等。若有多台，而其位号、管口方位与支承方位完全相同时，可只画一台，其余则用粗实线简化画出其基础的矩形轮廓。动设备也可只画基础轮廓并表示出特征管口和驱动机的位置，如图 4-131 所示。

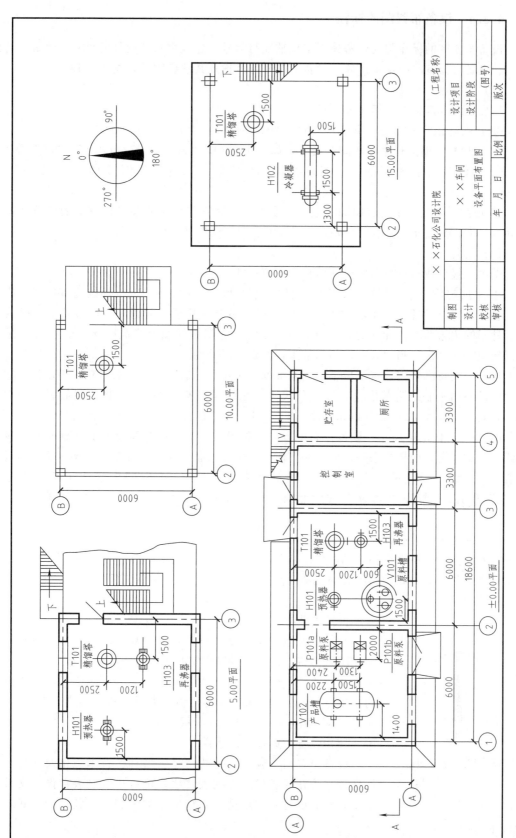

图 4-132 设备平面布置图

### 4.3.4 设备布置图的标注

设备布置图的标注包括厂房建筑定位轴线与编号，建筑物及其构件的尺寸，建筑物与设备间、设备与设备间的定位尺寸，设备的位号与名称及其它说明等，见图 4-132。

**(1) 厂房建筑及其构件**

厂房建筑及其构件应标注如下尺寸。

① 厂房建筑物的长度、宽度总尺寸，如图 4-132 中"6000"与"18600"等。

② 厂房柱、墙定位轴线的间距尺寸，如图 4-132 中"①"、"②"与"Ⓐ"、"Ⓑ"等。

③ 为设备安装预留的孔、洞以及沟、坑等定位尺寸，如图 4-132 中"1500"与"2500"等。

④ 地面、楼板、平台、屋面的主要高度尺寸及其它与设备安装定位有关的建筑结构件的高度尺寸，如图 4-121 中"3.00"、"10.00"、"15.00"及"0.35"等。

**(2) 设备**

图中一般不注出设备定形尺寸而只注定位尺寸。

① 平面定位尺寸　设备在平面图上的定位尺寸一般应以建筑定位轴线为基准，注出它与设备中心线或设备支座中心线的距离。悬挂于墙上或柱子上的设备，应以墙的内壁或外壁、柱子的边为基准，标注定位尺寸，图 4-132 中底层平面图上产品贮槽（V—102）是分别以定位轴线"①"和"Ⓑ"作为基准来标注定位尺寸的。

当某一设备已采用建筑定位轴线为基准标注定位尺寸后，邻近设备可依次用已标出定位尺寸的设备的中心线为基准来标注定位尺寸，如图 4-132 中底层平面图上的再沸器（H—103），其定位尺寸 1200 就是以精馏塔（T—101）的中心线为基准的。

② 高度方向定位尺寸　设备在高度方向的位置，一般是以标注设备的基础面或设备中心线（卧式设备）的标高来确定的。必要时也可标注设备的支架、挂架、吊架、法兰面或主要管口中心线、设备最高点（塔器）等的标高。如图 4-121 中的塔标注了基础的标高"2.60"和最高点标高"14.50"。设备的标高也可用文字符号形式注写在设备轴线的下方或左方。

**(3) 名称及位号的标注**

设备布置图中所有设备，均需标出名称与位号，名称和位号应与工艺流程图一致。

设备名称和位号在平面图和剖视图上都需标注，一般标注在相应图形的上方或下方，如图 4-132 所示。

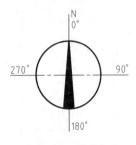

图 4-133　安装方位
标的标注形式

**(4) 安装方位标**

安装方位标是确定设备安装方位的基准，一般将方位标符号画在图纸的右上角，符号以粗实线画出直径为 24mm 的圆和水平、垂直两轴线，并分别注以 0°，90°，180°，270°等字样，通常以北向或接近北向的建筑轴线为零度方位基准（即所谓建筑北向），并注以"N"字样，如图 4-133 所示。

**(5) 设备一览表及标题栏**

设备布置图中应将设备的位号、名称、技术规格及图号（或标准号）等在标题栏上方列表说明，也可单独制表在设计文件中附出，此时设备应按定型、非定型分类编制。标题栏的格式与设备图一致。

### 4.3.5　设备布置图的绘制

**(1) 绘图前的准备工作**

① 了解有关图纸和资料　绘制设备布置图时，应以化工设备图、工艺流程图、厂房建筑图、设备条件单等图纸资料为依据，充分了解工艺过程的特点、设备的种类和数量、厂房建筑的基本结构等。

② 设备布置图的设计　设备布置设计是化工工程设计的重要环节，在设计中必须认真考虑以下几方面问题。

a. 满足生产工艺要求　设备的平面位置和高低位置，应符合生产的工艺流程和工艺条件的要求。在满足生产工艺要求的前提下，根据实际地形和厂房建筑结构特点合理布置。同时，设备安装的标高设计，必须充分满足工艺流程对设备的位差要求。

b. 符合技术经济要求　设备布置不仅考虑工艺流程顺序和分区布置相结合，更需要考虑项目投资的经济性。对于加热炉、塔器、反应器等，以按流程顺序布置为主，这样可减少管线及配件，减少热量损失；对于贮罐机、泵类设备，可考虑分区集中布置，这样便于操作、检修；对于减压和压差的设备，应充分利用高位差布置，节省动力设备，设备布置还应当留有余地，以备今后发展。设备应尽量露天布置，紧缩厂房建筑，加速施工速度，减少投资费用。

c. 符合安全生产要求　化工生产中，易燃、易爆、有毒的物品较多，布置设备时应充分考虑，以保证安全生产。如加热炉、明火设备、产生有毒气体的设备，应考虑布置在下风处，并且设备间应按规定保持一定的间距。沉重、有震动的设备，应考虑布置在底层等。

d. 便于安装和检修　设备布置应考虑一定面积的检修通道和场地，对于同类设备可考虑集中布置，统一留出检修场地。

e. 保证良好的操作条件　允许露天布置的设备尽量布置在室外，车间内设备之间应有足够畅通的人行道和物品运输道，设备布置尽量避免妨碍门窗开启和通风、采光、安全、卫生条件等。

设备布置考虑的问题是多方面的，应按具体情况，参考有关规定和文件资料，充分听取各方的意见后再进行设计。

**(2) 绘图步骤**

① 确定设备布置图的视图配置。

② 选定绘图比例与图纸幅面。

③ 绘制平面图，设备布置图以平面图为主，从底层逐个绘制。

a. 先用细点画线画出建筑定位轴线；

b. 用细实线画出与设备布置有关的厂房建筑基本结构，如墙、柱、门、窗、楼梯等；

c. 布置设备，用细点画线画出设备中心线；

d. 用粗实线画设备、支架、基础、操作平台等轮廓形状；

e. 标注尺寸；

f. 标注定位轴线编号及设备位号、名称。

④ 绘制剖视图，绘制步骤与平面图大致相同，逐个画出各剖视图。

⑤ 绘制方位标。

⑥ 编制设备一览表，注写有关说明，填写标题栏。

⑦ 检查、校核、最后完成图样。

**(3) 绘制实例**

下面以图 4-132 为例介绍 AutoCAD 绘制设备平面布置图。

① 绘图前的准备

a. 新建 AutoCAD 文件，并将其存为"设备平面布置图.dwg"。

b. 设置绘图单位及精度，图形界限，调整栅格间距。

c. 参照 2.6 节创建图层。在"图层特性管理器"对话框中新建"粗实线"、"细实线"、"中心线"、"剖面线"、"尺寸标注"、"双点画线"等图层，并设置相应的颜色、线型和线宽。

② 绘制平面图　图 4-132 中共有四个平面图，非常相似，现以 5.00 平面图为例讲述。

a. 绘制墙体　在命令窗口中输入"MLSTYLE"，弹出图 4-134 对话框。在对话框中点击"新建（N）…"按钮，在弹出的对话框中输入新样式名"墙体样式"后选择"继续"，弹出图 4-135 对话框。点击"添加（A）"，后设置其线型为"CENTER"，单击"确定"。然后用"多线"命令绘制墙体，如图 4-136（a）所示。

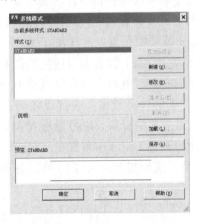

图 4-134 "多线样式"对话框

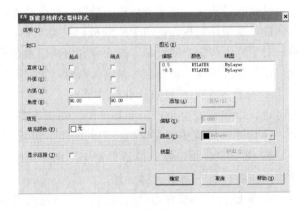

图 4-135 "新建多线样式：墙体样式"对话框

绘制墙体的具体操作如下。

命令：ML✓

指定起点或 [对正 (J)/比例 (S)/样式 (ST)]：st✓

输入多线样式名或 [?]：墙体样式✓

指定起点或 [对正 (J)/比例 (S)/样式 (ST)]：　　　　　　（点选左下角点 A）

指定下一点：@6000, 0✓

指定下一点或 [放弃 (U)]：@0, 6000✓

指定下一点或 [闭合 (C)/放弃 (U)]：　@-6000, 0✓

指定下一点或 [闭合 (C)/放弃 (U)]：　c✓

然后利用"分解"、"修剪"、"直线"等命令操作，得到如图 4-136（b）的墙体。

b. 绘制预热器、精馏塔和再沸器　采用"偏移"命令，将左右侧墙体中心线均向中间偏移 1500，将上侧墙体中心线向下偏移 2500 和 3700，得到图 4-137。

利用"圆"和"直线"命令绘制预热器和精馏塔，利用"复制"命令绘制再沸器，结果如图 4-138。绘制楼梯并对图形进行整理，得到图 4-139。

c. 绘制其它平面图类似上述方法，分别绘制±0.000 平面图、10.00 平面图和 15.00 平面图。

d. 绘制方位标（图 4-132 右上角）　首先绘制方位标的中心线，再绘制直径为 24 的圆，再用"多段线"命令画出方向标记即可。

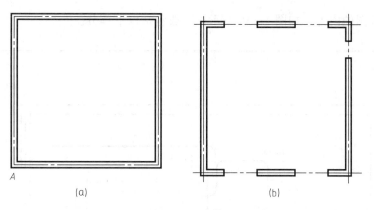

图 4-136　墙体

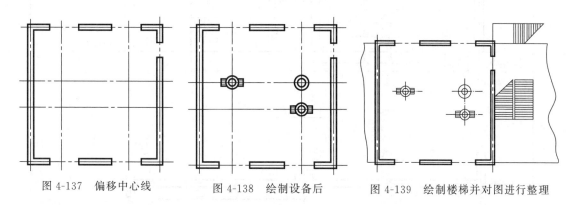

图 4-137　偏移中心线　　　　图 4-138　绘制设备后　　　图 4-139　绘制楼梯并对图进行整理

③ 尺寸标注　设置相应的尺寸标注样式，选择"尺寸标注"图层，标注图中尺寸。利用带属性的块，标注设备位号及名称。

④ 填写标题栏　填写标题栏，完成最后图形，如图 4-132。

## 4.4　管道布置图

管道布置设计是在施工图设计阶段中进行的，在管道布置设计中，一般需绘制出下列图样。

① 管道布置图　表达车间（或装置）内管道空间位置等的平面、立面布置情况的图样。

② 管道轴测图　表达一个设备至另一个设备（或另一管道）间的一段管道及其所附管件、阀等具体布置情况的立体图样。

③ 管架图　表达管架的零部件图样。

④ 管件图　表达管件的零部件图样。

其中管架图、管件图按机械图样要求绘制。管道轴测图是按正等轴测投影绘制，其相关的视图表达、尺寸标注、符号等规定与管道布置图相同，因此本书主要介绍管道布置图。

### 4.4.1　概述

管道布置图又称配管图，是表达车间（或装置）内管道及其所附管件、阀、仪表控制点等空间位置的图样。管道布置图是车间（装置）安装、施工中的重要技术文件。

管道布置图的内容，如图 4-140 所示，一般包括以下部分。

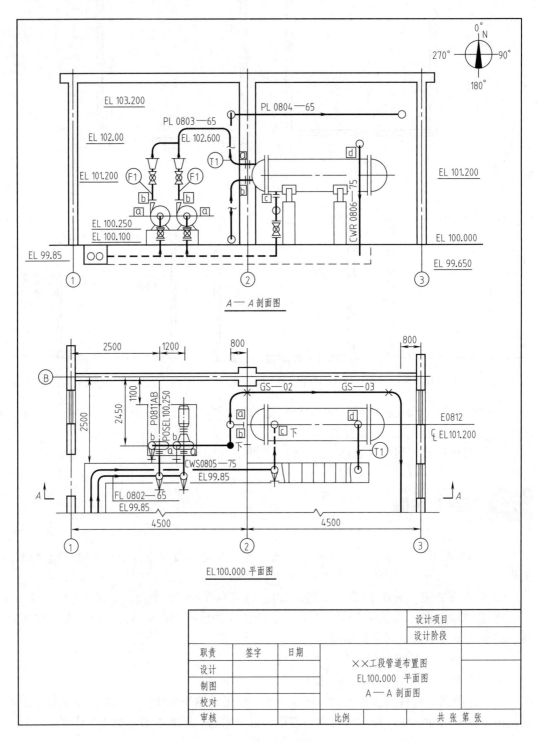

图 4-140　某工段管道布置图

①　一组视图　画出一组平、立面剖视图，表达整个车间（装置）的设备、建筑物以及管道、管件、阀、仪表控制点等的布置安装情况。

② 尺寸与标注  注出管道以及有关管件、阀、仪表控制点等的平面位置尺寸和标高，并标注建筑定位轴线编号、设备位号、管段序号、仪表控制点代号等。

③ 方位标  表示管道安装的方位基准。

④ 标题栏  注写图名、图号、设计阶段等。

当整个车间（装置）范围较大，管道布置比较复杂时管道布置图需分区绘制，此时应绘制首页图以提供车间（装置）分区概况。

### 4.4.2  管道布置图的视图

**(1) 图幅与比例**

管道布置图图幅一般采用 A0，比较简单的也可采用 A1 或 A2，图幅不宜加长或加宽。常用比例为 1∶30，也可采用 1∶25 或 1∶50。

**(2) 视图的配置**

管道布置图中需表达的内容较多，通常采用平面图、剖视图、向视图、局部放大图等一组视图来表达。

平面图的配置一般应与设备布置图相同，对多层建筑物、构筑物应按层次绘制，各层管道布置平面图是将楼板（或层顶）以下的建（构）筑物、设备、管道等全部画出。当某一层的管道上、下重叠过多，布置较复杂时，可再分上、下两层分别绘制。

管道布置在平面图上不能清楚表达的部分，可采用立面剖视图或向视图补充表示，常采用局部剖视图和局部视图。剖切平面位置线的标注和向视图的标注方法均与机械图标注方法相同。

**(3) 视图的表示方法**

① 建（构）筑物应按比例，根据设备布置图以细实线绘制。

② 设备用细实线按比例画出设备的简略外形和基础、支架等，对于泵、鼓风机等定型设备可以只画出设备基础和电机位置，但对设备上有接管的管口和备用管口，必须全部画出。

③ 管道是管道布置图的主要内容，在图中采用粗实线绘制。当公称通径 DN≥400mm（或 16in）时，管道画成双线表示，如果图中大口径管道不多时，则公称通径 DN≥250mm 或（10in）的管道用双线表示。

当两段管道相连时，其连接型式及画法见表 4-16。通常无特殊必要，图中不必表示管道连接型式，只需在有关资料中加以说明即可，若管道只画其中一段时，则应在管道中断处画上断裂符号。

管道弯折的表示方法如图 4-141 所示。

管道交叉画法如图 4-142 所示。当管道交叉投影重合时，其画法可以把下面被遮盖部分的投影断开，也可以将上面管道的投影断裂表示。

当管道投影发生重叠时，则将可见管道的投影断裂表示，不可见管道的投影画至重影处稍留间隙并断开，如图 4-143（a）所示；当多根管道的投影重叠时，可采用图 4-143（b）的表示方法，图中单线绘制的最上一条管道画以"双重断裂"符号。也可如图 4-143（d）所示在管道投影断开处分别注上 a，a 和 b，b 等小写字母以便辨认。当管道转折后投影发生重叠时，则下面的管道画至重影处稍留间隙断开表示，如图 4-143（c）。

在管道布置中，当管道有三通等引出叉管时，表示法如图 4-144 所示。不同管径的管子连接时，一般采用同心或偏心异径管接头，表示法如图 4-145 所示。

表 4-16　管道的连接方式及画法

| 连接方式 | 轴 测 图 | 装 配 图 | 规 定 画 法 |
|---|---|---|---|
| 法兰连接 | | | 单线    双线 |
| 承插连接 | | | 单线    双线 |
| 螺纹连接 | | | 单线    双线 |
| 焊接 | | | 单线    双线 |

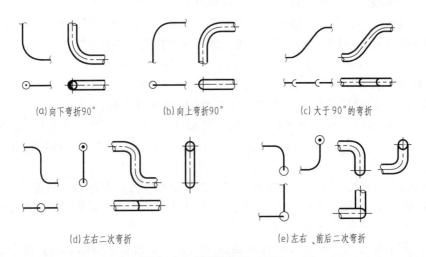

(a)向下弯折90°     (b)向上弯折90°     (c)大于90°的弯折

(d)左右二次弯折       (e)左右、前后二次弯折

图 4-141　管道弯折的表示法

　　此外，管道内物料的流向必须在图中画上箭头予以表示，对用双线表示的管道，其箭头画在中心线上，单线表示的管道，箭头直接画在管道上。

　　④ 管件、阀、仪表控制点表示。管道上的管件（如弯头、三通异径管、法兰、盲板等）、阀件通常在管道布置图中用简单的图形和符号以细实线画出，其表示法见图 4-146 所示。对特殊的阀与管件须另绘结构图。管道上的仪表控制点用细实线按规定符号画出。一般画在能清晰表达其安装位置的视图上，其规定符号与工艺流程图中的画法相同。

　　⑤ 管道支架表示。管道支架是用来支承和固定管道的，其位置一般在管道布置图的平面图中用符号表示，如图 4-147 所示。

　　目前各部门表示的方法也不完全一样，按固定与非固定管道支架分别用不同的符号表示。对非标准管道支架应另行提供管道支架图，管道支架配置比较复杂时，也可单独绘制管道支架布置图。

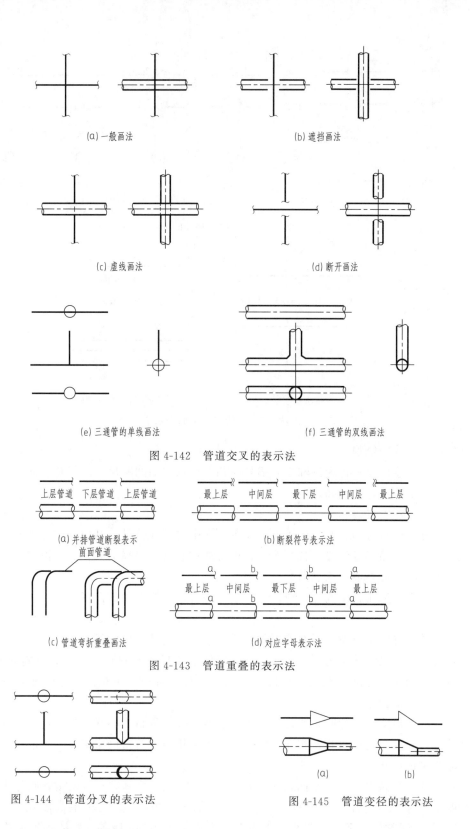

(a) 一般画法　　　　　　　(b) 遮挡画法

(c) 虚线画法　　　　　　　(d) 断开画法

(e) 三通管的单线画法　　　　　　(f) 三通管的双线画法

图 4-142　管道交叉的表示法

(a) 并排管道断裂表示　　　　　　(b) 断裂符号表示法
前面管道

(c) 管道弯折重叠画法　　　　　　(d) 对应字母表示法

图 4-143　管道重叠的表示法

图 4-144　管道分叉的表示法　　　　图 4-145　管道变径的表示法

## 4.4.3　管道布置图的标注

管道布置图上应标注尺寸、位号、代号、编号等内容。

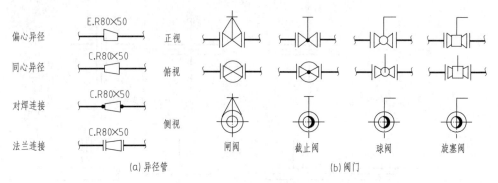

图 4-146　管件与阀件的表示法

(a) 异径管　　　　　　　　　　　(b) 阀门

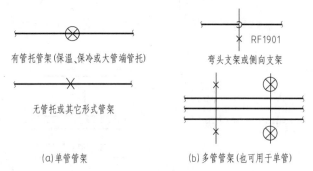

(a) 单管管架　　　　　　　(b) 多管管架(也可用于单管)

图 4-147　管道支架的表示法

**(1) 建（构）筑物**

在图中应注出建筑物定位轴线的编号和各定位轴线的间距尺寸，以及地面、楼面、平台面、梁顶面及吊车等的标高。

**(2) 设备和管口表**

设备是管道布置的主要定位基准，设备在图中要标注位号，其位号应与工艺流程图上的一致，注在设备图形近侧或设备图形内，也可注在设备中心线上方，而在设备中心线下方标注主轴中心线的标高或支承点的标高。

管口表在管道布置图的右上角，表中填写该管道布置图中的设备管口。

**(3) 管道**

在管道布置图中应注出所有管道的定位尺寸、标高及管段编号。

管道布置图以平面图为主，标注所有管道的定位尺寸及安装标高。如绘制立面剖视图，则管道所有的安装标高应在立面剖视图上表示。与设备布置图相同，定位尺寸以毫米为单位，而标高以米为单位。

在标注管道定位尺寸时，通常以设备中心线、设备管口中心线、建筑定位轴线、墙面等为基准进行标注，与设备管口相连直接管段，因可用设备管口确定该段管道的位置，故不需要再标注定位尺寸。

管道安装标高以室内地面标高 0.00m 或 EL100.00m 为基准。管道按管底外表面标注安装高度，其标注形式为"BOP EL××.××"，如按管中心线标注安装高度则为"EL××.××"。标高通常注在平面图管线的下方或右方，如图 4-148 所示。管线的上方或左方则标注与工艺流程图一致的管段编号，写不下时可用指引线引至图纸空白处标注，也可将几条管线一起引出标注，此时管道与相应标注都要用数字分别进行编号，如图 4-149 所示。对于有坡度的管道，应标注坡向并写上坡度数字和代号"i"，如图 4-150 所示。

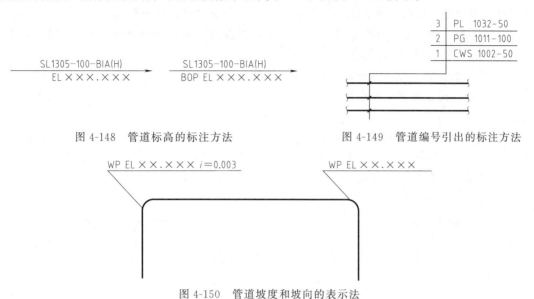

图 4-148　管道标高的标注方法　　　　图 4-149　管道编号引出的标注方法

图 4-150　管道坡度和坡向的表示法

**（4）管件、阀、仪表控制点**

图中管件、阀门、仪表控制点按规定符号画出后，一般不再标注，对某些有特殊要求的管件、阀、法兰，应标注某些尺寸、型号或说明，如异径管的下方应标注其两端的公称直径，非 90°角的弯头和非 90°角的支管连接应标出其角度。

**（5）管架**

所有管架在平面图中应标注管架编号，管架编号由五个部分组成，如图 4-151 所示。管架区号常以一位数字表示，管道布置图的位号也以一位数字表示，管架序号以两位数字表示，从 01 开始（应按管架类别及生根部位结构分别编写）。对于非标准管架，应另绘管架图予以表示。

图 4-151　管架的编号方式

### 4.4.4　管道布置图的绘制

**（1）绘图前的准备工作**

① 了解有关图纸和资料　绘制管道布置图时，以工艺管道及仪表流程图、设备布置图、厂房建筑图等图纸资料为依据，充分了解工艺生产流程、厂房建筑大致结构、设备及其管口等配制情况，并充分了解国家标准及其它有关标准的规定。

② 考虑管道布置的合理性　为使管道布置设计合理，必须考虑以下几方面的问题。

a. 有腐蚀性物料的管道，一般应布置在平列管道的下方或外侧，易燃、易爆、有毒和有腐蚀性物料的管道不应敷设在生活间、楼梯和走廊处，并应配置安全阀、防爆膜、阻火器、水封等防火、防爆装置，其放空管应引至室外指定地点或高出屋面2m以上。冷热管道尽量分开布置，不得已时热管在上，冷管在下，其保温层外表面的间距上下并行时一般不应小于0.5m，交叉排列时不应小于0.25m。

b. 管道敷设应有坡度，坡度方向一般均沿物料流动方向。

c. 支管多的管道应布置在平行管的外侧。引支管时，气体管从上方引出，液体管在下方引出。

d. 管道要集中架空布置，尽量走直线，少拐弯；不要挡住门窗和妨碍设备、阀门、管件等的维修，不应妨碍吊车作业，在行走过道地面至2.2m的空间也不应安装管道。

e. 管道应避免出现"盲肠"、"气袋"和"口袋"，如图4-152所示，集汽系统的布置应使蒸汽能方便地向最高点排放。

图 4-152　管道布置应避免的几种情况

f. 管道最好能沿厂房墙壁安装，管与管间、管与墙间距离以能容纳管件、阀门等，并方便维修。

g. 阀要布置在便于操作的部位，操作频繁的阀应按操作顺序排列；容易开错且会引起重大事故的阀，相互间距要拉开，并涂刷不同颜色。

h. 管道与阀的重量不要考虑支承在设备上，尤其是铝制设备、非金属材料设备、硅铁泵等。

i. 距离较近的两设备间的管道一般不应直连，因垫片不易配准而难以紧密连接，一般采用45°斜接或90°弯接。

j. 管道布置中还应顾及电缆、照明、仪表、暖气通风等其它管道，应有全面考虑。

**（2）绘制步骤**

a. 绘制平面图

（a）用细实线画出车间的简要布置图，带管口方位的设备外形；

（b）根据管道布置的原则，按流程次序逐条画出管道的平面图，并标注管道编号（即物料代号、管段序号、公称直径）及物料流向箭头；

（c）根据设计所要求的部位画出管件、管架、阀门、仪表控制点等规定符号；

（d）标注厂房的定位轴线、设备的位号（设备名称可以省略）及定位尺寸、管道定位尺寸及标高等。

b. 绘制立面剖视图

（a）用细实线画出地平线及设备基础；

（b）用细实线画出带管口的设备外形，并加注设备位号；

（c）画出管道的立面剖视图，并标注管道编号及物料流向箭头；

（d）画出管道上的管件、阀；

（e）注出地面、设备基础、管道等标高尺寸。

c. 标注平面图与立面剖视图中其它所需的尺寸、编号及代号等。

d. 绘制方位标，编写附表及注写必要的说明，填写标题栏。

e. 校核与审定图纸，完成图样。

**(3) 绘制实例**

下面以图 4-140 为例介绍 AutoCAD 绘制管道布置图。

① 绘图前的准备

a. 新建 AutoCAD 文件，并将其存为"管道布置图.dwg"。

b. 设置绘图单位及精度，图形界限，调整栅格间距。

c. 参照 2.6 节创建图层。在"图层特性管理器"对话框中新建"粗实线"、"细实线"、"中心线"、"剖面线"、"尺寸标注"等图层，并设置相应的颜色、线型和线宽。

② 绘制视图　图 4-140 中有两个视图，现以 A—A 剖面图为例讲述。

a. 绘制墙体。操作步骤与设备布置图绘制相似，此处略。结果如图 4-153 所示。

图 4-153　墙体

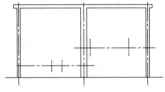

图 4-154　偏移中心线

b. 绘制设备外形。采用"偏移"命令，绘制设备的中心线，得到图 4-154。利用"圆"和"直线"命令绘制设备外形，结果如图 4-155。

c. 综合运用"直线"、"圆角"和"修剪"等命令，绘制管道，如图 4-156 所示。

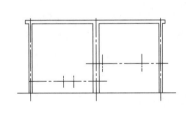

图 4-155　绘制设备后

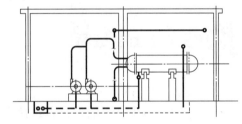

图 4-156　绘制管道

d. 从前面建立的图形库（见第 4.2.4 节）中，插入阀门。具体操作如下：单击"插入"选项卡"块"面板中的 按钮，出现图 4-157 对话框，从"名称（N）"中选择"球阀"后点击"确定"按钮，指定插入点插入球阀。重复以上操作，添加所有的管件和阀件等，并整理视图得到图 4-158。

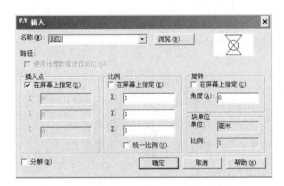

图 4-157　"插入"对话框

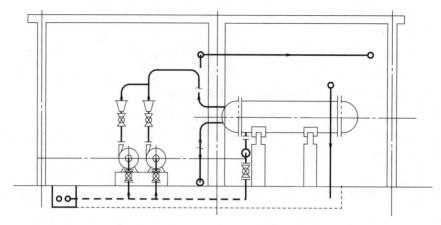

图 4-158　绘制完成视图

 e. 用上述类似方法绘制 EL100.000 平面图。

 f. 绘制方向标。见第 4.3.5 节设备布置图绘制。

 ③ 尺寸标注　选择"尺寸标注"图层，设置尺寸标注样式并标注图中尺寸。

 ④ 绘制图框，插入标题栏，进行图幅整理，完成图形绘制。

 根据要求的图幅大小绘制图框，然后采用"插入块"命令插入标题栏，并修改部分文字内容。然后在保持正确投影关系的前提下，采用"移动"命令进行图幅整理，完成图形绘制。最终结果如图 4-140 所示。

## 4.5　思考与上机练习

**(1)** 复习与思考

① 一套完整的化工设备图通常包括哪几方面的图样？

② 设备装配图通常包括哪些基本内容？

③ 化工设备图的图示特点有哪些？

④ 化工设备图中焊缝的表示方法有哪些？

⑤ 化工工艺流程图有哪几种？

⑥ 在工艺流程图中如何表示设备？

⑦ 工艺流程图中的管道如何标注？

⑧ 什么是设备布置图？其绘制步骤是什么？

⑨ 管道布置图一般包括哪些内容？

**(2)** 上机练习

① 利用 AutoCAD 2013 软件抄画图 4-1 计量罐装配图。

② 利用 AutoCAD 2013 软件抄画图 4-99 工艺流程图。

③ 利用 AutoCAD 2013 软件抄画图 4-121 设备布置图。

④ 利用 AutoCAD 2013 软件抄画图 4-159 换热器装配图。

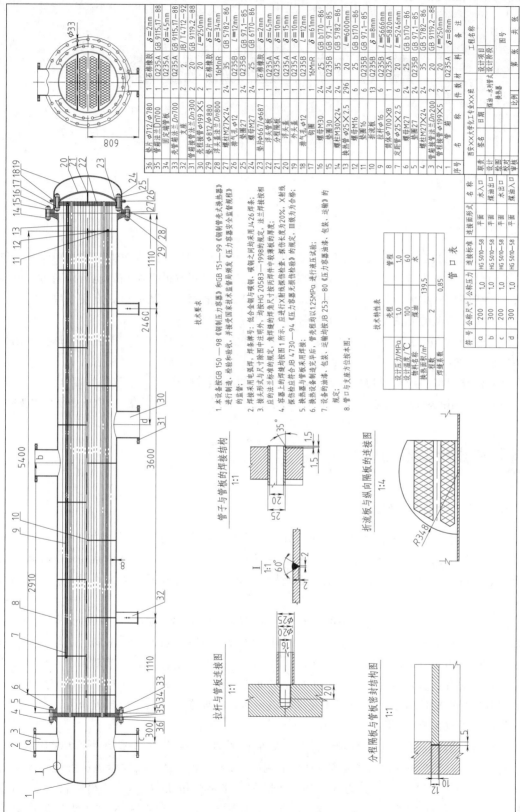

图 4-159 换热器装配图

# 第5章 三维绘图

AutoCAD 2013 软件提供了比较丰富的三维图形绘制命令，虽然创建三维模型命令比创建二维对象更困难费时，但利用三维视图可以从任何位置查看模型结构，也可以通过三维模型自动生成辅助二维模型，可以通过三维模型创建二维剖面图，从而得到真实效果。

三维实体造型的方法主要有以下三种。

（1）利用 AutoCAD 2013 提供的基本实体（例如长方体、圆锥体、圆柱体、球体、圆环体和楔体）创建简单实体。

（2）沿路径将二维对象拉伸，或者将二维对象绕轴旋转。

（3）将利用前两种方法创建的实体进行布尔运算（交集、并集、差集），生成更复杂的实体。

## 5.1 三维绘图基础

### 5.1.1 三维世界坐标系

三维坐标系是学习三维图形绘制的基础，无论是三维曲面还是三维实体的创建和绘制，都需要在三维坐标系中完成。三维坐标系是平面坐标系的扩展，平面坐标系的所有使用方法和变换都可以扩展至三维坐标系。同平面坐标系类似，三维坐标系也分为世界坐标系和用户坐标系。

AutoCAD 2013 在默认情况下的三维坐标系即是三维世界坐标系（WCS），包括 X 轴、Y 轴和 Z 轴。所有的坐标值都是相对于原点计算的，并且规定沿 X 轴正向、Y 轴正向及 Z 轴正向的位移为正方向。各坐标轴的正方向按照右手法则确定。创建三维对象时，可以使用的坐标表示法有：直角坐标系、圆柱坐标系和球坐标系。在三种坐标系中均可以使用绝对坐标和相对坐标来定位对象，一般用相对坐标表示时，需要在坐标数据前加@符号。

（1）三维直角坐标系

三维直角坐标系有三个坐标轴：X 轴、Y 轴和 Z 轴，三维直角坐标系是最为常用的坐标系。其格式为（X 坐标，Y 坐标，Z 坐标），例如（100，200，300）表示该位置处于 X 坐标为 100、Y 坐标为 200、Z 坐标为 300 的点上。相对坐标的格式为：（@X 坐标，Y 坐标，Z 坐标），例如（@100，200，300），表示该位置相对于上一位置点在 X 轴正方向上距离为

100，在 Y 轴正方向上距离为 200，在 Z 轴正方向上距离为 300 的点上。

**（2）圆柱坐标系**

圆柱坐标系用三个参数来描述点的位置：点在 XY 平面的投影到坐标原点的距离、点在 XY 平面的投影和从坐标原点的连线与 X 轴正向的夹角、点的 Z 坐标值，其格式为（投影长度＜夹角大小，Z 坐标），例如（10＜45，30）表示在 XY 平面的投影点距离坐标原点 10 个单位，该投影点与原点的连线相对于 X 轴正向的夹角为 45°，Z 坐标为 30。相对坐标格式为（@投影长度＜夹角大小，Z 坐标），例如（@10＜45，30），表示这样一个点：在 XY 平面的投影点距离上一个位置上的点在 XY 平面的投影点 10 个单位，该投影点与上一位置点在 XY 平面的投影点的连线相对于 X 轴正向的夹角为 45°，该点相对于上一点在 Z 轴正向上相距 30。

**（3）球坐标系**

球坐标系用三个参数来定位三维点：点到坐标原点的距离、二者连线在 XY 平面的投影与 X 轴正向的夹角、连线与 XY 平面所成的角度。其格式为（距离＜与 X 轴正向的夹角＜与 XY 平面所成的角度），例如，球坐标（25＜90＜45）表示该点距离坐标原点 25 个单位，该点与坐标原点的连线在 XY 平面的投影与 X 轴正向的夹角为 90°，该点和坐标原点连线与 XY 平面所成的角度为 45°。相对坐标格式为（@距离＜与 X 轴正向的夹角＜与 XY 平面所成的角度），例如，球坐标（@25＜90＜45）表示该点与上一点的关系为：该点与上一点之间的距离为 25，该点与上一点的连线在 XY 平面的投影与 X 轴正向的夹角为 90°，该点和上一点连线与 XY 平面所成的角度为 45°。

### 5.1.2 三维用户坐标系

在 AutoCAD 中，为了能够更好地辅助绘图，经常需要修改坐标系的原点和方向，这时世界坐标系将变为用户坐标系（简称 UCS）。在三维环境中创建或修改对象时，可以在三维模型空间中移动和重新定向 UCS 以简化工作。UCS 的 XY 平面称为工作平面。在三维坐标系中工作时，用户坐标系对于输入坐标、在二维工作平面上创建三维对象以及在三维坐标系中旋转对象很有用。

在用户坐标系中，可以任意指定或移动原点和旋转坐标轴。用户坐标轴的交汇处没有"口"形标记。用户可以在"三维建模"工作空间中，打开建立用户坐标系各命令，采用如下通用方法之一均可。

① 在"常用"选项卡或"视图"选项卡中单击如图 5-1 所示"坐标"面板中相应的按钮。

图 5-1 "坐标"面板

"坐标"面板中各按钮的意义如下。

"在原点处显示 UCS 图标"按钮：控制 UCS 图标的可见性和位置。

"X"按钮：绕 X 轴旋转当前的 UCS。

"Y"按钮：绕 Y 轴旋转当前的 UCS。

"Z"按钮：绕 Z 轴旋转当前的 UCS。

"视图"按钮：建立新的 UCS，使其 XY 平面平行于屏幕。

"对象"按钮：依据选定对象定义当前坐标系。

"面"按钮：将 UCS 按所选择的实体表面进行设置。

"UCS，上一个"按钮：恢复上一个用户坐标系。

"UCS，世界"按钮：将当前用户坐标系设置为世界坐标系。

"管理用户坐标系"按钮：执行 UCS 命令。

"原点"按钮：通过移动原点设定新的 UCS。

"Z 轴矢量"按钮：使用 Z 轴的正半轴来定义 UCS。

"三点"按钮：设定新 UCS 的坐标原点及其 X 轴和 Y 轴的正方向。

② 在菜单栏中执行"工具（T）"→"新建 UCS（W）"下的菜单命令。

③ 在命令行中输入"UCS"执行该命令，系统将提示：

命令：_UCS

指定 UCS 的原点或［面（F）/命名（NA）/对象（OB）/上一个（P）/视图（V）/世界（W）/X/Y/Z/Z 轴（ZA）］：

下面分别介绍各选项的功能。

a. 面（F）：将 UCS 与实体对象的选定面对齐。

b. 命名（NA）：指定名称并保存当前 UCS。

c. 对象（OB）：选择此选项后，用户可以使用点选法选择屏幕上已有的形体来确定 UCS 坐标系。

d. 上一个（P）：恢复上一个 UCS。AutoCAD 保存在图纸空间中创建的最后 10 个坐标系和在模型空间中创建的最后 10 个坐标系。

e. 视图（V）：将 UCS 设成俯视、仰视、主视、后视、左视、右视 6 个方式。

f. 世界（W）：将当前用户坐标系设置为世界坐标系（WCS）。

g. X/Y/Z/Z 轴（ZA）：列出用户定义保存过的坐标系的名称，并列出它们相对于当前 UCS 的原点坐标以及各坐标轴的方向。

h. 指定新 UCS 的原点：通过移动原点到一新位置即可得到新 UCS，输入新 UCS 原点坐标，回车即可。此时新 UCS 的 X、Y、Z 轴的方向并未发生变化。"Z 轴"：在不改变原有 X 轴和 Y 轴方向的前提条件下，通过确定新坐标原点和 Z 轴正方向上任一点来创建 UCS。

### 5.1.3 管理三维用户坐标系

尽管 UCS 命令在设置、命名、恢复以及删除一个 UCS 时具有很大的灵活性，但是 UCS 管理器命令可以显示一个带有多个选项卡的对话框，这个对话框提供了一个方便的图形方法来恢复已经保存的 UCS，并且可以建立一个与之正交的 UCS 以及为视图指定 UCS 图标及 UCS 设置。启动 UCS 管理器，可通过单击"坐标"面板右边的 按钮，或在菜单栏中执行"工具（T）"→"命名 UCS（U）"，或在命令行中输入"UCSMAN"，打开如图 5-2 所示的"UCS"对话框，其中包含"命名 UCS"、"正交 UCS"和"设置"三个选项卡。

在"命名 UCS"选项卡中，可以为选中的 UCS 重命名。

"正交 UCS"选项卡列出了预设的正交 UCS，选中其中一个 UCS，单击"置为当前（C）"按钮可以将其设置为当前 UCS；单击"详细信息（T）"按钮可以用来查看详细信息。

图 5-2 "UCS"对话框

"相对于"下拉列表框可以用来选择图形的 UCS 参考坐标系。

"设置"选项卡中，可以为当前视口设置 UCS。"开（O）"复选框确定是否显示当前 UCS。"显示于 UCS 原点（D）"复选框用于控制 UCS 图标是否显示在坐标原点上。"应用到所有活动视口（A）"复选框用于控制是否把当前 UCS 图标的设置应用到所有视口。"允许选择 UCS 图标（I）"复选框用于控制当光标移到 UCS 图标上是否图标将亮显以及是否可以单击以选择它并访问 UCS 图标夹点。"UCS 与视口一起保存（S）"复选框确定是否与当前视口一起保存 UCS 设置；"修改 UCS 时更新平面视图（U）"复选框确定当视口中的坐标系统改变时，是否更新为平面视图。

### 5.1.4 设置三维视点

在模型空间的多视窗中进行三维造型，需要对多视窗设置不同的视点，使多视窗中的图形构成真正意义上的多个视图和等轴测图。在模型空间中，可以从任何位置观察 AutoCAD 图形。可在所选视口中增加新对象、编辑已有对象、消除隐藏线或渲染视图，还可以定义平行投影或透视图。启动设置三维视点命令，可通过在菜单栏中选择"视图（V）"→"三维视图（D）"或在命令行中输入"VPOINT"或"DDVPOINT"。

下面介绍利用下拉菜单设置三维视点的方式。

**（1）设置成视图**

视图是视点设置的特殊形式。"三维视图（D）"的级联菜单中有 6 个视图命令：俯视、仰视、左视、右视、前视和后视，分别用于将视窗设置成工程制图中的 6 种视图。

**（2）设置成等轴测**

"三维视图（D）"的级联菜单中有四个等轴测命令：西北等轴测、西南等轴测、东北等轴测和东南等轴测，分别用于将视窗设置成从四个方向观察的等轴测图。

**（3）视点预设**

当进行三维造型或者从某特定视点观察一个完整的模型时，需要设置观察方向。"视点预设"即是通过两个夹角定义观察方向，操作步骤为：在菜单栏中执行"视图（V）"→"三维视图（D）"→"视点预设（I）"命令，弹出如图 5-3 所示的"视点预设"对话框。

在该对话框中，单击设置观察角度的图像来确定相对于 X 轴和 XY 平面的夹角，或者直接输入相对于 X 轴和 XY 平面的角度值。若单击"设置为平面视图（V）"按钮，则选择

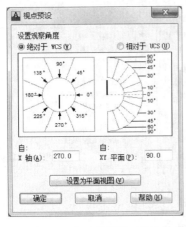

图 5-3 "视点预设"对话框

了相对于当前 UCS 图形的平面视图。单击"确定"按钮,即可显示视点预设的结果。

### 5.1.5 三维动态观察

使用 AutoCAD 的三维动态观察功能可以动态地改变视图,因此它是一个很常用的工具。它包含有三个子命令:"受约束的动态观察"命令、"自由动态观察"命令、"连续动态观察"命令。启动该命令可通过单击"视图"选项卡中"导航"面板上的"动态观察"按钮,或选择"视图(V)"→"动态观察(B)"命令,或在命令行中输入"3DORBIT"。类似的"3DFORBIT"和"3DCORBIT"命令可分别启动"自由动态观察"以及"连续动态观察"命令。

### 5.1.6 多视口观察

AutoCAD 2013 还提供了对三维图形的多视口观察命令,借助这个命令,可以在一个绘图窗口中同时观察三维图形的多个视口,从而更好地理解三维图形。启动多视口观察可通过单击"视图"选项卡中"模型视口"面板上的"视口配置"按钮,或在菜单中选择"视图(V)"→"视口(V)",或在命令行输入或动态输入 VPORTS。设置成三视口的界面如图 5-4 所示。

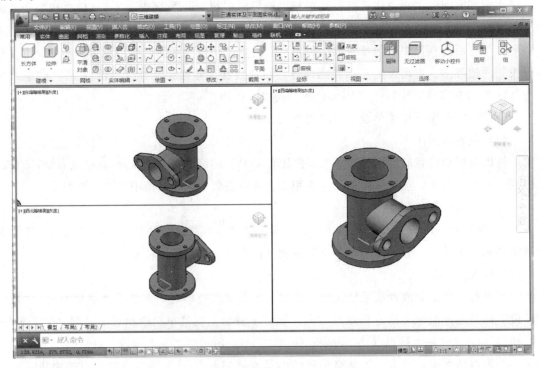

图 5-4 三视口的界面

### 5.1.7 全导航控制盘 (Steering Wheels)

AutoCAD 2013 还提供了显示包含视图导航工具集合的控制盘。该控制盘将多个常用导航工具结合到一个单一界面中，从而为用户节省了时间。启动 SteeringWheels 的命令，可通过单击"视图"选项卡"导航"面板中的"Steering-Wheels"按钮，或点击菜单"视图（V）"→"SteeringWheels（S）"，或在命令行中输入或动态输入"NAVSWHEEL"，打开如图 5-5 所示的全导航控制盘。在控制盘上单击鼠标右键，在弹出快捷菜单中，单击"SteeringWheels 设置..."命令，

图 5-5　全导航控制盘

打开如图 5-6 所示的"SteeringWheels 设置"对话框，该对话框用于控制显示在控制盘上的按钮和标签的大小及不透明度等。

图 5-6　"SteeringWheels 设置"对话框

## 5.2 创建三维实体

三维实体绘制是三维绘图的主要内容，它具有实体的特征。在 AutoCAD 2013 中，可以绘制长方体、球体、圆柱体、圆锥体、楔体、圆环体等基本的三维实体，还可以通过绘制二维平面图形来转化为三维实体模型。

绘制三维实体之前，首先要进入三维建模的窗口，可通过单击工作空间下拉列表框中的"三维基础"或"三维建模"。"三维建模"工作空间中排列了有关三维实体的操作命令，可方便用户在绘图过程中使用这些命令。

打开各常用三维实体绘制命令，采用如下通用方法之一均可。

（1）从"常用"选项卡的"建模"面板中或"实体"选项卡的"图元"与"实体"面板中（图 5-7）中单击相应的命令按钮；

图 5-7  实体创建面板按钮

（2）从菜单栏"绘图（D）"→"建模（M）"后的级联菜单（如图 5-8）中通过移动鼠标选择相应绘图命令名称打开命令；

图 5-8  "建模"级联菜单示意图

（3）在命令行输入或动态选取相应英文命令名（具体见表 5-1）。

表 5-1  创建三维实体的主要按钮简介

| 序 号 | 工具按钮 | 命 令 名 | 功 能 |
|:---:|:---:|:---:|:---:|
| 1 | | BOX | 长方体 |
| 2 | | CYLINDER | 圆柱体 |
| 3 | | CONE | 圆锥体 |
| 4 | | SPHERE | 球体 |
| 5 | | PYRAMID | 棱锥体 |
| 6 | | PYRAMID | 楔体 |
| 7 | | TORUS | 圆环 |
| 8 | | POLYSOLID | 多段体 |

| 序　号 | 工　具　按　钮 | 命　令　名 | 功　能 |
|---|---|---|---|
| 9 |  | EXTRUDE | 拉伸 |
| 10 | | LOFT | 放样 |
| 11 | | REVOLVE | 旋转 |
| 12 | | SWEEP | 扫掠 |
| 13 | | PRESSPULL | 按住并拖动 |

### 5.2.1　长方体

使用 BOX 命令可创建长方体或正方体等一些规则的实体模型，例如创建化工设备的底座、储槽及车间墙体等。打开命令后，根据命令行提示进行如下操作。

命令：_box

指定第一个角点或［中心(C)］：

指定其他角点或［立方体(C)/长度(L)］：

指定高度或［两点(2P)］：

各选项的含义如下。

① 中心（C）：使用指定的中心点创建长方体。

② 立方体（C）：创建一个长、宽、高相同的长方体。

③ 长度（L）：按照指定长、宽、高创建长方体。

④ 两点（2P）：指定两个点，其间距离为长方体的高度。

**实战练习**

绘制如图 5-9 所示的长方体。

命令：BOX ↙

指定第一个角点或［中心(C)］：（在绘图区单击鼠标左键任意指定一点）

指定其他角点或［立方体(C)/长度(L)］：@100,200,0 ↙

指定高度或［两点(2P)］＜200.0000＞：200 ↙

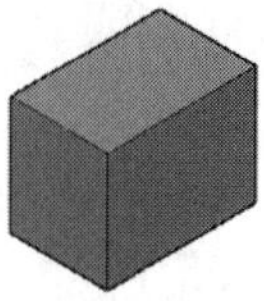

图 5-9　长方体

### 5.2.2　圆柱体

圆柱体是一个以圆或椭圆为底面的实体模型，该实体随处可见，如化工机械连接杆、化工容器等。打开命令后，根据命令行提示进行如下操作。

命令：_cylinder

指定底面的中心点或［三点(3P)/两点(2P)/切点、切点、半径(T)/椭圆(E)］：

指定底面半径或［直径(D)］：

指定高度或［两点(2P)/轴端点(A)］：

各选项的含义如下。

① 三点（3P）/两点（2P）/切点、切点、半径（T）/椭圆（E）：参见第 3 章绘制圆和椭圆命令中的选项。

② 直径（D）：指定圆柱体的底面直径。

③ 两点（2P）：指定圆柱体的高度为两个指定点之间的距离。

④ 轴端点（A）：指定圆柱体轴的端点位置。此端点是圆柱体的顶面圆心。轴端点可以位于三维空间的任意位置。轴端点定义了圆柱体的长度和方向。

**实战练习**

绘制如图 5-10 所示的圆柱体。

命令：CYLINDER↙

指定底面的中心点或［三点(3P)/两点(2P)/切点、切点、半径(T)/椭圆(E)］：（在绘图区单击鼠标左键任意指定一点）

指定底面半径或［直径(D)］：100↙

指定高度或［两点(2P)/轴端点(A)］：200↙

图 5-10　圆柱体

### 5.2.3　圆锥体

圆锥体是以圆或椭圆为底面，按照一定锥度向上或向下展开，最后交于一点或交于圆或椭圆平面而形成的实体。使用该命令不仅可以创建圆锥体，也可以创建圆锥台实体。打开命令后，根据命令行提示进行如下操作。

命令：_cone

指定底面的中心点或［三点(3P)/两点(2P)/切点、切点、半径(T)/椭圆(E)］：

指定底面半径或［直径(D)］：

指定高度或［两点(2P)/轴端点(A)/顶面半径(T)］：

各选项的含义如下。

① 三点（3P）/两点（2P）/切点、切点、半径（T）/椭圆（E）：参见第 3 章绘制圆和椭圆命令中的选项。

② 直径（D）：指定圆锥体的底面直径。

③ 两点（2P）：指定圆锥体的高度为两个指定点之间的距离。

④ 轴端点（A）：指定圆锥体轴的端点位置。轴端点是圆锥体的顶点或圆锥体平截面顶

面的中心点（"顶面半径"选项）。轴端点可以位于三维空间的任意位置。

⑤ 顶面半径（T）：指定创建圆锥体平截面时圆锥体的顶面半径。最初，默认顶面半径未设置任何值。执行绘图任务时，顶面半径的默认值始终是先前输入的任意实体图元的顶面半径值。

┌─ **实战练习** ────────────────────────────────┐
│ 绘制如图 5-11 所示的圆锥体。                    │
└────────────────────────────────────────────┘

命令：CONE ↙

指定底面的中心点或［三点（3P）/两点（2P）/切点、切点、半径（T）/椭圆（E）］：（在绘图区单击鼠标左键任意指定一点）

指定底面半径或［直径（D）］〈100.0000〉：100 ↙

指定高度或［两点（2P）/轴端点（A）/顶面半径（T）］〈200.0000〉：200 ↙

图 5-11　圆锥体

### 5.2.4　球体

球体是在三维空间中，到一个点的距离完全相同的点集合形成的实体特征，广泛用于化工机械等制图中。打开命令后，根据命令行提示进行如下操作。

命令：_sphere

指定中心点或［三点（3P）/两点（2P）/切点、切点、半径（T）］：

指定半径或［直径（D）］：

各选项的含义如下。

① 三点（3P）：通过在三维空间的任意位置指定三个点来定义球体的圆周。三个指定点也可以定义圆周平面。

② 两点（2P）：通过在三维空间的任意位置指定两个点来定义球体的圆周。第一点的 Z 值定义圆周所在平面。

③ 切点、切点、半径（T）：通过指定半径定义可与两个对象相切的球体。指定的切点将投影到当前 UCS。

④ 直径（D）：指定球体的直径。

┌─ **实战练习** ────────────────────────────────┐
│ 绘制如图 5-12 所示的球体。                      │
└────────────────────────────────────────────┘

命令：SPHERE ↙

指定中心点或［三点（3P）/两点（2P）/切点、切点、半径（T）］：（在绘图区单击鼠标左键任意指定一点）

指定半径或［直径（D）］〈100.0000〉：100 ↙

图 5-12　球体

### 5.2.5　棱锥体

AutoCAD 可以创建多种类型的棱锥和棱台实体。例如，通过设置边参数，可以创建四棱锥和四棱台等。默认情况下，使用基点的中心、边的中点和可确定高度的另一个点来定义棱锥体。打开命令后，根据命令行提示进行如下操作。

命令：_pyramid
指定底面的中心点或 [边(E)/侧面(S)]：
指定底面半径或 [内接(I)]：
指定高度或 [两点(2P)/轴端点(A)/顶面半径(T)]：
各选项的含义如下。

① 边（E）：指定棱锥体底面的一条边的长度；拾取两个点。

② 侧面（S）：指定棱锥体的侧面数。可以输入 3～32 之间的数字。最初，棱锥体的侧面数设置为 4。执行绘图任务时，侧面数的默认值始终是先前输入的侧面数值。

③ 内接（I）：指定内接于（在内部绘制）棱锥体底面半径的棱锥体底面。

④ 两点（2P）：指定棱锥体的高度为两个指定点之间的距离。

⑤ 轴端点（A）：指定棱锥体轴的端点位置。该端点是棱锥体的顶点。轴端点可以位于三维空间的任意位置。轴端点定义了棱锥体的长度和方向。

⑥ 顶面半径（T）：指定创建棱锥体平截面时棱锥体的顶面半径。

**实战练习**

绘制如图 5-13 所示的四棱锥和四棱台。

图 5-13　四棱锥和四棱台

命令：PYRAMID✓
指定底面的中心点或 [边(E)/侧面(S)]：（在绘图区单击鼠标左键任意指定一点）
指定底面半径或 [内接(I)]：100✓
指定高度或 [两点(2P)/轴端点(A)/顶面半径(T)]：200✓
命令：PYRAMID✓
指定底面的中心点或 [边(E)/侧面(S)]：　（在绘图区单击鼠标左键任意指定一点）
指定底面半径或 [内接(I)]〈141.4214〉：100✓

指定高度或［两点(2P)/轴端点(A)/顶面半径(T)］〈150.0000〉：t↙

指定顶面半径〈70.7107〉：50↙

指定高度或［两点(2P)/轴端点(A)］〈150.0000〉：150↙

### 5.2.6 楔体

楔体是长方体沿对角线切成的实体，该实体通常用于填充物体的间隙，例如安装设备时常用的楔体或楔木。打开命令后，根据命令行提示进行如下操作。

命令：_wedge

指定第一个角点或［中心(C)］：

指定其他角点或［立方体(C)/长度(L)］：

指定高度或［两点(2P)］〈50.0000〉：

各选项的含义如下。

① 中心（C）：使用指定的中心点创建楔体。

② 立方体（C）：创建等边楔体。

③ 长度（L）：按照指定长宽高创建楔体。长度与 X 轴对应，宽度与 Y 轴对应，高度与 Z 轴对应。如果拾取点以指定长度，则还要指定在 XY 平面上的旋转角度。

④ 两点（2P）：指定楔体的高度为两个指定点之间的距离。

**实战练习**

绘制如图 5-14 所示的楔体。

命令：WEDGE↙

指定第一个角点或［中心(C)］：　　　　（在绘图区单击鼠标左键任意指定一点）

指定其他角点或［立方体(C)/长度(L)］：@100,100↙

指定高度或［两点(2P)］〈50.0000〉：50↙

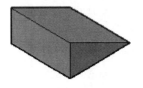

图 5-14　楔体

### 5.2.7 圆环体

圆环体是在三维空间内，具有圆环截面轮廓特征的图形绕圆环中心线旋转而成的实体。打开命令后，根据命令行提示进行如下操作。

命令：_torus

指定中心点或［三点(3P)/两点(2P)/切点、切点、半径(T)］：

指定半径或［直径(D)］：

指定圆管半径或［两点(2P)/直径(D)］：

各选项的含义如下。

① 三点（3P）：用指定的三个点定义圆环体的圆周。三个指定点也可以定义圆周平面。

② 两点（2P）：用指定的两个点定义圆环体的圆周。第一点的 Z 值定义圆周所在平面。

③ 切点、切点、半径（T）：使用指定半径定义可与两个对象相切的圆环体。指定的切点将投影到当前 UCS。

④ 半径：定义圆环体的半径（从圆环体中心到圆管中心的距离）。负的半径值创建形似美式橄榄球的实体。

⑤ 直径（D）：定义圆管直径。

┌─ **实战练习** ─────────────────────────────────────────┐

绘制如图 5-15 所示的圆环体。

└──────────────────────────────────────────────────┘

命令：TORUS ↙

指定中心点或 [三点(3P)/两点(2P)/切点、切点、半径(T)]：（在绘图区单击鼠标左键任意指定一点）

指定半径或 [直径(D)]：100 ↙

指定圆管半径或 [两点(2P)/直径(D)]：20 ↙

图 5-15　圆环体

### 5.2.8　多段体

多段体是按指定路径创建的矩形截面实体。例如创建化工车间墙体的三维模型。打开命令后，根据命令行提示进行如下操作。

命令：_polysolid

指定起点或 [对象(O)/高度(H)/宽度(W)/对正(J)]〈对象〉：

指定下一个点或 [圆弧(A)/放弃(U)]：

指定下一个点或 [圆弧(A)/闭合(C)/放弃(U)]：

各选项的含义如下。

① 对象（O）：指定要转换为实体的对象。可以转换直线、圆弧、二维多段线和圆。

② 高度（H）：指定实体的高度。高度默认设置为当前 PSOLHEIGHT 设置。

③ 宽度（W）：指定实体的宽度。默认宽度设置为当前 PSOLWIDTH 设置。

④ 对正（J）：使用命令定义轮廓时，可以将实体的宽度和高度设定为左对正、右对正或居中。对正方式由轮廓的第一条线段的起始方向决定。需要输入对正方式的选项，分别为左对正（L）、居中（C）、右对正（R）

⑤ 圆弧（A）：将圆弧段添加到实体中。圆弧的默认起始方向与上次绘制的线段相切。可以使用"方向"选项指定不同的起始方向。

⑥ 闭合（C）：通过从指定的实体的上一点到起点创建直线段或圆弧段来闭合实体。必须至少指定三个点才能使用该选项。

⑦ 放弃（U）：删除最后添加到实体的线段或圆弧段。

绘制如图 5-16 所示的多段体（先绘出左侧的多段线）。

命令：POLYSOLID↙

指定起点或 [对象(O)/高度(H)/宽度(W)/对正(J)] 〈对象〉：h↙

指定高度：100↙

高度 = 100.0000，宽度 = 5.0000，对正 = 居中

指定起点或 [对象(O)/高度(H)/宽度(W)/对正(J)] 〈对象〉：w↙

指定宽度 〈5.0000〉：50↙

高度 = 100.0000，宽度 = 50.0000，对正 = 居中

指定起点或 [对象(O)/高度(H)/宽度(W)/对正(J)] 〈对象〉：o↙　　（选中左边所示的多段线）

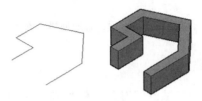

图 5-16　多段体

### 5.2.9　通过拉伸创建实体

创建拉伸实体就是将二维的闭合对象（如多段线、多边形、矩形、圆、椭圆、闭合的样条曲线和圆环）拉伸成三维对象。在拉伸过程中，不但可以指定拉伸的高度，还可以使实体的截面沿拉伸方向变化。另外，还可以将一些二维对象沿指定的路径拉伸，路径可以是圆、椭圆，也可以由圆弧、椭圆弧、多段线、样条曲线等组成。路径可以封闭，也可以不封闭。如果用直线或圆弧绘制拉伸用的二维对象，则需将它们转换为单条多段线，然后再利用"拉伸"命令进行拉伸。打开命令后，根据命令行提示进行如下操作。

命令：_extrude

选择要拉伸的对象或 [模式(MO)]：

指定拉伸的高度或 [方向(D)/路径(P)/倾斜角(T)/表达式(E)]：

各选项的含义如下。

① 模式（MO）：控制拉伸对象是实体还是曲面。曲面会被拉伸为 NURBS 曲面或程序曲面，具体取决于 SURFACEMODELINGMODE 系统变量。

② 拉伸高度：沿正或负 Z 轴拉伸选定对象。方向基于创建对象时的 UCS，或（对于多个选择）基于最近创建的对象的原始 UCS。

③ 方向（D）：用两个指定点指定拉伸的长度和方向（方向不能与拉伸创建的扫掠曲线所在的平面平行）。

④ 路径（P）：指定基于选定对象的拉伸路径。路径将移动到轮廓的质心。然后沿选定路径拉伸选定对象的轮廓以创建实体或曲面。

⑤ 倾斜角（T）：指定拉伸的倾斜角。正角度表示从基准对象逐渐变细地拉伸，而负角度则表示从基准对象逐渐变粗地拉伸。默认角度 0 表示在与二维对象所在平面垂直的方向上进行拉伸。

⑥ 表达式（E）：输入公式或方程式以指定拉伸高度。

通过拉伸图 5-17 左侧的图形以创建右侧的三维实体。

命令：EXTRUDE ↙

选择要拉伸的对象或 [模式(MO)]：(选择左侧的图形)

选择要拉伸的对象或 [模式(MO)]：↙ 找到 1 个

指定拉伸的高度或 [方向(D)/路径(P)/倾斜角(T)/表达式(E)]：100 ↙

图 5-17　通过拉伸创建实体

### 5.2.10　通过旋转创建实体

创建旋转实体即是将一个二维封闭对象（例如圆、椭圆、多段线、样条曲线）绕当前 UCS 坐标系的 X 轴或 Y 轴并按一定的角度旋转成实体，也可以使其绕直线、多段线或两个指定的点旋转成实体。

命令：_revolve

选择要旋转的对象或 [模式(MO)]：

指定轴起点或根据以下选项之一定义轴 [对象(O)/X/Y/Z] 〈对象〉：

指定轴端点：

指定旋转角度或 [起点角度(ST)/反转(R)/表达式(EX)] 〈360〉：

各选项的含义如下。

① 要旋转的对象：指定要绕某个轴旋转的对象。

② 模式（MO）：控制旋转动作是创建实体还是曲面。会将曲面延伸为 NURBS 曲面或程序曲面，具体取决于 SURFACEMODELINGMODE 系统变量。

③ 轴起点：指定旋转轴的第一个点。轴的正方向从第一点指向第二点。

④ 起点角度（ST）：为从旋转对象所在平面开始的旋转指定偏移。

⑤ 旋转角度：指定选定对象绕轴旋转的距离。正角度将按逆时针方向旋转对象。负角度将按顺时针方向旋转对象。还可以拖动光标以指定和预览旋转角度。

⑥ 对象（O）：指定要用作轴的现有对象。轴的正方向从该对象的最近端点指向最远端点。可以将直线、线性多段线线段以及实体或曲面的线性边用作轴。

⑦ 反转（R）：更改旋转方向；类似于输入-（负）角度值。右侧的旋转对象显示按照与左侧对象相同的角度旋转，但使用反转选项的样条曲线。

⑧ 表达式（EX）：输入公式或方程式以指定旋转角度。

通过旋转图 5-18 左侧的图形以创建右侧的三维实体。

命令：REVOLVE ↙

选择要旋转的对象或 [模式(MO)]：(选择左侧的图形)

选择要旋转的对象或［模式(MO)］：↙(结束对象选择)

指定轴起点或根据以下选项之一定义轴［对象(O)/X/Y/Z］〈对象〉：(选择左侧图形中的轴线一端)

指定轴端点：(选择左侧图形中的轴线另一端)

指定旋转角度或［起点角度(ST)/反转(R)/表达式(EX)]〈360〉：↙

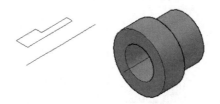

图 5-18   通过旋转创建实体

## 5.3 编辑三维实体

通常在创建三维实体的过程中，只利用基本的实体创建工具很难快速、准确地做出复杂的实体，还需要通过实体编辑命令和三维操作工具对实体进行合并、旋转、移动等操作，对实体的边、面和体等元素进行编辑操作。

AutoCAD中提供了功能强大的编辑命令，打开各常用三维实体编辑命令，采用如下通用方法之一均可。

(1) 可分别从"常用"选项卡或"实体"选项卡中的"实体编辑"、"修改"和"布尔值"面板中（图 5-19）单击相应工具按钮；

图 5-19   "实体编辑"、"修改"、"布尔值"面板

(2) 从"修改（M）"→"实体编辑（N）"或"修改（M）"→"三维操作（3）"下拉菜单（如图 5-20）中通过移动鼠标选择相应绘图命令名称打开命令；

(3) 在命令行输入或动态选取相应英文命令名（具体见表 5-2）。

表 5-2   编辑三维实体的主要按钮简介

| 序　　号 | 工 具 按 钮 | 命 令 名 | 功　　能 |
| --- | --- | --- | --- |
| 1 | ◎ | UNION | 并集 |
| 2 | ◎ | SUBTRACT | 差集 |
| 3 | ◎ | INTERSECT | 交集 |

| 序　号 | 工具按钮 | 命　令　名 | 功　能 |
|---|---|---|---|
| 4 | | FILLETEDGE | 圆角边 |
| 5 | | CHAMFEREDGE | 倒角边 |
| 6 | | SOLIDEDIT | 倾斜面 |
| 7 | | SOLIDEDIT | 拉伸面 |
| 8 | | SOLIDEDIT | 偏移面 |
| 9 | | SOLIDEDIT | 抽壳 |
| 10 | | SOLIDEDIT | 检查 |
| 11 | | SOLIDEDIT | 分割 |
| 12 | | SOLIDEDIT | 清除 |
| 13 | | MIRROR3D | 三维镜像 |
| 14 | | 3DROTATE | 三维移动 |
| 15 | | 3DMOVE | 三维旋转 |
| 16 | | 3DARRAY | 三维阵列 |

图 5-20 "修改"下拉菜单中的"实体编辑"级联菜单示意图

### 5.3.1 实体并集

将两个或多个三维实体、曲面或二维面域合并为一个复合三维实体、曲面或面域。打开命令后，根据命令行提示进行如下操作。

命令：_union

选择对象：

"选择对象"选项的含义：选择要合并的三维实体、曲面或面域。必须选择类型相同的对象进行合并。

**实战练习**

将图 5-21 中的长方体与圆柱体合并成一个复合的三维实体。

命令：UNION ↙

选择对象：（选择长方体）

选择对象：（选择圆柱体）↙

选择对象：↙（结束对象选择）

(a)原图　　　　(b)并集运算后

图 5-21　实体并集运算

### 5.3.2 实体差集

从一个实体中减去另一个（或多个）实体，生成一个新的实体，即为差集运算。打开命令后，根据命令行提示进行如下操作。

命令：_subtract 选择要从中减去的实体、曲面和面域...

选择对象：

选择要减去的实体、曲面和面域...

选择对象：

各选项的含义如下。

① 选择对象（从中减去）：指定要通过差集修改的三维实体、曲面或面域。

② 选择对象（减去）：指定要从中减去的三维实体、曲面或面域。

**实战练习**

将图 5-22 中的长方体减去圆柱体生成一个新的复合三维实体。

(a)原图　　　　(b) 差集运算后

图 5-22　实体差集运算

命令：SUBTRACT ↙ 选择要从中减去的实体、曲面和面域……

选择对象：(选择长方体)↙

选择要减去的实体、曲面和面域……

选择对象：(选择圆柱体)↙

### 5.3.3 实体交集

将两个或多个实体的公共部分构造成一个新的实体，即为实体交集运算。打开命令后，根据命令行提示进行如下操作。

命令：_intersect

选择对象：

"选择对象"选项的含义：选择要进行交集运算的三维实体、曲面或面域。

**实战练习**

通过交集运算将图 5-23 中的长方体与圆柱体生成一个复合的三维实体。

命令：INTERSECT ↙

选择对象：(选择长方体)

选择对象：(选择圆柱体)

选择对象：↙(结束对象选择)

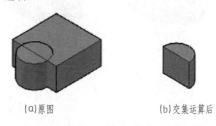

(a)原图          (b)交集运算后

图 5-23　实体交集运算

### 5.3.4 圆角边

倒角和圆角是化工设备底座等零件中必不可少的。AutoCAD 2013 中可以对三维实体进行倒角和倒圆角操作，这两个命令与二维对象中的倒角和倒圆角命令类似。在 AutoCAD 2013 中可以用 FILLETEDGE 命令对实体的边作圆角操作。打开命令后，根据命令行提示进行如下操作。

命令：_FILLETEDGE

选择边或 [链(C)/环(L)/半径(R)]：

输入圆角半径或 [表达式(E)]：

选择边或 [链(C)/环(L)/半径(R)]：

各选项的含义如下。

① 选择边：指定同一实体上要进行圆角的一个或多个边。按 Enter 键后，可以拖动圆角夹点来指定半径，也可以使用"半径"选项。

② 链（C）：指定多条边的边相切。

③ 环（L）：在实体的面上指定边的环。

④ 半径（R）：指定半径值。

⑤ 表达式（E）：使用数学表达式控制倒角半径。

**实战练习**

将图 5-24 中实体的某一边倒半径为 20 的圆角。

命令：FILLETEDGE↙

选择边或［链(C)/环(L)/半径(R)］：r↙

输入圆角半径或［表达式(E)］：20↙

选择边或［链(C)/环(L)/半径(R)］：（选择实体的边）↙

按 Enter 键接受圆角或［半径(R)］：↙

(a)原图  (b)倒圆角后

图 5-24　对实体的某一边倒圆角

### 5.3.5　倒角边

在 AutoCAD 2013 中可以用 CHAMFEREDGE 命令对实体的边作倒角操作。打开命令后，根据命令行提示进行如下操作。

命令：_CHAMFEREDGE

选择一条边或［环(L)/距离(D)］：

指定距离 1 或［表达式(E)］〈1.0000〉：

指定距离 2 或［表达式(E)］〈1.0000〉：

选择一条边或［环(L)/距离(D)］：

各选项的含义如下。

① 选择边：选择要建立倒角的一条实体边或曲面边。

② 距离 1：设定第一条倒角边与选定边的距离。默认值为 1。

③ 距离 2：设定第二条倒角边与选定边的距离。默认值为 1。

④ 环（L）：对一个面上的所有边建立倒角。对于任何边，有两种可能的循环。选择循环边后，系统将提示您接受当前选择，或选择下一个循环。

⑤ 表达式（E）：使用数学表达式控制倒角距离。

**实战练习**

将图 5-25 中实体的某一边倒角。

命令：CHAMFEREDGE↙

选择一条边或［环(L)/距离(D)］：d↙

指定距离 1 或［表达式(E)］〈1.0000〉：20↙

指定距离 2 或［表达式(E)］〈1.0000〉：20↙

选择一条边或［环(L)/距离(D)］：（选择实体的边）↙

选择同一个面上的其他边或［环(L)/距离(D)］：↙

按 Enter 键接受倒角或［距离(D)］：↙

(a)原图　　　　　　　　(b)倒角后

图 5-25　对实体的某一边倒角

### 5.3.6　倾斜面

倾斜面命令可以按一个角度将选定的实体面进行倾斜，此命令常用于绘制带有拔模角度的零件模型。倾斜轴是由基点指向第二点的矢量。正角度将向里倾斜选定的面，负角度将往外倾斜选定的面。SOLIDEDIT 命令可以拉伸、移动、旋转、偏移、倾斜、复制、删除面、为面指定颜色以及添加材质。还可以复制边以及为其指定颜色。可以对整个三维实体对象（体）进行压印、分割、抽壳、清除以及检查其有效性。打开命令后，根据命令行提示进行如下操作。

命令：_solidedit

输入实体编辑选项 ［面(F)/边(E)/体(B)/放弃(U)/退出(X)］〈退出〉:_face

输入面编辑选项［拉伸(E)/移动(M)/旋转(R)/偏移(O)/倾斜(T)/删除(D)/复制(C)/颜色(L)/材质(A)/放弃(U)/退出(X)］〈退出〉: _taper

选择面或［放弃(U)/删除(R)］:

选择面或［放弃(U)/删除(R)/全部(ALL)］:

删除面或［放弃(U)/添加(A)/全部(ALL)］:

各选项的含义如下。

① 选择面：指定要修改的面。

② 拉伸（E）：在 X、Y 或 Z 方向上延伸三维实体面。可以通过移动面来更改对象的形状。

③ 移动（M）：沿指定的高度或距离移动选定的三维实体对象的面。一次可以选择多个面。

④ 旋转（R）：绕指定的轴旋转一个或多个面或实体的某些部分。

⑤ 偏移（O）：按指定的距离或通过指定的点，将面均匀地偏移。正值会增大实体的大小或体积。负值会减小实体的大小或体积。

⑥ 倾斜（T）：以指定的角度倾斜三维实体上的面。倾斜角的旋转方向由选择基点和第二点（沿选定矢量）的顺序决定。

⑦ 复制（C）：将面复制为面域或体。如果指定两个点，SOLIDEDIT 将使用第一个点作为基点，并相对于基点放置一个副本。

⑧ 颜色（L）：修改面的颜色。着色面可用于亮显复杂三维实体模型内的细节。

⑨ 材质（A）：将材质指定到选定面。

⑩ 删除（R）：从选择集中删除以前选择的面。

⑪ 放弃（U）：取消选择最近添加到选择集中的面后将重显示提示。

⑫ 添加（A）：向选择集中添加选择的面。

⑬ 全部（ALL）：选择所有面并将它们添加到选择集中。

⑭ 退出（X）：退出面编辑选项并显示"输入实体编辑选项"提示。

选择好要倾斜的面，接着提示

指定基点：

指定沿倾斜轴的另一个点：

指定倾斜角度：

各选项的含义如下。

① 基点：设置用于确定平面的第一个点。

② 指定沿倾斜轴的另一个点：设置用于确定倾斜方向的轴的方向。

③ 倾斜角：指定−90 到＋90 度之间的角度，以设置与轴之间的倾斜度。

**实战练习**

将图 5-26 中实体的上表面倾斜 10°。

命令：SOLIDEDIT✓

输入实体编辑选项［面（F）/边（E）/体（B）/放弃（U）/退出（X）］〈退出〉：f✓

输入面编辑选项［拉伸（E）/移动（M）/旋转（R）/偏移（O）/倾斜（T）/删除（D）/复制（C）/颜色（L）/材质（A）/放弃（U）/退出（X）］〈退出〉：t✓

选择面或［放弃（U）/删除（R）］：（选择实体的上表面）✓

选择面或［放弃（U）/删除（R）/全部（ALL）］：✓

指定基点：（选择实体的顶点 1）

指定沿倾斜轴的另一个点：（选择实体的顶点 2）✓

指定倾斜角度：10✓

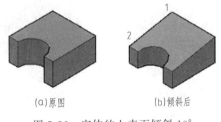

(a)原图          (b)倾斜后

图 5-26　实体的上表面倾斜 10°

### 5.3.7　拉伸面

使用该命令可以将实体对象的一个或多个面沿一条指定路径或按指定的高度和角度进行拉伸。打开命令后，根据命令行提示进行如下操作。

命令：_solidedit

输入实体编辑选项［面（F）/边（E）/体（B）/放弃（U）/退出（X）］〈退出〉：_face

输入面编辑选项［拉伸（E）/移动（M）/旋转（R）/偏移（O）/倾斜（T）/删除（D）/复制（C）/颜色（L）/材质（A）/放弃（U）/退出（X）］〈退出〉：_extrude

选择面或［放弃（U）/删除（R）］：

选择面或［放弃（U）/删除（R）/全部（ALL）］：

删除面或［放弃（U）/添加（A）/全部（ALL）］：

指定拉伸高度或［路径（P）］：

指定拉伸的倾斜角度〈0〉：

各选项的含义如下。

① 拉伸高度：设置拉伸的方向和距离。如果输入正值，则沿面的法向拉伸。如果输入负值，则沿面的反法向拉伸。

② 指定拉伸的倾斜角度：指定－90度～90度之间的角度。正角度将往里倾斜选定的面，负角度将往外倾斜面。默认角度为0，可以垂直于平面拉伸面。选择集中所有选定的面将倾斜相同的角度。如果指定了较大的倾斜角或高度，则在达到拉伸高度前，面可能会汇聚到一点。

③ 路径（P）：以指定的直线或曲线来设置拉伸路径。所有选定面的轮廓将沿此路径拉伸。拉伸路径可以是直线、圆、圆弧、椭圆、椭圆弧、多段线或样条曲线。拉伸路径不能与面处于同一平面，也不能具有高曲率的部分。

④ 其他选项的含义同倾斜面操作。

**实战练习**

将图 5-27 中实体的上表面向上拉伸一定距离。

命令：SOLIDEDIT↙

输入实体编辑选项 [面(F)/边(E)/体(B)/放弃(U)/退出(X)]〈退出〉：f↙

输入面编辑选项[拉伸(E)/移动(M)/旋转(R)/偏移(O)/倾斜(T)/删除(D)/复制(C)/颜色(L)/材质(A)/放弃(U)/退出(X)]〈退出〉：e↙

选择面或 [放弃(U)/删除(R)/全部(ALL)]：(选择实体的上表面)↙

指定拉伸高度或 [路径(P)]：20↙

指定拉伸的倾斜角度〈0〉：↙

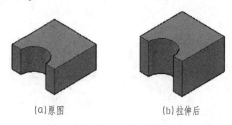

(a)原图　　　　　(b)拉伸后

图 5-27　实体上表面的拉伸

### 5.3.8　偏移面

偏移面命令可以按指定的距离或通过指定的点，将面均匀地偏移。打开命令后，根据命令行提示进行如下操作。

命令：_solidedit

输入实体编辑选项 [面(F)/边(E)/体(B)/放弃(U)/退出(X)]〈退出〉：_face

输入面编辑选项[拉伸(E)/移动(M)/旋转(R)/偏移(O)/倾斜(T)/删除(D)/复制(C)/颜色(L)/材质(A)/放弃(U)/退出(X)]〈退出〉：_offset

选择面或 [放弃(U)/删除(R)]：

选择面或 [放弃(U)/删除(R)/全部(ALL)]：

删除面或 [放弃(U)/添加(A)/全部(ALL)]：

指定偏移距离：

指定拉伸的倾斜角度〈0〉：

各选项的含义如下。

① 指定偏移距离：设置正值增加实体大小，或设置负值减小实体大小。

② 其他选项的含义同倾斜面操作。

**实战练习**

将图 5-28 中实体的圆柱面偏移一定距离。

命令：SOLIDEDIT↙

输入实体编辑选项［面(F)/边(E)/体(B)/放弃(U)/退出(X)］〈退出〉：f↙

输入面编辑选项［拉伸(E)/移动(M)/旋转(R)/偏移(O)/倾斜(T)/删除(D)/复制(C)/颜色(L)/材质(A)/放弃(U)/退出(X)］〈退出〉：o↙

选择面或［放弃(U)/删除(R)］：(选择实体的圆柱面)↙

选择面或［放弃(U)/删除(R)/全部(ALL)］：↙

指定偏移距离：20↙

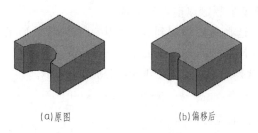

(a)原图　　　　　　　　(b)偏移后

图 5-28　实体的圆柱面偏移

### 5.3.9　抽壳

通过抽壳操作，可以在三维实体对象中用指定的厚度创建一个空的薄层。打开命令后，根据命令行提示进行如下操作。

命令：_solidedit

实体编辑自动检查：　SOLIDCHECK＝1

输入实体编辑选项［面(F)/边(E)/体(B)/放弃(U)/退出(X)］〈退出〉：_body

输入体编辑选项［压印(I)/分割实体(P)/抽壳(S)/清除(L)/检查(C)/放弃(U)/退出(X)］〈退出〉：_shell

选择三维实体：

删除面或［放弃(U)/添加(A)/全部(ALL)］：

输入抽壳偏移距离：

各选项的含义如下。

① 选择三维实体：指定要修改的实体。

② 压印（I）：在选定的对象上压印一个对象。为了使压印操作成功，被压印的对象必须与选定对象的一个或多个面相交。"压印"选项仅限于以下对象执行：圆弧、圆、直线、二维和三维多段线、椭圆、样条曲线、面域、体和三维实体。

③ 分割实体（P）：用不相连的体（有时称为 块）将一个三维实体对象分割为几个独立的三维实体对象。使用并集操作（UNION）组合离散的实体对象可导致生成不连续的体。并集或差集操作可导致生成一个由多个连续体组成的三维实体。可以将这些体分割为独立的三

维实体。

④ 抽壳（S）：抽壳是用指定的厚度创建一个空的薄层。可以为所有面指定一个固定的薄层厚度。通过选择面可以将这些面排除在壳外。一个三维实体只能有一个壳。通过将现有面偏移出其原位置来创建新的面。建议用户在将三维实体转换为壳体之前创建其副本。通过此种方法，如果用户需要进行重大修改，可以使用原始版本，并再次对其进行抽壳。

⑤ 输入抽壳偏移距离：设置偏移的大小。指定正值可创建实体周长内部的抽壳。指定负值可创建实体周长外部的抽壳。

⑥ 清除（L）：删除共享边以及那些在边或顶点具有相同表面或曲线定义的顶点。删除所有多余的边、顶点以及不使用的几何图形。不删除压印的边。在特殊情况下，此选项可删除共享边或那些在边的侧面或顶点具有相同曲面或曲线定义的顶点。

⑦ 检查（C）：验证三维实体对象是否为有效实体，此操作独立于 SOLIDCHECK 设置。

⑧ 放弃（U）：放弃编辑操作。

⑨ 退出（X）：退出面编辑选项并显示"输入实体编辑选项"提示。

⑩ 删除面：从选择集中删除以前选择的面。

⑪ 放弃（U）：取消选择最近添加到选择集中的面后将重显示提示。

⑫ 添加（A）：向选择集中添加选择的面。

⑬ 全部（ALL）：选择所有面并将它们添加到选择集中。

**实战练习**

将图 5-29 中实体进行抽壳操作。

命令：SOLIDEDIT↙

输入实体编辑选项［面(F)/边(E)/体(B)/放弃(U)/退出(X)]〈退出〉：B↙

输入体编辑选项［压印(I)/分割实体(P)/抽壳(S)/清除(L)/检查(C)/放弃(U)/退出(X)]〈退出〉：S↙

选择三维实体：(选择实体)↙

删除面或［放弃(U)/添加(A)/全部(ALL)]：(选择实体的上表面)↙

删除面或［放弃(U)/添加(A)/全部(ALL)]：↙

输入抽壳偏移距离：10↙

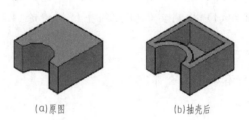

(a)原图                    (b)抽壳后

图 5-29　实体抽壳

### 5.3.10　三维镜像

三维镜像类似于二维镜像操作，不同之处是三维镜像是通过指定镜像面来镜像对象。打开命令后，根据命令行提示进行如下操作。

命令：_mirror3d

选择对象：

指定镜像平面（三点）的第一个点或［对象(O)/最近的(L)/Z 轴(Z)/视图(V)/XY 平面(XY)/YZ 平面(YZ)/ZX 平面(ZX)/三点(3)］〈三点〉：

是否删除源对象？［是(Y)/否(N)］〈否〉：

各选项的含义如下。

① 选择对象：选择要镜像的对象。

② 对象（O）：使用选定平面对象的平面作为镜像平面。

③ 最近的（L）：将最近一次被指定为镜像平面的平面再次作为镜像平面。

④ Z 轴（Z）：根据平面上的一个点和平面法线上的一个点定义镜像平面。

⑤ 视图（V）：将镜像平面与当前视口中通过指定点的视图平面对齐。

⑥ XY 平面（XY）/YZ 平面（YZ）/ZX 平面（ZX）：将镜像平面与一个通过指定点的标准平面（XY、YZ 或 ZX）对齐。

⑦ 三点（3）：通过三个点定义镜像平面。如果通过指定点来选择此选项，将不显示"在镜像平面上指定第一点"的提示。

⑧ 删除源对象：如果输入 y，镜像的对象将置于图形中并删除原始对象。如果输入 n 或按 Enter 键，镜像的对象将置于图形中并保留原始对象。

### 5.3.11　三维旋转

用三维旋转命令，可以在三维空间内沿指定旋转轴旋转三维对象。打开命令后，根据命令行提示进行如下操作。

命令：_3drotate

UCS 当前的正角方向：　ANGDIR＝逆时针　ANGBASE＝0

选择对象：

指定基点：

拾取旋转轴：

指定角的起点或键入角度：

指定角的端点：

各选项的含义如下。

① 选择对象：指定要旋转的对象。

② 指定基点：设定旋转的中心点。

③ 拾取旋转轴：在三维缩放小控件上，指定旋转轴。移动鼠标直至要选择的轴轨迹变为黄色，然后单击以选择此轨迹。

④ 指定角度起点或输入角度：设定旋转的相对起点。也可以输入角度值。

⑤ 指定角的端点：绕指定轴旋转对象。

### 5.3.12　三维移动

通过此命令，可以自由移动选定的对象和子对象，或将移动约束到轴或平面。打开命令后，根据命令行提示进行如下操作。

命令：_3dmove

选择对象：

指定基点或［位移(D)］〈位移〉：

指定第二个点或〈使用第一个点作为位移〉：

各选项的含义如下。

① 选择对象：选择要移动的三维对象。选中对象后，将显示小控件。可以通过单击小控件实现沿轴移动、沿平面移动等。

② 基点：指定要移动的三维对象的基点。

③ 指定第二个点：指定要将三维对象拖动到的位置。也可以移动光标指示方向，然后输入距离。

④ 位移（D）：使用在命令提示下输入的坐标值指定选定三维对象的位置的相对距离和方向。

## 5.4 典型三维实例——三通

三通管件在化工中主要用在管道有分支的地方，有等径与异径之分。图 5-30 为一种带有异型法兰接头的异径三通的平面视图与三维图形。绘制该三维图形时，经过分析其有如下特点。

① 图形复杂性：该三通由两种不同类型的接头组成，还有进行连接的螺孔。

② 分支管头：分支管头在 AutoCAD 中不能直接建立模型，一般需要先绘制其平面轮廓，将其转换为面域，最后经过拉伸处理即可。

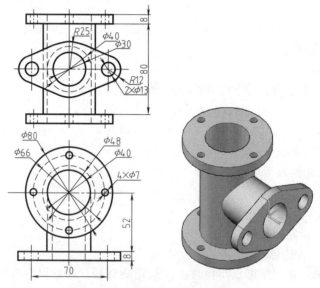

图 5-30　三通的平面视图与三维图

下面详细介绍该三通实体模型的创建过程。

### 5.4.1　绘制圆形接头

本部分主要使用 CYLINDER、3DARRAY、SUBTRACT 等命令绘制三通的圆形接头。

① 打开 AutoCAD2013 软件，选择"三维建模"工作空间，然后在"视图"选项卡下"视图"面板中选择"西南等轴测"，在"视觉样式"面板中选择"灰度"。

② 绘制圆形接头。具体操作如下。

选择"实体"选项卡，单击"图元"面板中的 圆柱体按钮，绘制如图 5-31 所示的圆形接头实体，其直径为 80mm，高度为 8mm。其上的螺孔直径为 7mm，高为 8mm，螺孔距中心为33mm。命令行操作如下。

命令：_cylinder ↙ （绘制接头圆柱）
指定底面的中心点或［三点(3P)/两点(2P)/切点、切点、半径(T)/椭圆(E)］：0,0,0 ↙
（指定接头圆柱的中心点）

指定底面半径或［直径(D)］：40 ↙ （指定接头圆柱的半径）
指定高度或［两点(2P)/轴端点(A)］：8 ↙ （指定接头圆柱的高度）
命令：_cylinder ↙ （绘制接头圆柱的螺孔）
指定底面的中心点或［三点(3P)/两点(2P)/切点、切点、半径(T)/椭圆(E)］：33,0,0 ↙
（指定螺孔圆柱底面的中心）

指定底面半径或［直径(D)］：D ↙ （选择"直径"选项）
指定直径：7 ↙ （指定螺孔的直径）
指定高度或［两点(2P)/轴端点(A)］〈8.0000〉：8 ↙ （指定螺孔的高度）

图 5-31　圆形接头实体

分别使用3DARRAY命令和"常用"选项卡中"实体编辑"面板的 ⬭ 按钮，对螺孔进行阵列与差集操作，得到如图5-32所示的效果。命令行操作如下。

命令：3DARRAY ↙ （对螺孔圆柱阵列）
选择对象：↙找到 1 个 （选择螺孔圆柱）
选择对象：↙ （结束选择）
输入阵列类型［矩形(R)/环形(P)］〈矩形〉：P ↙ （选择"环形"阵列选项）
输入阵列中的项目数目：4 ↙ （指定阵列的数目）
指定要填充的角度（＋＝逆时针，－＝顺时针）〈360〉：↙
（指定阵列的角度）

旋转阵列对象？［是(Y)/否(N)］〈Y〉：↙
指定阵列的中心点：0,0,0 ↙
指定旋转轴上的第二点：0,0,8 ↙
命令：_subtract ↙ （差集运算）
选择要从中减去的实体、曲面和面域...
选择对象：找到 1 个 （选择接头实体圆柱）
选择对象：↙ （结束对象的选择）
选择要减去的实体、曲面和面域...
选择对象：找到 1 个 （以下分别选择 4 个小螺孔圆柱）
选择对象：找到 1 个,总计 2 个
选择对象：找到 1 个,总计 3 个
选择对象：找到 1 个,总计 4 个
选择对象：↙ （结束对象选择）

图 5-32　带有螺孔的圆形接头

### 5.4.2　绘制通孔

分别使用 CYLINDER、UCS、MIRROR3D、UNION 等命令绘制连接圆形接头的通孔。

① 单击选项卡中的"实体"选项，选择"图元"面板中的  圆柱体 按钮，绘制底面直径为 40mm，高为 96mm 的圆柱，如图 5-33 所示。命令行操作如下。

命令：_cylinder ↙　　　　　　　　　　　　（绘制通孔的内圆柱）
指定底面的中心点或［三点(3P)/两点(2P)/切点、切点、半径(T)/椭圆(E)］：0,0,0 ↙
　　　　　　　　　　　　　　　　　　　（指定内圆柱底面中心点）
指定底面半径或［直径(D)］：D ↙
指定直径：40 ↙　　　　　　　　　　　（指定通孔的内圆柱底面直径）
指定高度或［两点(2P)/轴端点(A)］〈8.0000〉：96 ↙
　　　　　　　　　　　　　　　　　　　（指定通孔的内圆柱高度）

图 5-33　通孔的内圆柱

② 使用 UCS 命令建立新的用户坐标系，即将用户坐标系原点相对 Z 轴移动 8mm。命令行操作如下。

命令：UCS ↙　　　　　　　　　　　　　　（改变用户坐标系）
当前 UCS 名称：＊世界＊
指定 UCS 的原点或［面(F)/命名(NA)/对象(OB)/上一个(P)/视图(V)/世界(W)/X/Y/Z/Z 轴(ZA)］〈世界〉：M ↙
　　　　　　　　　　　　　　　　　　　（选择"移动"选项）
指定新原点或［Z 向深度(Z)］〈0,0,0〉：0,0,8 ↙　　（指定新的用户坐标系）

③ 单击"图元"面板中的 圆柱体 按钮，绘制直径为 48mm，高为 40mm 的圆柱，如图 5-34 所示。命令行操作如下。

命令：_cylinder　　　　　　　　　　　　（绘制通孔的外圆柱）
指定底面的中心点或［三点(3P)/两点(2P)/切点、切点、半径(T)/椭圆(E)］：0,0,0 ↙
　　　　　　　　　　　　　　　　　　　（指定圆柱底面中心点）

指定底面半径或［直径(D)］〈20.0000〉：D ✓

指定直径〈40.0000〉：48 ✓ （指定通孔的外圆柱底面直径）

指定高度或［两点(2P)/轴端点(A)］〈96.0000〉：40 ✓

（指定通孔的外圆柱高度）

图 5-34　通孔的外圆柱

④ 选择"常用"选项卡，单击"修改"面板中的 按钮对圆形接头和通孔进行三维镜像。命令行操作如下。

命令：_mirror3d ✓ （三维镜像）

选择对象：找到 1 个 （选择圆形接头）

选择对象：找到 1 个,总计 2 个 （选择通孔外圆柱）

选择对象：✓ （结束所要镜像的实体的选择）

指定镜像平面（三点）的第一个点或［对象(O)/最近的(L)/Z 轴(Z)/视图(V)/XY 平面(XY)/YZ 平面(YZ)/ZX 平面(ZX)/三点(3)］〈三点〉：XY ✓

（指定当前用户坐标系 XY 平面）

指定 XY 平面上的点〈0,0,0〉：0,0,40 ✓ （确定镜像平面的 Z 坐标）

是否删除源对象？［是(Y)/否(N)］〈否〉：N ✓ （选择"N"，不删除源对象）

⑤ 选择常用选项卡，单击"实体编辑"面板中的 按钮，将镜像的上下两部分的两个圆形接头与两个底面直径 48mm，高 40mm 的圆柱合并，如图 5-35 所示。命令行操作如下。

命令：_union ✓ （将实体合并）

选择对象：找到 1 个 （以下分别选择两个接头及两个外圆柱）

选择对象：找到 1 个,总计 2 个

选择对象：找到 1 个,总计 3 个

选择对象：找到 1 个,总计 4 个

选择对象：✓ （结束对象选择）

### 5.4.3　绘制分支接头

本部分主要使用 CYLINDER、SUBTRACT、CIRCLE、LINE、MIRROR、TRIM、REGION、EXTRUDE、UCS 等命令绘制三通的分支接头。

① 使用 USC 命令建立新的用户坐标系，即将坐标系的原点相对于 Z 轴移动 40mm，再将坐标系绕 X 轴旋转 90°。

命令：UCS ✓

图 5-35　合并镜像后的实体

当前 UCS 名称：＊世界＊

指定 UCS 的原点或［面(F)/命名(NA)/对象(OB)/上一个(P)/视图(V)/世界(W)/X/Y/Z/Z 轴(ZA)］〈世界〉：M↙

指定新原点或［Z 向深度(Z)］〈0,0,0〉：0,0,40↙　　　（指定新的用户坐标系）

命令：UCS↙

当前 UCS 名称：＊没有名称＊

指定 UCS 的原点或［面(F)/命名(NA)/对象(OB)/上一个(P)/视图(V)/世界(W)/X/Y/Z/Z 轴(ZA)］〈世界〉：X↙

指定绕 X 轴的旋转角度〈90〉：↙

② 单击"实体"选项卡"图元"面板中的 ⬜ 圆柱体按钮，分别绘制直径为 40mm 和 30mm，高均为 52mm 的圆柱。命令行操作如下。

命令：_cylinder↙　　　　　　　　　　　（绘制分支接头的外圆柱）

指定底面的中心点或［三点(3P)/两点(2P)/切点、切点、半径(T)/椭圆(E)］：0,0,0↙

指定底面半径或［直径(D)］〈24.0000〉：D↙

指定直径〈48.0000〉：40↙

指定高度或［两点(2P)/轴端点(A)］〈40.0000〉：52↙

命令：_cylinder↙　　　　　　　　　　　（绘制分支接头的内圆柱）

指定底面的中心点或［三点(3P)/两点(2P)/切点、切点、半径(T)/椭圆(E)］：0,0,0↙

指定底面半径或［直径(D)］〈20.0000〉：D↙

指定直径〈40.0000〉：30↙

指定高度或［两点(2P)/轴端点(A)］〈52.0000〉：52↙

③ 单击"实体"选项卡"布尔值"面板中的 ⬭ 按钮，将三通主体与分支外圆柱合并，如图 5-36 所示。命令行操作如下。

命令：_union↙　　　　　　　　　（实体合并）

选择对象：找到 1 个　　　　　　　（以下分别选择三通主体与分支管的外圆柱）

选择对象：找到 1 个,总计 2 个

选择对象：↙　　　　　　　　　　（结束对象选择）

④ 单击"实体"选项卡"布尔值"面板中的 ⬭ 按钮，对三通实体进行差集运算，如图 5-37 所示。命令行操作如下。

命令：_subtract↙　　　　　　　　　　　　　　（差集运算）

图 5-36　绘制分支管的三通实体

选择要从中减去的实体、曲面和面域……

选择对象：找到 1 个　　　　　　　　　　　　（选择三通实体）

选择对象：↙　　　　　　　　　　　　　　　（结束对象的选择）

选择要减去的实体、曲面和面域……

选择对象：找到 1 个　　　　　　　　　　　　（选择主管的内圆柱）

选择对象：找到 1 个,总计 2 个　　　　　　　（选择分支管的内圆柱）

选择对象：↙　　　　　　　　　　　　　　　（结束对象选择）

图 5-37　差集运算后的三通实体

⑤ 使用 UCS 命令建立新的用户坐标系，即将坐标系的原点相对于 Z 轴移动 52mm。

命令：UCS↙

当前 UCS 名称：＊世界＊

指定 UCS 的原点或 ［面(F)/命名(NA)/对象(OB)/上一个(P)/视图(V)/世界(W)/X/
Y/Z/Z 轴(ZA)］〈世界〉：M↙

指定新原点或 ［Z 向深度(Z)］〈0,0,0〉：0,0,52↙

　　　　　　　　　　　　　　　　　　　　　（指定新的用户坐标系）

单击"常用"选项卡"绘图"面板中的 ⊙ 按钮，在 （0，0，0） 和 （−35，0，0） 处
分别绘制半径为 25mm 和 12mm 的圆。结果如图 5-38 所示。命令行操作如下。

命令：_circle↙　　　　　　　　　　　　　（绘制半径 25mm 的圆）

指定圆的圆心或 ［三点(3P)/两点(2P)/切点、切点、半径(T)］：0,0,0↙

　　　　　　　　　　　　　　　　　　　　　（指定圆心）

指定圆的半径或 ［直径(D)］〈3.5000〉：25 ↙　（指定圆的半径）

命令：_circle　　　　　　　　　　　　　　（绘制半径 12mm 的圆）

指定圆的圆心或 [三点(3P)/两点(2P)/切点、切点、半径(T)]：−35,0,0 ↙
指定圆的半径或 [直径(D)]〈25.0000〉：12 ↙

图 5-38　绘制圆

⑥ 利用"常用"选项卡"绘图"面板中的 ╱ 按钮和"修改"面板中的 ⚖ 按钮，绘制上述两个圆的外公切线并镜像，结果如图 5-39 所示。命令行操作如下。

命令：_line ↙　　　　　　　　　　　（绘制两圆外公切线）
指定第一个点：_tan　　　　　　　　　（选择切点捕捉）
到　　　　　　　　　　　　　　　　　（捕捉半径为 25 的圆）
指定下一点或 [放弃(U)]：_tan　　　　（选择切点捕捉）
到　　　　　　　　　　　　　　　　　（捕捉半径为 12 的圆）
指定下一点或 [放弃(U)]：↙　　　　　（结束 LINE 命令）
命令：_mirror ↙　　　　　　　　　　　（镜像上述直线）
选择对象：找到 1 个　　　　　　　　　（选择上述直线）
选择对象：↙　　　　　　　　　　　　（结束对象选择）
指定镜像线的第一点：0,0 ↙
指定镜像线的第二点：−35,0 ↙
要删除源对象吗？[是(Y)/否(N)]〈N〉：N ↙

　　　　　　　　　　　　　　　　　　（选择不删除源对象）
命令：_mirror ↙　　　　　　　　　　　（镜像上述两条直线及 12mm 的圆）
选择对象：找到 1 个　　　　　　　　　（以下依次选取上述两条直线与半径 12mm 的圆）
选择对象：找到 1 个,总计 2 个
选择对象：找到 1 个,总计 3 个
选择对象：↙

图 5-39　镜像复制圆的公切线

指定镜像线的第一点：0,25 ↙

指定镜像线的第二点：0,−25 ↙

要删除源对象吗？［是(Y)/否(N)］〈N〉：N ↙

⑦ 单击"常用"选项卡"修改"面板中的  按钮，对轮廓进行修剪处理，结果如图 5-40 所示。命令行操作如下。

命令：_trim ↙　　　　　　　　　　　　　　（对轮廓进行修剪）

视图与 UCS 不平行。命令的结果可能不明显。

当前设置：投影＝UCS，边＝无

选择剪切边 ...

选择对象或〈全部选择〉：　找到 1 个　　　（依次选择剪切边界，即 4 条公切连线）

选择对象：找到 1 个，总计 2 个

选择对象：找到 1 个，总计 3 个

选择对象：找到 1 个，总计 4 个

选择对象：↙　　　　　　　　　　　　　　（结束对象选择）

选择要修剪的对象，或按住 Shift 键选择要延伸的对象，或［栏选(F)/窗交(C)/投影(P)/边(E)/删除(R)/放弃(U)］：　指定对角点：　（选择需修剪对象，即上述绘制的 3 个圆）

选择要修剪的对象，或按住 Shift 键选择要延伸的对象，或　　　［栏选(F)/窗交(C)/投影(P)/边(E)/删除(R)/放弃(U)］：↙　　　　　　（结束对象选择）

图 5-40　修剪后的效果

⑧ 绘制分支接头上的螺孔。分别使用"常用"选项卡"绘图"面板中的  、  按钮，绘制如图 5-41 所示的分支接头轮廓。命令行操作如下。

命令：_circle ↙　　　　　　　　　　　　（绘制直径为 13mm 的螺孔）

指定圆的圆心或［三点(3P)/两点(2P)/切点、切点、半径(T)］：35,0,0 ↙

指定圆的半径或［直径(D)］〈12.0000〉：D ↙

指定圆的直径〈24.0000〉：13 ↙

命令：_circle ↙　　　　　　　　　　　　（绘制直径为 13mm 的另一个螺孔）

指定圆的圆心或［三点(3P)/两点(2P)/切点、切点、半径(T)］：−35,0,0 ↙

指定圆的半径或［直径(D)］〈6.5000〉：D ↙

指定圆的直径〈13.0000〉：13 ↙

命令：_circle ↙　　　　　　　　　　　　（绘制直径为 30mm 的辅助圆）

指定圆的圆心或［三点(3P)/两点(2P)/切点、切点、半径(T)］：0,0,0 ↙

指定圆的半径或［直径(D)］〈6.5000〉：D ↙

指定圆的直径〈13.0000〉：30 ↙

命令：_region                        （将分支接头轮廓转化为面域）

选择对象：指定对角点：找到 11 个       （框选分支接头轮廓）

选择对象： ↙                         （结束对象选择）

已提取 4 个环。

已创建 4 个面域。

图 5-41　绘制分支接头轮廓

⑨ 单击"常用"选项卡"实体编辑"面板中的 ⊚ 按钮，对上述面域进行差集运算，结果如图 5-42 所示。命令行操作如下。

命令：_subtract ↙                    （对面域进行差集运算）

选择要从中减去的实体、曲面和面域…

选择对象：找到 1 个                   （选择分支接头的外轮廓）

选择对象： ↙                         （结束对象选择）

选择要减去的实体、曲面和面域…

选择对象：找到 1 个                   （以下分别选择分支接头面的 3 个圆面）

选择对象：找到 1 个,总计 2 个

选择对象：找到 1 个,总计 3 个

选择对象： ↙                         （结束对象选择）

图 5-42　面域的差集运算结果

⑩ 分别单击"建模"面板中的 按钮和"实体编辑"面板中的 ⊚ 按钮，对绘制的分支接头进行拉伸与合并处理，完成三通的绘制，最终结果如图 5-30 所示的三通三维图。命令行操作如下。

命令：_extrude ↙　　　　　　　　　　　　　　　（对分支接头轮廓拉伸）

当前线框密度：ISOLINES＝4,闭合轮廓创建模式 ＝ 实体

选择要拉伸的对象或［模式(MO)］:_MO

闭合轮廓创建模式［实体(SO)/曲面(SU)］〈实体〉:_SO

选择要拉伸的对象或［模式(MO)］:找到 1 个　　（选择分支接头轮廓面域）

选择要拉伸的对象或［模式(MO)］:↙　　　　　（结束对象选择）

指定拉伸的高度或［方向(D)/路径(P)/倾斜角(T)/表达式(E)]〈8.0000〉:8 ↙

　　　　　　　　　　　　　　　　　　　　　　　（指定拉伸高度）

命令：_union ↙　　　　　　　　　　　　　　　（将分支接头和三通实体合并）

选择对象：找到 2 个　　　　　　　　　　　　　（分别选择三通实体和分支接头）

选择对象：↙　　　　　　　　　　　　　　　　　（结束对象选择）

## 5.5　思考与上机练习

**(1) 复习与思考**

① 三维实体造型的方法主要有哪几种？

② 三维坐标系的坐标表示方法有哪些？

③ 三维 UCS 与二维 UCS 有何区别？

④ 如何设置视口，方便三维实体绘制？

⑤ 偏移面与拉伸面的区别是什么？

⑥ 三维显示样式主要有哪些？

**(2) 上机练习**

利用 AutoCAD 2013 软件抄画下列三维图形。

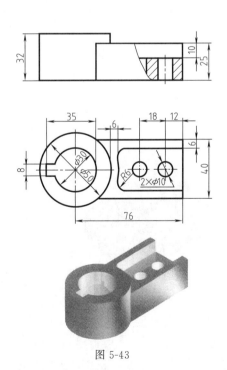

图 5-43

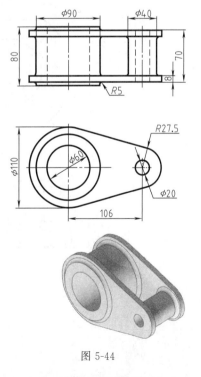

图 5-44

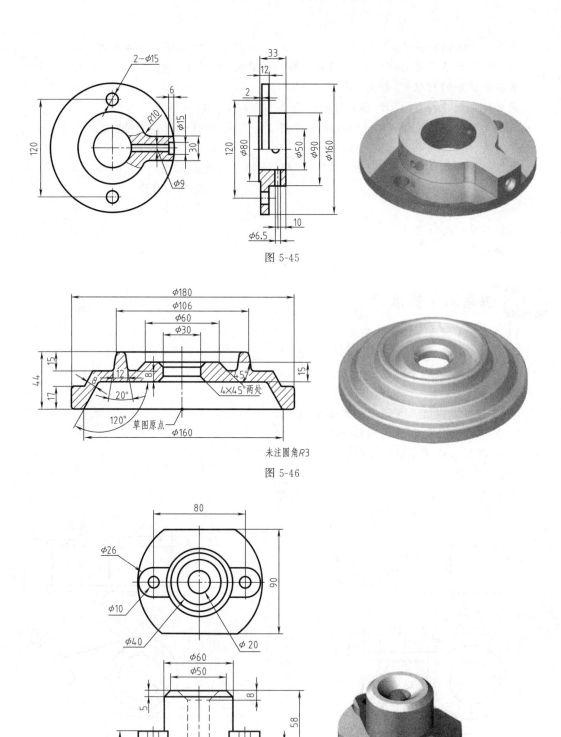

图 5-45

未注圆角R3

图 5-46

图 5-47

# 附录　AutoCAD常用快捷（功能）键

| 快捷(功能)键 | 功　能 | 快捷键 | 功　能 |
|---|---|---|---|
| F1 | 显示帮助 | Ctrl + D | 切换动态 UCS |
| F2 | 切换文本窗口 | Ctrl + E | 在等轴测平面之间循环 |
| F3 | 切换对象捕捉 | Ctrl + F | 切换执行对象捕捉 |
| F4 | 切换三维对象捕捉 | Ctrl + G | 切换栅格 |
| F5 | 切换等轴测平面 | Ctrl + H | 切换系统变量 PICKSTYLE 值 |
| F6 | 切换动态 UCS | Ctrl + I | 切换系统变量 COORDS 值 |
| F7 | 切换栅格 | Ctrl + J | 重复上一个命令 |
| F8 | 切换正交 | Ctrl + L | 切换正交模式 |
| F9 | 切换捕捉 | Ctrl + M | 重复上一个命令 |
| F10 | 切换极轴追踪 | Ctrl + N | 创建新图形 |
| F11 | 切换对象捕捉追踪 | Ctrl + O | 打开现有图形 |
| F12 | 切换动态输入 | Ctrl + P | 打印当前图形 |
| Ctrl + 0 | 切换全屏显示 | Ctrl + R | 在布局视口之间循环 |
| Ctrl + 1 | 切换特性选项板 | Ctrl + S | 保存当前图形 |
| Ctrl + 2 | 切换设计中心 | Shift + Ctrl + S | 弹出另存为对话框 |
| Ctrl + 3 | 切换工具选项板窗口 | Ctrl + T | 切换数字化仪模式 |
| Ctrl + 4 | 切换图纸集管理器 | Ctrl + U | 切换极轴 |
| Ctrl + 6 | 切换数据库连接管理器 | Ctrl + V | 粘贴剪贴板中的数据 |
| Ctrl + 7 | 切换标记集管理器 | Shift + Ctrl + V | 将剪贴板中的数据粘贴为块 |
| Ctrl + 8 | 切换快速计算器选项板 | Ctrl + X | 将对象剪切到剪贴板 |
| Ctrl + 9 | 切换命令窗口 | Ctrl + Y | 取消前面的放弃动作 |
| Ctrl + A | 选择图形中的对象 | Ctrl + Z | 撤销上一个操作 |
| Shift + Ctrl + A | 切换组 | Ctrl + [ | 取消当前命令 |
| Ctrl + B | 切换捕捉 | Ctrl + \ | 取消当前命令 |
| Ctrl + C | 将对象复制到剪贴板 | Ctrl + PgUp | 移至当前选项卡左边的下一个布局选项卡 |
| Shift + Ctrl + C | 使用基点将对象复制到剪贴板 | Ctrl + PgDn | 移至当前选项卡右边的下一个布局选项卡 |

# 参考文献

[1] 周军，张秋利. 化工 AutoCAD 制图应用基础. 北京：化学工业出版社，2008.

[2] 程光远. 手把手教你学 AutoCAD 2012. 北京：电子工业出版社，2012.

[3] 张景春，温云芳，李娇，龙舟君. AutoCAD 2012 中文版基础教程. 北京：中国青年出版社，2011.

[4] 程绪琦，王建华，刘志峰，李炜. AutoCAD 2008 中文版标准教程. 北京：电子工业出版社，2008.

[5] 杨月英，张琳. 中文版 AutoCAD 2008 机械绘图（含上机指导）. 北京：机械工业出版社，2008.

[6] 季阳萍. 化工制图. 北京：化学工业出版社，2007.

[7] 方利国，董新法. 化工制图 AutoCAD 实战教程与开发. 北京：化学工业出版社，2004.

[8] 张秋利，宋永辉，唐长斌. 化工 CAD 课程教学研究. 化工高等教育，2007，24（6）：65～67.

[9] 周军，兰新哲，张秋利. 化工（冶金）CAD 课程教学实践与改革. 科技信息，2008，(23)：23～25.

[10] 刘瑞新. AutoCAD 2004 中文版应用教程. 北京：机械工业出版社，2004.

[11] 周大军，揭嘉. 化工工艺制图. 北京：化学工业出版社，2005.

[12] 杨树才. 化工制图. 北京：化学工业出版社，2005.

[13] 张忠蓉. AutoCAD 2006 中文版应用教程. 北京：机械工业出版社，2008.

[14] 张秋利，宋永辉，周军，王霞. 填料塔设计软件的开发. 化工设备与管道，2006，43（5）：25～28.

[15] 张秋利，宋永辉，兰新哲，王乐. 列管式换热器设计软件的开发. 广东化工，2006，33（7）：60～63.